高等职业教育建筑设备类专业"互联网＋"数字化创新教材

通信网络与综合布线

潘冬喜　宁存岱　杨　柳　主　编

中国建筑工业出版社

图书在版编目（CIP）数据

通信网络与综合布线 / 潘冬喜，宁存岱，杨柳主编.
北京：中国建筑工业出版社，2024.12. --（高等职业
教育建筑设备类专业"互联网＋"数字化创新教材）.
ISBN 978-7-112-30373-1

Ⅰ. TN915

中国国家版本馆 CIP 数据核字第 2024FV1972 号

  本教材共 5 个模块，包括计算机网络与通信技术、综合布线系统识图、综合布线
系统设计、综合布线系统施工与验收以及综合布线系统工程测试。本教材参考了现行
的综合布线系统工程设计规范及综合布线系统工程设计与施工图集内容，增加了新技
术讲授：PON 无源光网络的识图与设计、无线 AP 的选型与布置、无线网络的测试和
智能化布线网络拓扑图绘制等，以及新产品的介绍：智能电子配线架、皮线光缆、预
端接线缆、光分路器等。

  本教材可作为高等职业教育建筑电气、建筑智能化、计算机、通信等专业教材，
也可作为相关从业人员自学参考用书。对于从事综合布线系统设计、施工、管理和维
护的技术人员，想要考取智能楼宇师、弱电工以及对于有意向考取"1＋X"《综合布线
系统安装与维护》职业技能等级证书的人员来说，也是一本很实用的技术参考书。

  为方便教学，作者自制课件资源，索取方式为：1. 邮箱：jckj@ cabp. com. cn；
2. 电话：(010)58337285；3.QQ 交流群：622178184。

责任编辑：王予芊 司 汉
责任校对：张 颖

高等职业教育建筑设备类专业"互联网＋"数字化创新教材

通信网络与综合布线

潘冬喜 宁存岱 杨 柳 主 编

*

中国建筑工业出版社出版、发行（北京海淀三里河路 9 号）
各地新华书店、建筑书店经销
北京红光制版公司制版
北京市密东印刷有限公司印刷

*

开本：787 毫米×1092 毫米 1/16 印张：17¼ 字数：429 千字
2025 年 5 月第一版 2025 年 5 月第一次印刷
定价：49.00 元（赠教师课件）
ISBN 978-7-112-30373-1
（43713）

版权所有 翻印必究

如有内容及印装质量问题，请与本社读者服务中心联系
电话：(010) 58337283 QQ：2885381756
（地址：北京海淀三里河路 9 号中国建筑工业出版社 604 室 邮政编码：100037）

前　言

"通信网络与综合布线"是建筑智能化工程技术专业的核心专业课程，也是建筑电气工程技术专业、计算机网络及网络通信等相关专业的必修课程。综合布线工程是现代建筑弱电工程中重要的组成部分，也是智能建筑的神经网络，它将数据通信设备、语音系统、交换设备及其他信息管理系统集成，形成一套标准、规范的信息传输系统。

在编写本教材过程中，编写团队认真分析当前行业对职业技术人才的需求，联合设计、施工企业组建了结构化课程开发团队，将综合布线系统的设计、施工、维护、测试及后续的网络组建、调试结合在一起。教材紧密围绕岗位核心技能，将课程内容进行模块化处理，以"项目＋任务"的框架进行编写，开发工作页式的任务工单。教材采用活页形式，项目以工作过程为导向，依托真实工程，通过案例分析、操作演示视频等方式形象阐述综合布线各子系统的设计、施工、测试等工作过程的方法与技能。在教材中融入素质目标、智能楼宇管理师、"1＋X"《综合布线系统安装与维护》职业技能等级证书（本教材中简称为"1＋X"证书）评价标准、世界技能大赛"信息网络布线"项目和世界职业院校技能大赛"建筑智能化系统安装与调试"赛项（本教材中简称为技能大赛）技能点，形成了"内容多元、评价多维"的课程体系。为响应教育数字化建设，本书基于互联网教育平台，融合现代信息技术，配套开发了丰富的数字化资源：微课、课件、图纸等，供读者学习使用。读者还可以在智慧职教平台中注册并加入本课程，也可使用上述资源进行学习。

本书由广西建设职业技术学院潘冬喜、宁存岱，广西建筑科学研究设计院杨柳担任主编，潘冬喜负责统稿工作。广西建筑科学研究设计院许维超担任主审，许维超从技术标准、工程案例等方面对全书内容进行了审查，确保教材与行业发展与时俱进。广西建设职业技术学院冼智锦、广西电力职业技术学院莫其逢，广西建设职业技术学院仇栋才，广西机电职业技术学院李谷担任副主编。广西建设职业技术学院莫睿东、唐秋霞、朱金华，广西富盟工程设计有限公司工程师谢东桂、广西建筑科学研究设计院李金生参与部分内容编写及资源制作。具体分工如下：模块一由仇栋才编写；模块二由宁存岱、潘冬喜、莫其逢编写；模块三由潘冬喜、莫睿东、杨柳、谢东桂编写；模块四由冼智锦、潘冬喜、李谷、仇栋才、唐秋霞编写；模块五由潘冬喜、冼智锦、莫睿东编写。

因该书涉及内容广泛，编者水平有限，难免存在不足之处，敬请读者批评指正。

本教材配套资源包

目　　录

模块一　**计算机网络与通信技术** ··· 1
　　项目 1　计算机网络概述 ··· 1
　　项目 2　TCP/IP 协议和 IP 地址 ··· 11
　　项目 3　局域网组网与互联 ··· 22
　　项目 4　Internet 及其应用 ··· 27
　　作业及测试 ·· 34

模块二　**综合布线系统识图** ·· 35
　　项目 5　认识综合布线系统 ··· 35
　　项目 6　综合布线施工图识图及线缆和相关部件 ···················· 50
　　作业及测试 ·· 79

模块三　**综合布线系统设计** ·· 80
　　☆项目 7　工作区子系统的设计与无线 AP 的布置 ················ 80
　　☆项目 8　配线子系统设计 ··· 101
　　△项目 9　干线子系统的设计 ··· 117
　　△项目 10　设备间设计 ··· 123
　　△项目 11　进线间设计 ··· 130
　　△项目 12　管理 ·· 134
　　△项目 13　建筑群子系统设计 ··· 139
　　项目 14　光纤到户单元通信设计 ·· 144
　　△项目 15　综合布线系统的保护 ··· 157
　　作业及测试 ·· 164

模块四　**综合布线系统施工与验收** ··· 165
　　△项目 16　综合布线系统工程施工准备 ······································· 165
　　☆项目 17　工作区子系统的施工与验收 ······································· 174
　　☆项目 18　配线子系统的施工与验收 ··· 196
　　☆项目 19　管理的施工与验收 ··· 219
　　△项目 20　建筑群子系统及进线间的施工与验收 ······················ 223

△项目 21　综合布线系统工程检验	231
作业及测试	238

模块五	综合布线系统工程测试	239
	△项目 22　双绞线测试	239
	△项目 23　大对数电缆的测试	248
	△项目 24　光纤的测试	253
	△项目 25　常用测试仪的使用	257
	作业及测试	267

附录	268
参考文献	270

☆：（"1+X"证书考核点，技能比赛考核内容）

△：（"1+X"证书考核点）

模块一 计算机网络与通信技术

课前小知识

1. 新中国通信行业奋斗史

项目1 计算机网络概述

任务1.1 认识计算机网络

1.1.1 任务描述

查阅资料,阐述计算机网络的定义和组成,并画出学生宿舍计算机网络结构示意图。具体详见附录中任务工单1。

1.1.2 学习目标

知识目标	能力目标	素质目标
1. 掌握计算机网络的概念。 2. 计算机网络的功能和拓扑结构（重点、难点）	1. 能查阅计算机网络的相关资料,查询相关内容。 2. 能运用资料内容绘制网络结构示意图	1. 树立科技创新、科技强国的意识。 2. 培养学生自主学习能力和知识探究能力

1.1.3 相关知识

1. 计算机网络的发展过程

计算机网络出现的时间并不长,但是发展速度极快,经历了从简单到复杂、从低级到高级的过程,而计算机网络的发展又促进了计算机技术和通信技术的发展,其已经成为现代高科技的重要组成部分。计算机网络发展经历了四个阶段。

(1) 面向终端的计算机网络——以数据通信为主

这个阶段从20世纪50年代到20世纪60年代中期,远程终端利用拨号和电话通信线路与计算机主机连接,多个终端共享主机的资源,构成联机终端网络。这一阶段的特征是一个主机、多个终端,以主机为中心,终端之间不能进行通信(图1-1)。

(2) 面向通信的计算机网络——以资源共享为主

这个阶段典型网络实例为 1969 年由美国国防部高级研究计划管理局研究组建的 AR-PANET。ARPANET 是计算机网络发展的一个里程碑，这个网络最后演变成了现在的因特网（Internet）。这一阶段也称为分组交换网时代。计算机网络从第一阶段面向终端的计算机网络演变为面向通信的计算机网络（图 1-2）。

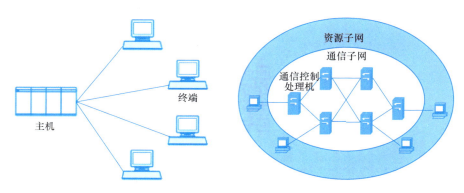

图 1-1　面向终端的计算机网络　　　　图 1-2　面向通信的计算机网络

(3) 面向应用的计算机网络——体系标准化

这个阶段从 20 世纪 70 年代末到 20 世纪 80 年代初期，不同的计算机厂商研发并设计了各自的网络体系结构和网络产品，例如，IBM 公司的系统网络体系结构 SNA，DEC 公司的 DECnet。为了统一标准，1984 年，国际标准化组织（ISO）制订了"开放系统互联参考模型（OSI）"，将网络体系结构分为七个层次。面向应用的计算机网络如图 1-3 所示。

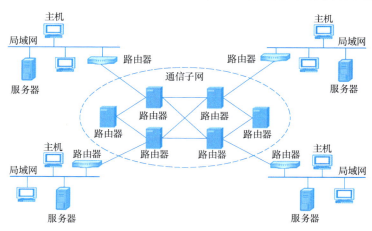

图 1-3　面向应用的计算机网络

(4) 面向未来的计算机网络——以 Internet 为核心的高速计算机网络

目前计算机网络的发展正处于第四阶段。这个阶段以高速网络技术、综合业务数字网络的实现、多媒体和智能型网络的兴起为特点。我国是在 1994 年实现采用 TCP/IP 协议的国际因特网的功能连接。Internet 是覆盖全球的信息基础设施之一，可实现多个远程网和局域网的互联，它已经并将继续对推动世界经济、社会、科学、文化的发展产生不可估

项目 1　计算机网络概述

量的作用。

2. 计算机网络的定义和组成

计算机网络是指将地理位置不同且具有独立功能的多台计算机及其外部设备，通过通信线路和通信设备连接起来，在网络操作系统、网络管理软件及网络通信协议的管理和协调下，实现资源共享和信息传递的计算机系统。计算机网络是一个复杂系统，由多个计算机、服务器、网络设备（如路由器、交换机、集线器等）以及通信线路（有线、无线）组成。这些组成部分可以在不同层次上进行数据的传输、交换和共享，从而实现多种功能，如远程通信、信息资源共享、分布式计算、远程协作和电子商务等。计算机网络的基本组成包括以下几个方面：

（1）计算机和网络设备

计算机是实现数据处理和通信的主要设备，通过网络与其他计算机和设备进行信息交换和资源共享。

（2）通信线路

通信线路是计算机网络中的重要组成部分，它们可以是各种不同的物理媒介，如双绞线、同轴电缆、光纤等有线信道，也可以是无线信道，如无线电波和红外线等。

（3）通信协议

通信协议是计算机网络中不可或缺的一部分，它规定了计算机之间进行通信的方式和规则。常见的通信协议包括 TCP/IP 协议、HTTP 协议、FTP 协议等。

（4）网络软件

网络软件是计算机网络中另一重要组成部分，它包括各种网络操作系统、网络管理软件、网络通信协议等，用于管理和协调网络中的各种设备和资源，实现网络的高效运行。

3. 计算机网络的类型

计算机网络的分类方式有很多种，按覆盖范围可以分为局域网、城域网、广域网等；按通信媒体可以分为有线网、无线网等；按使用范围可以分为共用网、专用网等；按传输技术可以分为广播式网络、点到点式网络等。下面主要对局域网、城域网和广域网进行介绍。

（1）局域网（LAN）是一种在小区域内使用的网络，覆盖范围通常局限在 10km 范围之内，属于一个单位或部门组建的小范围网络。它常见于一栋大楼、一个校园或一个企业内。局域网所覆盖的区域范围较小，但其连接速率较高。局域网在计算机数量配置上没有太多的限制，少的可以只有两台，多的可达上千台。常见的局域网有以太网，令牌环网等。

（2）城域网（MAN）是作用范围在广域网与局域网之间的网络，其网络覆盖范围通常可以延伸到整个城市。城域网一般将一个城市范围内的计算机互联，这种网络的连接距离约为 10～100km。

（3）广域网（WAN）是一种远程网，所覆盖的地理范围可从几十平方公里到几千平方公里，它将不同城市或不同国家之间的局域网互联起来。由于广域网覆盖范围广，所以信息衰减非常严重，通常要租用专线通过接口信息处理协议和线路连接起来，构成网状结构，解决寻径问题。

3

4. 计算机网络的功能

（1）数据通信

数据通信是计算机网络的基本功能，实现计算机与终端、计算机与计算机间的数据传输。

（2）资源共享

资源包括硬件资源、软件资源和数据资源。所有入网用户都能共享网络中的各种资源，从而提高资源利用率和工作效率。

（3）远程传输

远距离用户可以互相传输数据信息，交流协同工作。

（4）集中管理

计算机网络技术用于现代办公、经营管理，企业开发了许多 MIS 系统、OA 系统等来实现办公的集中管理，办公效率显著提升。

（5）分布式处理

分布式处理将不同地点的或具有不同功能、拥有不同数据的多台计算机通过通信网络连接起来，在控制系统的统一管理控制下，协调完成大规模信息的处理任务。

（6）负载平衡

当网络中的某台计算机负担过重时，网络可以将新的任务交给较空闲的计算机完成，均衡负载，从而提高每台计算机的利用率。

5. 计算机网络的拓扑结构

计算机网络的拓扑结构就是用网络的站点与连接线的几何关系来表示网络的结构，主要分为总线型、星型、环型、树型和网状型拓扑（图 1-4）。

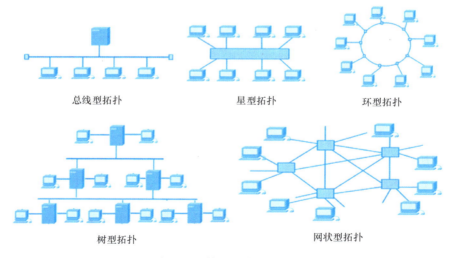

图 1-4 网络拓扑结构示意图

1.1.4 任务实施

第一步，查阅计算机网络相关资料，记录计算机网络发展、定义、功能和分类的相关内容。

第二步，根据计算机网络的组成，列出计算机网络中的相关网络设备。

第三步，结合计算机网络的特点和拓扑结构知识，画出学生宿舍计算机网络的示意图，并将成果上传到学习平台，填写附录中的任务工单1。

1.1.5 反馈评价

完成任务后请根据任务实施情况，扫码填写反馈评价表（本教材中所有任务的反馈评价表请扫前言中资源包二维码下载）。

1.1.6 问题思考

1. 校园网属于计算机网络的哪一种类型？
2. 你所在的学生宿舍的计算机网络拓扑结构是否合理？为什么？

知识拓展

2.5G网络技术

模块一　计算机网络与通信技术

任务 1.2　计算机网络体系结构认知

1.2.1　任务描述

　　甘肃的张三需要通过即时通信软件将工作文件压缩传给北京的李四。张三登录即时通信软件，对李四发出消息"Hello"，对方回复"我在"，张三随后开始在线传输该工作文档的压缩文件。李四接收后，无法打开压缩文件，于是下载一个解压缩软件顺利打开了文件。请根据这个案例对"开放系统互联参考模型（OSI）"的工作原理进行描述。具体详见附录中任务工单 1。

1.2.2　学习目标

知识目标	能力目标	素质目标
1. 掌握计算机网络体系结构的概念。 2. 掌握 OSI 七层模型和 TCP/IP 体系结构（重点、难点）	1. 能描述数据在计算机体系结构中的传输过程。 2. 能对比不同体系结构的差异	1. 认知行业理想标准和事实标准的关系，培养求真务实精神。 2. 培养知识应用能力和实践能力

1.2.3　相关知识

　　1. 计算机网络体系结构相关概念

　　计算机网络体系结构是计算机网络设计的逻辑框架，定义了网络系统的组织方式、功能划分、通信规则及各部分之间的交互关系。其核心是通过分层模型将复杂的网络通信过程分解为多个功能模块，确保不同设备和协议之间的互操作性。

　　（1）协议

　　协议就是为实现网络中的数据交换建立的规则标准或约定，它主要由语义、语法和时序三部分组成，即协议的三要素。

　　（2）实体

　　在网络分层体系结构中，每一层都由一些实体组成，这些实体抽象地表示通信时的软件元素（如进程或子程序）或硬件元素（如智能 I/O 芯片等）。实体就是通信时任何能发送和接收信息的软件以及硬件设施。

　　（3）层次

　　为了减少网络协议设计的复杂性，网络设计者采用的方法是把通信问题划分为许多个小问题，然后为每个小问题设计一个单独的协议。分层模型就是一种用于开发网络协议的设计方法，描述了把通信问题分为几个小问题的方法，每个小问题对应的就是网络体系中的每个层次。

　　（4）接口

　　接口指的是同一个节点或节点内相邻层次之间交换信息的连接点。

　　2. 开放系统互联参考模型（OSI）

　　计算机网络诞生之初，各种计算机网络系统由于体系不同，无法进行互联。为了建立一个国际统一标准的网络体系机构，国际标准化组织（ISO）于二十纪末开始研究开放系统互联参考模型（Open System Interconnection，OSI），该模型将计算机网络体系结构划

6

分为七个层次，分别为物理层、数据链路层、网络层、传输层、会话层、表示层和应用层，这就是常说的 OSI 七层模型。OSI 是一个抽象的模型，不仅包括一系列抽象的术语和概念，也包括具体的协议（图 1-5）。

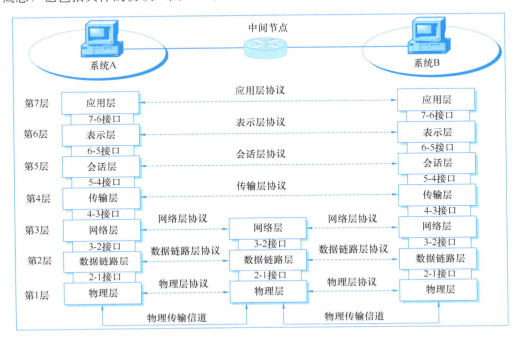

图 1-5　OSI 七层模型

OSI 七层模型从上到下分别是：

（1）应用层

应用层充当用户的应用程序和网络之间的接口，为应用程序提供服务，即时通信软件就是应用层的典型应用程序。由于应用层的工作机制，人们得以通过即时通信软件进行聊天、发送文件、发送电子邮件、浏览网页等。应用层的代表协议有 HTTP、FTP、Telnet、SMTP 等。通过互联网在通信两端传输文件，就是基于 HTTP 协议。

（2）表示层

表示层负责处理标准格式的转换、数据压缩和解压缩以及数据的加密和解密。大多数文件或数据格式在此层运行，如图像、视频、文档、网页等格式。代表格式有 ASCII、JPEG、Zip 等。文件压缩发生在表示层，还可对文件进行加密以保障传输安全性。

（3）会话层

会话层负责建立、维护和终止两台计算机之间的通信会话。例如，当一方发起即时通信软件聊天的时候，就开始了两个应用程序之间的通信，一直到双方下线，会话才结束。会话层的代表协议有 NFS、SQL、RPC 等。

（4）传输层

传输层在两个设备之间建立逻辑连接，提供端到端的数据传输服务。常见协议有 TCP、UDP、SSL、TLS 等。为提高传输效率，文件在此层会被分片重组成若干 TCP 分段。TCP 是面向连接的可靠协议，需要三次握手建立连接，消耗资源。UDP 是无连接协议，无需握手，快速高效。即时通信聊天可基于 UDP，传输文件则基于 TCP 以保障传输的可靠性。传输层的端口可标识具体的应用程序，如登录时，即时通信软件客户端使用 UDP 4000；登录成功后，需建立 TCP 连接以保持在线状态，可使用 TCP 80；传输文件时，则使用 TCP 443。

（5）网络层

网络层负责给数据添加路由和寻址信息。代表协议有 IP、ICMP、IGMP、RIP、OS-PF 等。互联网上有很多路由可实现通信，网络层负责选一条数据包能走的最佳路径，然后通过路由器将数据包转发到目的地址。

（6）数据链路层

数据链路层负责将来自网络层的数据包转化为格式正确的帧，在以太网等二层网络中传输。代表协议有 ARP、L2TP、PPTP、IDSN 等。数据包将根据目的 IP，通过互联网一路传送到目的地址，可交换机不认识 IP 地址，于是由 ARP 协议负责将网络层 IP 地址转换为所对应数据链路层的 MAC 地址，数据包传给对应 MAC 地址。

（7）物理层

物理层接收来自数据链路层的帧，并将帧转换为比特（位），形成比特流，然后以电信号、光信号等形式通过线缆等传输出去。代表协议或接口标准有 SONET、HSSI 等。

3. TCP/IP 体系结构

TCP/IP 体系结构又称为 TCP/IP 协议族，指的是传输控制协议/因特网互联协议。TCP/IP 提供点对点的连接机制，将数据应该如何封装、定址、传输、路由以及在目的地如何接收，都加以标准化。它将软件通信过程抽象化为四个抽象层，采取协议堆栈的方式，分别实现出不同通信协议。协议套组下的各种协议，依其功能不同，被分别归属到这四个层次结构之中。TCP/IP 参考模型是 Internet 使用的参考模型，几乎所有的工作站和运行 Windows 操作系统的计算机都采用 TCP/IP，TCP/IP 也就成为最成功的网络体系结构和协议规程。TCP/IP 体系结构包括以下四个层次：

（1）链路层

链路层也叫网络接口层，包含 OSI 中的数据链路层和物理层，负责封装成帧、错误检测、访问媒介以及物理寻址。例如，以太网协议（Ethernet）就属于这一层，它提供 MAC 地址，并处理数据在网络中的实际传输。对应操作系统中的设备驱动程序、计算机中对应的网络接口卡等。

（2）网络层

网络层进行网络连接的建立和终止，负责寻址和路由选择，确保将数据传输到目标，同时也会处理输入数据包，判断是对数据进行转发还是传输给传输层。它包括 IP 协议（网际互联协议），用于处理数据路由和寻址；ICMP 协议（互联网控制报文协议），用于处理信关和主机的差错和传送控制；以及 IGMP 协议（Internet 组管理协议），用于处理多播通信。

（3）传输层

处理应用层的数据，格式化数据流以及提供可靠传输，保证数据完好无误地传递到网络层，实现两台主机上的应用程序端到端的通信。传输层常见的协议有 TCP（传输控制协议）和 UDP（用户数据报协议）。TCP 是一种提供给用户进程的可靠的全双工字节流面向连接的协议，而 UDP 则是简单的面向数据报的协议。

（4）应用层

应用层为用户的应用程序提供服务，例如，浏览器和客户端的文本传输服务：HTTP 协议和 FTP 协议；域名服务：DNS 协议；电子邮件协议：SMTP 协议；远程登录服务：TELnet 协议和 SSL 协议；动态主机配置服务：DHCP 协议等。相当于 OSI 中的应用层、表示层、会话层的集合。

4. OSI 模型与 TCP/IP 协议族的比较

OSI（Open Systems Interconnection）和 TCP/IP（Transmission Control Protocol/Internet Protocol）都是网络通信中重要的参考模型和协议族，但它们之间存在一些显著的异同。

（1）相同点

1）分层结构：OSI 和 TCP/IP 都采用了分层结构来组织网络协议。这种分层结构使得网络通信变得更加模块化，每一层都专注于处理特定类型的信息和服务，使得每一层都可以独立于其他层进行设计和实现。

2）功能划分：两个模型都对网络功能进行了明确的划分，以便更好地管理和优化网络通信。在 OSI 模型中，这些功能被划分为七个层次，而在 TCP/IP 模型中，这些功能被划分为四个层次（尽管 TCP/IP 的某些层次可能涵盖了 OSI 多个层次的功能）。

3）依赖关系：在 OSI 和 TCP/IP 模型中，每一层都依赖于其下一层提供的服务，并为上一层提供服务。这种依赖关系确保了信息可以正确地在不同层之间传递和处理。

4）封装和解封装：在 OSI 和 TCP/IP 模型中，数据在发送时都会经过各层的封装，添加必要的头部信息（如源地址、目的地址、协议类型等），以便在接收端能够正确地解封装和识别数据。

5）端到端通信：两个模型都支持端到端的通信，即数据可以在源端和目的端之间直接传输，而不需要经过中间节点的干预。这种通信方式提高了数据传输的效率和可靠性。

6）协议标准化：OSI 和 TCP/IP 都试图通过标准化协议来确保不同系统之间的互操作性。虽然 OSI 模型并未得到广泛的商业支持，但它为网络通信协议的设计提供了重要的理论基础。而 TCP/IP 协议族已经成为互联网上实际的标准协议族。

（2）不同点

1）起源与标准化：OSI 模型由国际标准化组织（ISO）提出，目的是提供一个开放式的、标准的网络参考模型。然而，OSI 模型并未得到业界的广泛接受和实施。TCP/IP 协议族由 IETF（Internet Engineering Task Force）提出，并在实际的互联网中得到广泛应用。TCP/IP 协议族中的许多协议已成为互联网标准。

2）层次数量：OSI 模型包含七层（物理层、数据链路层、网络层、传输层、会话层、表示层和应用层）。TCP/IP 协议族实际上只有四层（网络接口层（相当于 OSI 的数据链路层和物理层）、网络层、传输层和应用层）。TCP/IP 层次结构与 OSI 层次结构对比图如图 1-6 所示。

3）协议细节：OSI 模型在定义各层功能时，描述性内容多，具体的协议细节较少。TCP/IP 协议族则详细定义了各层中的具体协议，如 IP、TCP、UDP、HTTP、FTP 等。

4）实际应用：由于 OSI 模型过于复杂且缺乏实际应用的支持，更多地被用作教学和

OSI 模型	TCP/IP 模型	对应的实现功能
应用层	应用层	HTTP/FTP/SMTP/RIMP 等
表示层		定义数据格式加密
会话层		建立、管理、终止会话
传输层	传输层	TCP/UDP
网络层	网络层	IPV4/IPV6/ARP/ICMP
数据链路层	链路层	MAC 地址
物理层		01 二进制

图 1-6 TCP/IP 层次结构与 OSI 层次结构对比图

理论研究的参考模型。TCP/IP 协议族因其简洁、高效和实用性，在互联网通信中得到了广泛应用。

5) 会话层与表示层：OSI 模型中的会话层和表示层在 TCP/IP 协议族中被合并在应用层。TCP/IP 协议族更关注实际应用，而不太关注一些抽象的服务。

6) 跨平台性：TCP/IP 协议族具有更好的跨平台性，因为它不依赖于特定的操作系统或硬件平台。这使得 TCP/IP 协议族能够广泛应用于各种网络环境。

综上所述，OSI 模型和 TCP/IP 协议族在目标、层次结构和依赖关系上具有一定的相似性，但在起源、标准化、层次数量、协议细节、实际应用和跨平台性等方面存在显著的差异。

1.2.4 任务实施

第一步，写出 OSI 模型中各个层次的功能。

第二步，分析张三和李四两人的通信过程与七层模型的对应关系。

第三步，结合 OSI 结构模型图，联系案例描述 OSI 模型的工作原理，并将成果上传到学习平台，填写附录中任务工单 1。

1.2.5 反馈评价

完成任务后请根据任务实施情况，扫码填写反馈评价表。

1.2.6 问题思考

1. OSI 模型的物理层有哪些传输介质？
2. 文件传输用 TCP 还是 UDP 更可靠，为什么？

知识拓展

3. 数据通信基本概念

项目 2   TCP/IP 协议和 IP 地址

任务 2.1   TCP/IP 协议

2.1.1   任务描述

请结合所学知识，通过举例（例如机长和塔台申请降落、起飞等过程）分析并描述 TCP 协议提供可靠传输使用的"三次握手"和"四次挥手"机制的过程。具体详见附录中任务工单 1。

2.1.2   学习目标

知识目标	能力目标	素质目标
1. 掌握 TCP/IP 各种协议的概念。 2. 掌握数据通信的方式（重点、难点）	1. 能描述网络通信主要的协议。 2. 能熟练掌握计算机网络常用命令	1. 培养学生团结、协作的团队精神及沟通能力。 2. 提升分析、解决实际问题的能力

2.1.3   相关知识

TCP/IP 是用于网络通信的一组协议，我们通常称它为 TCP/IP 协议栈。以它为基础组建的 Internet 是目前国际上规模最大的计算机网络，TCP/IP 是网络中使用的基本通信协议。虽然从名字上看 TCP/IP 包括两个协议，传输控制协议（TCP）和网际互联协议（IP），但 TCP/IP 实际上是一组协议，它包括上百个各种功能的协议，而 TCP 协议和 IP 协议只是保证数据完整传输的两个基本的重要协议。

1. 常见的 TCP/IP 协议（表 1-1）

常见的 TCP/IP 协议　　　　　　　　　　　　　　　　　表 1-1

应用层	FTP/TELnet/HTTP	DNS/TFTP/SNMP
传输层	TCP	UDP
网络层	IP/ICMP/ARP/RARP	
链路层	由底层网络定义的协议	

（1）FTP（文件传输协议）：FTP 是一种应用层协议，用于文件的上传和下载。FTP 协议基于 TCP 协议，使用两个端口号，一个用于控制连接（默认端口号 21），另一个用于数据传输（默认端口号 20）。

（2）TELnet（远程登录协议）：TELnet 协议是一种远程登录协议，允许用户通过在本地计算机上输入命令来远程控制远程主机。它基于 TCP/IP 协议族，并使用 TCP 的 23 号端口进行通信。

（3）HTTP（超文本传输协议）：HTTP 是一种应用层协议，用于在 Web 浏览器和 Web 服务器之间传输超文本。HTTP 协议基于 TCP 协议，使用端口号 80。

（4）DNS（域名服务器）：DNS 全称是"域名系统"，是一个分布式的、层次化的、

11

用于将域名转换成 IP 地址的系统。

（5）TFTP（简单文件传输协议）：TFTP 是一种简单的文件传输协议，它是基于 UDP 协议进行文件传输的。与基于 TCP 协议的 FTP 相比，TFTP 更为简单，主要用于在客户端和服务器之间进行简单的文件传输操作。

（6）SNMP（简单网络管理协议）：SNMP 是用于管理和监控网络设备（如路由器、交换机、服务器等）的一种标准协议。SNMP 协议提供了一种从网络上的设备收集管理信息的框架，这些信息包括设备状态、网络性能、安全事件等。

（7）ICMP（互联网控制消息协议）：ICMP 是 IP 协议的附属协议，用于发送控制消息，如错误报告、路由重定向等。

（8）ARP（地址解析协议）和 RARP（逆地址解析协议）：ARP 用于将 IP 地址转换为 MAC 地址，而 RARP 则用于将 MAC 地址转换为 IP 地址。

TCP/IP 协议簇中包括了很多不同的协议，每个协议都有其特定的作用和应用场景。以上只是 TCP/IP 协议簇中的一部分常见协议，实际上还有很多其他的协议和工具用于支持网络通信。

2．TCP 协议

TCP（Transmission Control Protocol，传输控制协议）是一种面向连接的、可靠的、基于字节流的传输层通信协议。在 TCP/IP 协议族中，TCP 协议提供全双工服务，即数据可在同一时间双向传输，像打电话一样。TCP 协议为上层应用层提供了可靠的、无差错的、不丢失且不重复的数据传输服务，它旨在适应支持多网络应用的分层协议层次结构，提供可靠的通信服务。

（1）TCP 协议的特点

1）TCP 是面向连接的传输层协议。在应用程序使用 TCP 协议之前，必须先建立 TCP 连接。传送数据完毕后，必须释放已经建立的 TCP 连接。

2）全双工通信。TCP 允许通信双方的应用进程在任何时候都能发送数据。TCP 连接的两端都设有发送缓存和接收缓存，用来临时存放双向通信的数据。

3）可靠交付。通过 TCP 连接传送的数据，无差错、不丢失、不重复，并且按序到达。

4）面向字节流。TCP 中的"流"指的是流入到进程或从进程流出的字节序列。

5）通信双方共同协作。TCP 的通信过程需要通信双方共同协作，通过一系列的请求和应答来完成数据传输任务。

6）流量控制和拥塞控制。TCP 具有流量控制和拥塞控制机制，能够根据网络状况动态调整数据传输的速率，避免网络拥塞和数据丢失。

7）错误控制和校验。TCP 通过校验和确认机制等来保证数据的完整性和准确性。

8）传输效率高。TCP 协议的传输效率较高，能够充分利用带宽资源，实现高速数据传输。

（2）TCP 建立连接

通信双方建立 TCP 连接是通过"三次握手"的过程实现的。TCP 协议的三次握手，是指建立 TCP 连接时，客户端与服务端之间需要交换三个报文来完成连接的建立。具体步骤如下：

第一次握手：客户端发送一个 TCP 的 SYN 报文到服务器，其中标记位为 SYN＝1，表示"请求建立新连接"；序号为 Seq＝X（随机），随后客户端进入 SYN-SENT 阶段。

第二次握手：服务器收到 SYN 报文后，会回复一个 SYN＋ACK 报文给客户端，其中标志位为 SYN 和 ACK 均为 1，表示确认客户端的报文 Seq 序号有效，服务器能正常接收客户端发送的数据，并同意创建新连接。发送序号为 Seq＝Y，确认号为 ack＝X＋1，随后服务器端进入 SYN-RCVD 阶段。

第三次握手：客户端收到服务器的 SYN＋ACK 报文后，明确了从客户端到服务器的数据传输是正常的，结束 SYN-SENT 阶段，并返回最后一段 TCP 报文。其中标志位 ACK＝1，表示确认收到服务器端同意连接的信号。发送序号为 Seq＝X＋1，确认号为 ack＝Y＋1。随后客户端进入 ESTABLISHED 阶段。

通过这三次握手，客户端和服务器之间建立了 TCP 连接，可以正常进行传输数据了（图 1-7）。

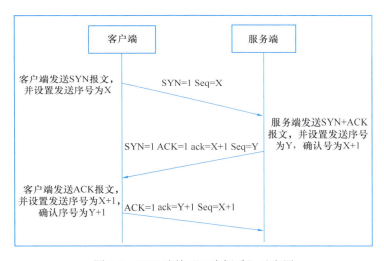

图 1-7　TCP 连接"三次握手"示意图

（3）TCP 断开连接

TCP 断开连接的过程，通常被称为"四次挥手"，这个过程确保了 TCP 连接在双方都不再需要时能够有序地关闭，步骤如下：

第一次挥手：客户端发送一个 TCP 的 FIN＋ACK 报文到服务端，标志位 FIN 和 ACK 均为 1，表示客户端打算关闭连接。发送序号 Seq＝X，确认序号为 ack＝Z。客户端进入 FIN-WAIT-1 状态。

第二次挥手：服务端收到客户端发来的 TCP 报文段后，确认了客户端想要释放连接，随后服务器端结束 ESTABLISHED 阶段，进入 CLOSE-WAIT 阶段并返回一段 TCP 报文，其中标记位 ACK＝1，表示接收到客户端发送的释放连接的请求，发送序号为 Seq＝Z，确认序号为 ack＝X＋1。随后服务端开始准备释放服务端到客户端方向上的连接。客户端收到从服务器端发出的 TCP 报文之后，确认了服务器收到了客户端发出的释放连接请求，随后客户端结束 FIN-WAIT-1 阶段，进入 FIN-WAIT-2 阶段。

第三次挥手：服务端在发送完所有待发送的数据后，会发送一个 FIN 报文段给客户端，表示服务端也打算关闭连接。其中标记位 FIN、ACK 均为 1，表示已经准备好关闭连接了。序号为 Seq=Y，由于这是对客户端之前 FIN 报文段的响应，所以服务端 ACK 报文段的确认号 ack 仍然是 X+1。随后服务器端结束 CLOSE-WAIT 阶段，进入 LAST-ACK 阶段。

第四次挥手：客户端收到服务端的 FIN 报文段后，会发送一个 ACK 报文段给服务端，表示已经收到服务端的关闭连接请求。ACK 标志位为 1，序号为 Seq=X+1，确认号 ack=Y+1，表示对服务端 FIN 报文段的确认。客户端进入 TIME_WAIT 状态，等待一段时间后（通常是 2 倍的 MSL，即最大报文段寿命），客户端自动进入 CLOSED 状态，完成连接的关闭。服务端收到客户端的 ACK 报文段后，也进入 CLOSED 状态，完成连接的关闭。由此完成"四次挥手"（图 1-8）。

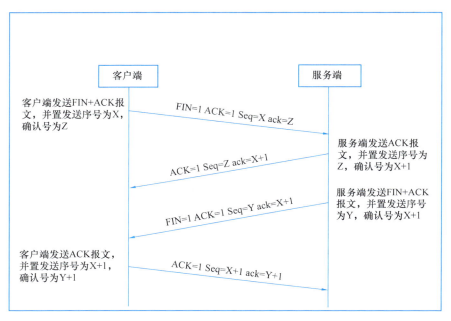

图 1-8　TCP 断开连接"四次挥手"示意图

3. UDP 协议

UDP（User Datagram Protocol，用户数据报协议）是一种无连接的传输层协议，提供简单不可靠信息传送服务。UDP 协议主要用于不要求分组顺序到达的传输中，分组传输顺序的检查与排序由应用层完成。UDP 协议在网络中与 TCP 协议一样，用于处理数据包，在 OSI 模型中，UDP 位于第四层——传输层，处于 IP 协议的上一层。UDP 协议不提供数据包分组、组装和不能对数据包进行排序的缺点，即当报文发送之后，无法得知其是否安全完整到达。

UDP 主要用于支持那些需要在计算机之间传输数据的网络应用，例如网络视频会议系统等客户/服务器模式的网络应用。

4. IP 协议

IP 协议，全称为 Internet Protocol，是 TCP/IP 协议族的核心组成部分，是目前应用最广的网络互联协议。它负责 Internet 上网络之间的通信，并规定了将数据报从一个网络传输到另一个网络所应遵循的规则。

IP 协议的主要功能包括无连接数据报传送、数据报路由选择和差错控制。通过 IP 数据包和 IP 地址屏蔽掉各种物理网络（如以太网、令牌环网等）的帧格式、地址格式等各种底层物理网络细节，使得各种物理网络的差异性对上层协议不复存在，从而使网络互联成为可能。此外，IP 协议还有一个重要的功能——路由选择，即一个数据包从发送主机到最终目的地的过程中，可能会经过一条或几条路径，而不是简单地直接发送到目标主机。在发送数据包时，IP 模块会根据当前的网络状况选择最佳的路径，并将数据包发送到下一个节点。

在网络通信中，IP 协议是一种非常重要的协议，它为计算机网络之间的相互联接提供了基础。任何厂家生产的计算机系统，只要遵守 IP 协议就可以与因特网互联互通。正是因为有了 IP 协议，因特网才得以迅速发展成为世界上最大、最开放的计算机通信网络。

2.1.4 任务实施

第一步，分析 TCP 协议提供可靠传输使用的"三次握手"和"四次挥手"机制的执行步骤。

第二步，选择合适的案例进行分析。

第三步，结合案例描述 TCP 协议提供可靠传输使用的"三次握手"和"四次挥手"机制的过程，并将成果上传到学习平台，填写附录中任务工单 1。

2.1.5 反馈评价

完成任务后请根据任务实施情况，扫码填写反馈评价表。

2.1.6 问题思考

请思考访问"人民网"的过程中 DNS 起到的作用。

知识拓展

4. 常用网络命令的使用

模块一 计算机网络与通信技术

任务 2.2　IP 地址与子网划分

2.2.1　任务描述

将一个 B 类网络：172.16.0.0/16，划分成 8 个子网，列出划分后各个子网的网络地址、广播地址、可用主机地址范围和子网掩码。具体详见附录任务工单 1。

2.2.2　学习目标

知识目标	能力目标	素质目标
1. 掌握 IP 地址的相关概念。 2. 掌握 IP 地址子网划分的方法（重点、难点）。	1. 能够自主配置计算机的 IP 地址。 2. 能够对 IP 地址划分子网	1. 建立规则意识，培养学生认真严谨、诚实守信、遵纪守法的职业素养。 2. 培养计算、分析、组织规划的能力

2.2.3　相关知识

在网络中对于主机的识别要依靠地址，Internet 在统一全网的过程中，首先要解决地址的统一问题，解决方案就是使用 IP 地址。IP 地址是互联网通信的基础，它使得网络中的设备能够相互通信和传输数据。在现代社会中，随着互联网的普及和发展，IP 地址已经成为生活中不可或缺的一部分。

1. IP 地址相关概念

（1）物理地址

计算机物理地址指的是计算机硬件设备的实际地址，通常是指计算机内部或外部设备的唯一标识符。在计算机系统中，物理地址通常用于内存、寄存器、硬盘、网络接口等硬件设备的访问和控制。但是物理地址会给 Internet 统一全网地址带来一些问题：

1）物理地址是物理网络技术的一种体现，不同的物理网络，其物理地址的长短、格式各不相同。

2）物理网络的地址被固化在网络设备中，通常是不能修改的。

3）物理地址属于非层次化的地址，它只能标识出单个的设备，而标识不出该设备连接的是哪一个网络。

为了解决以上问题，Internet 需要采用一种全局通用的地址格式，为全网的每一个网络和每一台主机分配一个 Internet 统一地址，以此屏蔽物理网络地址的差异。IP 协议的一项重要功能就是专门处理这个问题，即通过 IP 协议把主机原来的物理地址隐藏起来，在网络层中使用统一的 IP 地址。

（2）IP 地址分类

IP 地址是互联网协议地址的简称，是一种用于标识网络中设备唯一性的地址。它由 32 位二进制数字组成，每 8 个二进制位为一组，用一个十进制数来表示，通常以 4 个十进制数表示，每组之间用点号分隔，例如 192.168.100.21。

IP 地址包括 2 个部分：网络号和主机号，IP 地址中的网络号用于标明不同的网络，而主机号用于标明每一个网络中的主机地址。IP 地址可以分为五类，分别是 A、B、C、D 和 E 类。其中，A、B 和 C 类是最常用的 IP 地址类型。

16

1) A类：高8位代表网络号，后3个8位代表主机号，网络号的最高位必须是0。十进制的第1组数值所表示的网络号范围为0～127，由于0和127有特殊用途，因此，有效的地址范围是1～126。A类网络主机数为16777214（$2^{24}-2$）台。

2) B类：前2个8位代表网络号，后2个8位代表主机号，网络号的最高位必须是10。十进制的第1组数值范围为128～191。B类网络主机数为65534（$2^{16}-2$）台。

3) C类：前3个8位代表网络号，低8位代表主机号，网络号的最高位必须是110。十进制的第1组数值范围为192～223。C类网络主机数为254（$2^{8}-2$）台。

4) D类和E类：特殊地址。D类用于多播（组播）传送，十进制的第1组数值范围为224～239。E类保留用于将来和实验使用，十进制的第1组数值范围为240～247。

IP地址分类如图1-9所示。

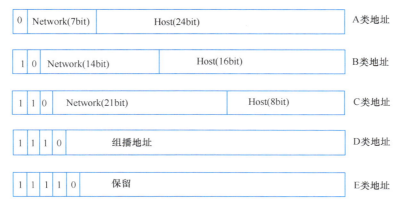

图1-9　IP地址分类

(3) 特殊IP地址

IP地址空间中的某些地址已经为特殊目的而保留，而且通常并不允许作为主机地址。这些保留地址的特殊IP地址见表1-2。

特殊IP地址　　　　　　　　　表1-2

网络号	主机号	地址类型	用　途
Any	全0	网络地址	代表一个网段
Any	全1	直接广播地址	特定网段的所有节点
127	Any	回环地址	回送测试
全0		所有网络	在路由器中作为默认路由
全1		受限广播地址	本网段的所有节点

1) 网络地址。网络地址用于表示网络本身。具有正常的网络号部分，而主机号部分为全"0"的IP地址称为网络地址。如192.168.100.0就是一个C类网络地址。

2) 广播地址。广播地址用于向网络中的所有设备进行广播。具有正常的网络号部分，而主机号部分为全"1"（即255）的IP地址称为广播地址。如192.168.100.255就是一个C类网络的广播地址。

模块一 计算机网络与通信技术

3）回环地址。网络号不能以十进制的 127 作为开头，此 IP 地址保留给内部回送函数，用于诊断。

4）私有地址。私用地址不需要注册，仅用于局域网内部，该地址在局域网内部是唯一的。当网络上的公用地址不足时，可以通过网络地址转换技术（NAT）将下列私网地址转换为可用的公网地址。

10.0.0.1——10.255.255.254。

172.16.0.1——172.31.255.254。

192.168.0.1——192.168.255.254。

2. 子网掩码

子网掩码（Subnet Mask）又被称为网络掩码或地址掩码，它是一个用于区分 IP 地址中的网络部分和主机部分的配置参数。子网掩码是一个 32 位的二进制数，对应于网络号部分用"1"表示，主机号部分用"0"表示。通常子网掩码在使用中以点分十进制的形式或者网络前缀（"/网络号位数"）的形式表示。例如，B 类网络的网络号是前 16 位，二进制表示为 11111111.11111111.00000000.00000000，十进制表示为 255.255.0.0，网络前缀表示为"/16"。

子网掩码的主要作用是区分网络标识和主机标识。通过与 IP 地址进行逻辑与运算，可以将 IP 地址划分为网络地址和主机地址两部分。网络地址用于标识所属的网络，主机地址用于标识具体设备。A 类地址前 8 位为网络位，后 24 位为主机位，默认的子网掩码为 255.0.0.0。B 类地址前 16 位为网络位，后 16 位为主机位，默认的子网掩码为 255.255.0.0。C 类地址前 24 位为网络位，后 8 位为主机位，默认的子网掩码为 255.255.255.0。

子网掩码在计算机网络中具有重要的作用，它被广泛应用于 IP 地址划分、子网划分、路由选择和网络安全控制等方面。合理设置子网掩码可以有效划分 IP 地址，提高网络的可管理性和安全性，同时确保主机能够正确地与其他设备进行通信。

3. 子网划分

在 IP 地址的使用过程中，发现每个 A 类网络可以容纳 16777214（$2^{24}-2$）台主机，B 类网络可以容纳 65534（$2^{16}-2$）台主机。实际网络设计中，一个内部网络不可能使用到那么多的主机。而且 IPv4 面临 IP 资源短缺的问题，在这种情况下，可以采取子网划分的方法来有效地利用 IP 资源。

子网划分，是指通过将一个给定的网络地址分为更小的部分，以适应不同大小的网络需求。在 IP 地址中，子网划分是通过借位来实现的，从 IP 地址中表示主机号的最高位开始"借位"变为新的子网号，所剩余的部分则仍为主机号。随着子网地址借位数的增多，划分出的子网数量随之增加，同时由于被借位，主机号减少，则每个子网中的主机数将随着减少（图 1-10）。

划分子网时，划分的子网数由"借位"数 n 决定，数量为 2 的 n 次方，例如借位 3 位，则原网络划分的子网数为 8（2^3）个。以 C 类网络 IP 地址 192.168.1.0 为例，原有 8 为主机位，256（2^8）个主机地址，默认子网掩码为 255.255.255.0，网络地址为 192.168.1.0，广播地址为 192.168.1.255，网络中可用的主机数为 254（2^8-2）个，范围是 192.168.1.0～192.168.1.254。C 类网络可划分的子网情况见表 1-3。

18

图 1-10 子网划分示意图

C 类网络可划分的子网情况　　　　　　　　　　表 1-3

子网借位数（n位）	划分子网数（2的n次幂）	子网掩码二进制	子网掩码十进制	每个子网的IP数（2^{8-n}）	每个子网的可用主机数（$2^{8-n}-2$）
1	2	11111111.11111111.11111111.10000000	255.255.255.128	128	126
2	4	11111111.11111111.11111111.11000000	255.255.255.192	64	62
3	8	11111111.11111111.11111111.11100000	255.255.255.224	32	30
4	16	11111111.11111111.11111111.11110000	255.255.255.240	16	14
5	32	11111111.11111111.11111111.11111000	255.255.255.248	8	6
6	64	11111111.11111111.11111111.11111100	255.255.255.252	4	2

在表 1-3 中，如果当子网借位 7 位时，主机位只剩 1 位，划分出的子网只有 2 个 IP 地址，已无可用的主机 IP，所以在子网划分时，主机位至少应保留两位。

子网划分的主要目的是将一个大的网络地址空间划分为若干个更小的、可管理的网络段，以便更好地管理和控制网络。通过子网划分，可以将一个网络划分为多个子网，每个子网具有不同的网络地址和子网掩码。这样可以使网络更加灵活和可扩展，同时提高网络的安全性和可靠性。子网划分的步骤主要包括：

（1）确定需要划分的子网数目以及每个子网中的主机数目。

（2）求子网数目对应二进制数的位数 n 及主机数目对应二进制数的位数 m。

（3）将该 IP 地址的原有子网掩码的主机地址部分的前 n 位置 1（其余全置 0）或后 m 位置 0（其余全置 1），这样就可以得到该 IP 地址划分子网后的新子网掩码。

在计算子网划分时，还可以使用以下公式计算：

可用子网数（N）等于 2 的借用子网位（n）次幂减去 2：$2^n-2=N$。

可用主机数（M）等于 2 的剩余主机位（m）次幂减去 2：$2^m-2=M$。

【例如】某企业网络号为 192.168.100.0，下属有三个部门，每个部门有 10 台计算机，请问应该如何划分子网？

由于有 3 个部门，那么子网划分至少为 3 个，根据公式，$2^n-2 \geqslant 3$，计算可得 $n \geqslant 3$，即要从主机位借 3 位作为网络位才可以至少划分出 3 个子网。此时，默认的子网掩码 11111111.11111111.11111111.00000000，在按要求划分子网以后，子网掩码变为 11111111.11111111.11111111.11100000，点分十进制为 255.255.255.224。在新的子网掩码中，原网络位不动，新加的 3 个网络位的改变就是新划分的子网，可以划分出的 8 个

模块一　计算机网络与通信技术

子网的网络号（网络地址）分别为：

192.168.100.00000000→192.168.100.00100000；

192.168.100.01000000→192.168.100.01100000；

192.168.100.10000000→192.168.100.10100000；

192.168.100.11000000→192.168.100.11100000。

其中，由于第一个子网 192.168.100.0 和主网络的网络地址相同，最后一个子网 192.168.100.224 和主网络的广播地址相同，为了避免二义性，不能用来作为子网，所以新划分的网络最多有 6 个子网。子网划分前后的情况见表 1-4。

子网划分前后的情况　　　　　　　　　　　表 1-4

	划分前	划分后
可用网络数	1	6
子网掩码	11111111.11111111.11111111.00000000 255.255.255.0	11111111.11111111.11111111.11100000 255.255.255.224
网络号 （网络地址）	192.168.100.0	192.168.100.32　192.168.100.64 192.168.100.96　192.168.100.128 192.168.100.160　192.168.100.192
广播地址	192.168.100.255	192.168.100.63　192.168.100.95 192.168.100.127　192.168.100.159 192.168.100.191　192.168.100.223
网络主机范围 （可用主机数）	192.168.100.1～192.168.100.254	192.168.100.33～192.168.100.62 192.168.100.65～192.168.100.94 192.168.100.97～192.168.100.126 192.168.100.129～192.168.100.158 192.168.100.161～192.168.100.190 192.168.100.193～192.168.100.222

其实通过以上的划分方式，我们还可以发现一个问题，就是每个划分出来的子网可用主机数有 30 个，相对于题目中每个部门 10 台计算机，有一定的 IP 地址资源浪费。为了更有效地利用资源，我们可以根据子网所需主机数来进行子网划分。根据公式 $2^m-2 \geqslant 10$，计算可得 $m \geqslant 4$，只需要保留 4 位主机位，即可借 4 位做网络位来划分子网，子网掩码为 255.255.255.240，可划分出 14（2^4-2）个可用子网，每个子网可用主机数为 14（2^4-2）个。由此可见，分别根据子网数和主机数划分子网，可以得到不同的子网划分结果。所以，在实际工作中，可以根据合理分配资源的原则来进行相应的子网划分。

通过以上步骤，可以对一个 IP 地址网络进行子网划分，以满足不同的网络需求。在进行子网划分时，需要考虑到网络的可用性和扩展性，以便未来对网络进行进一步的扩展和管理。

2.2.4　任务实施

第一步，学习和掌握 IP 地址两种表示形式（二进制和十进制）的相互转换方法。

第二步，利用子网划分的计算公式，计算出划分子网所需的主机位借位数，得到新的

20

子网掩码。

第三步，列出原 IP 地址二进制数在对应借位上的数值变化情况，得到最新的网络地址和广播地址。

第四步，将新的网络地址和广播地址转换为点分十进制表示，计算出可用主机地址范围。填写附录中任务工单 1。

2.2.5 反馈评价

完成任务后请根据任务实施情况，扫码填写反馈评价表。

2.2.6 问题思考

1. 计算机内部为什么要采用二进制进行表示？
2. 为什么要用点分十进制表示网络地址？

知识拓展

5. IPv6

项目 3 局域网组网与互联

任务 3 局域网组网与互联

3.1 任务描述

查阅资料，学习局域网的配置方法，完成学生宿舍内的局域网组建。具体详见附录中任务工单 1。

3.2 学习目标

知识目标	能力目标	素质目标
1. 掌握局域网的概念。 2. 掌握局域网的组建方法（重点、难点）	1. 能够组建不同类型的局域网。 2. 能够对局域网进行相关配置和管理	1. 培养团队合作意识，主动思考意识。 2. 培养学以致用的能力

3.3 相关知识

1. 局域网的概念

局域网，是指在某一区域内将各种计算机、外部设备和数据库等连接起来组成的计算机通信网，以实现文件管理、应用软件共享、打印机共享、工作组内的日程安排、电子邮件和传真通信服务等功能。局域网是封闭型的，可以由办公室两台计算机组成，也可以由一个公司内上千台计算机组成。

2. 局域网的特点

（1）覆盖的地理范围较小。

（2）局域网通常传输速率高、传输质量好、误码率低。

（3）通常使用分组交换技术，具有较低的延时。

（4）支持多种传输介质，包括各种有线传输介质以及无线传输介质。

（5）有规则的拓扑结构，使用的拓扑结构多为总线型、星型、环型或树型。

（6）可支持的工作站数可达几千个，各工作站间地位平等而非主从关系。

3. 局域网的基本组成

局域网的组成主要包括计算机设备（服务器、工作站）、网络连接设备（网卡、集线器、路由器和交换机）、传输介质、网络操作系统以及局域网应用软件。

（1）计算机设备。为用户与网络提供交互界面，使用计算机用户可以登录、浏览和管理网络。服务器提供硬盘、文件数据及打印机共享等服务功能，是网络控制的核心，工作站则是连入网络的客户端。

（2）路由器和交换机。路由器和交换机可以将局域网中的计算机连接起来，实现资源共享和相互访问通信，数据转换和电信号匹配，并能对网络连接进行管理。

（3）传输介质。有线传输介质主要包括双绞线、同轴电缆和光纤等。无线传输介质则包括无线电和卫星通信等。传输介质是局域网数据传输的物理通路。

（4）网络操作系统。网络操作系统主要完成网络通信、控制、管理以及资源共享等功能，目前常用的网络操作系统包括 Unix、Linux、Windows Server 2022、Windows 10 等。

（5）局域网应用软件。局域网应用软件用于实现各种网络应用功能，例如连接管理、用户管理以及资源共享等，并实现计算机之间的通信和管理各种设备。

4. 局域网的组建

局域网的组建主要包含以下步骤：

（1）确定网络需求和拓扑结构

首先应明确网络连接的设备数量、网络规模和预期的网络性能，设计网络拓扑结构，确定各个设备的位置和连接方式。

（2）购买网络设备

根据需求和设计，购买必要的网络设备，如交换机、路由器、网线、无线接入点等。

（3）连接网络设备

根据设计的拓扑结构，将各个设备连接到交换机或路由器上。对于无线网络，还需要配置无线接入点进行无线连接。

（4）配置网络设备

为每个网络设备进行初始化和基本配置，如设置设备的 IP 地址、子网掩码、网关等基本网络参数以及配置安全设置、路由设置等。

（5）网络地址分配

为网络中的设备分配 IP 地址，可以使用动态主机配置协议（DHCP）服务器来自动分配 IP 地址，也可以手动配置静态 IP 地址。

5. 组建宿舍局域网

（1）网络规划设计和布线

大学宿舍中组建局域网可以用来共享资源和联网游戏。宿舍局域网通常为 4~8 台计算机，一般使用 8 个交换机或路由器与网线，组建一个星型对等网络。

（2）添加通信协议

步骤一：单击"网络"，再点击"属性"。如图 1-11 所示。

步骤二：单击"更改适配器"，如图 1-12 所示。

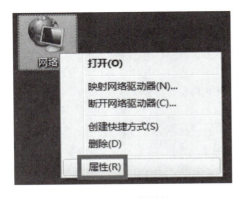 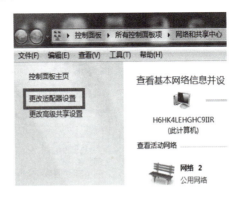

图 1-11　网络属性　　　　　　　　图 1-12　更改适配器

步骤三：单击"本地连接"，再点击"属性"，如图 1-13 所示。

步骤四：单击"安装"，如图 1-14 所示。

图 1-13　本地连接　　　　　　　　图 1-14　网络项目安装

步骤五：单击"协议"，再点击"添加"，如图 1-15 所示。

步骤六：单击"Reliable Multicast Protocol"，再点击"确定"，如图 1-16 所示。

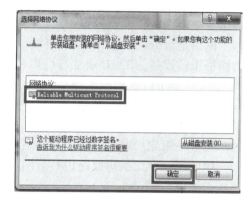

图 1-15　添加协议 1　　　　　　　　图 1-16　添加协议 2

步骤七：可看到所添加的协议。单击"关闭"，重启计算机即可。完成添加通信协议，如图 1-17 所示。

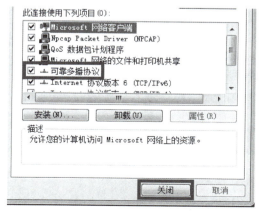

图 1-17　完成添加

（3）添加网络服务

添加网络协议后，用户还需要添加"Microsoft 网络的文件和打印机共享"服务，才能与宿舍局域网中的其他用户共享资源。

步骤一：点击"本地连接"，再点"属性"，单击"安装"，选择"客户端"，点击"添加"，如图 1-18 所示。

步骤二：选择"Client for Microsoft NetWorks"，再点击"确定"，如图 1-19 所示。

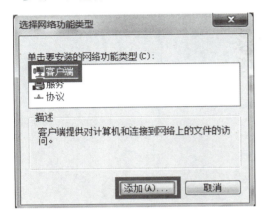 

图 1-18　添加客户端功能 1　　　　　　图 1-19　添加客户端功能 2

步骤三：再次单击"安装"，单击"服务"，单击"添加"。如图 1-20 所示。

步骤四：单击"File and Printer Sharing for Microsoft NetWorks"，如图 1-21 所示。

 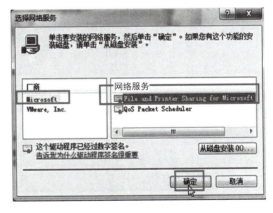

图 1-20　添加服务功能 1　　　　　　图 1-21　添加服务功能 2

最后，为了在宿舍局域网中区别其他计算机，需要设置计算机名和工作组名，然后再设计相同网络的 IP 地址，即可完成宿舍内的局域网组建。

3.4　任务实施

第一步，查阅计算机网络相关资料，学习局域网组建的步骤。

第二步，规划设计学生宿舍内局域网组建所需的设备和线缆，按规划连接相关网络设备。

第三步，按配置步骤完成相关计算机的网络配置，填写附录中任务工单 1。

3.5 反馈评价
完成任务后请根据任务实施情况，扫码填写反馈评价表。
3.6 问题思考
组建局域网后，如何测试局域网内所有计算机已经连通呢？

知识拓展

6. 无线局域网

项目 4 Internet 及其应用

任务 4 Internet 及其应用

4.1 任务描述

查阅资料，学习 Internet 相关的技术应用，使用华为模拟器 eNSP 完成图 1-22 网络拓扑图的网络配置：配置设备 IP 地址、路由器及 DHCP 和 DNS 服务等，以实现网络的连通。具体详见附录中任务工单 1。

4.2 学习目标

知识目标	能力目标	素质目标
1. 掌握 Internet 的概念。 2. 掌握 Internet 的应用技术（重点、难点）	1. 能够熟练使用 Internet 网络应用业务。 2. 能够对 Internet 网络进行服务配置	1. 树立团队意识、集体观念，培养规划分析能力、分工协作的能力。 2. 培养学生自主学习能力和知识探究能力

4.3 相关知识

1．Internet 概述

Internet 是一个全球性的、互相连接的网络集合。它由许多网络和子网组成，这些网络以一组通用的协议相互连接，形成一个逻辑上的单一巨大网络。Internet 基于相互交流信息资源的目的，通过许多路由器和公共互联网连接而成。在这个网络中，有交换机、路由器等网络设备，各种不同的通信线路，种类繁多的服务器和数不尽的计算机、终端。

2．Internet 的基本组成

（1）通信线路

通信线路是 Internet 的基础设施，将 Internet 中的路由器、计算机等连接起来。通信线路包括有线线路（如光缆、铜缆等）和无线线路（如卫星、无线电等）两类。

（2）路由器

路由器是 Internet 中最为重要的设备，它是网络间连接的桥梁。如果所选的道路比较拥挤，路由器负责指挥数据排队等待。

（3）主机

主机是 Internet 中不可缺少的成员，它是信息资源和服务的载体。

以上只是 Internet 的基本组成部分，其功能还包括各种应用程序和服务，例如 Web 浏览器、邮件客户端和在线商店等。此外，网络安全、云计算、物联网和人工智能等领域也与 Internet 的发展密切相关。

3．Internet 的域名管理

Internet 的域名是 Internet 网络上的一个服务器或一个网络系统的名字，全世界没有重复的域名。域名由若干个英文字母和数字组成，由 "." 分隔成几部分，如 www.baidu.com 就是一个域名。从社会科学的角度看，域名已成为 Internet 文化的组成部分。从商界看，域名已被誉为 "企业的网上商标"。没有一家企业不重视自己产品的标识——商标，而域名的重要性和其价值，也已经被全世界的企业所认识。在国内主要有

27

com、net、cn、org 等主流后缀的域名。

DNS（Domain Name System，域名系统）是一种用于将域名转换为 IP 地址的系统，由一组分布式的数据库组成，这些数据库存储了域名和 IP 地址之间的映射关系。当用户在浏览器中输入一个域名时，DNS 将该域名解析为相应的 IP 地址，以便能够找到相应的网站或服务器。DNS 域名系统是一种帮助人们在 Internet 上用名字来识别自己的主机，并保证主机名（域名）和 IP 地址一一对应的网络服务。

4. DHCP 功能配置

DHCP（动态主机配置协议）是一种网络协议，用于动态地分配 IP 地址和其他网络配置参数给网络中的计算机和其他设备。DHCP 协议使得网络管理员可以集中管理 IP 地址分配，简化了网络中计算机的配置和管理。DHCP 协议的主要功能包括：

（1）自动分配 IP 地址

DHCP 服务器可以自动为网络中的设备分配 IP 地址，避免了手动配置每个设备的 IP 地址的麻烦。

（2）配置参数

除了 IP 地址之外，DHCP 还可以分配其他网络配置参数，如子网掩码、默认网关、DNS 服务器等。

（3）租约管理

DHCP 服务器可以为每个设备分配一个 IP 地址租约，租约到期后，设备需要重新申请 IP 地址。这样可以有效地管理 IP 地址的使用。

（4）客户端标识

DHCP 服务器可以通过客户端的 MAC 地址或其他标识来识别客户端，为其分配特定的 IP 地址或配置参数。

（5）负载均衡和容错

DHCP 服务器可以实现负载均衡和容错功能，通过将客户端分配到不同的服务器或网段上，可以提高网络的性能和可靠性。

5. 网络配置实例

在华为模拟器 eNSP 搭建网络拓扑，如图 1-22 所示。

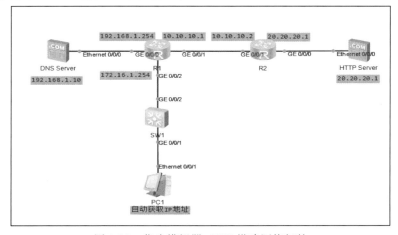

图 1-22　华为模拟器 eNSP 搭建网络拓扑

项目 4　Internet 及其应用

（1）配置设备 IP 地址

1）配置路由器 IP 地址

双击路由器 r1 和 r2 打开命令行，将 IP 地址设置到对应端口中，配置命令如图 1-23 和图 1-24 所示。

```
<Huawei>sys
Enter system view, return user view with Ctrl+Z.
[Huawei]sysname r1
[r1]int g0/0/0
[r1-GigabitEthernet0/0/0]ip add 192.168.1.254 24
Jun  6 2024 22:00:38-08:00 r1 %%01IFNET/4/LINK_STATE(1)[3]:The line protocol IP
on the interface GigabitEthernet0/0/0 has entered the UP state.
[r1-GigabitEthernet0/0/0]int g0/0/1
[r1-GigabitEthernet0/0/1]ip add 10.10.10.1 24
Jun  6 2024 22:01:34-08:00 r1 %%01IFNET/4/LINK_STATE(1)[4]:The line protocol IP
on the interface GigabitEthernet0/0/1 has entered the UP state.
[r1-GigabitEthernet0/0/1]int g0/0/2
[r1-GigabitEthernet0/0/2]ip add 172.16.1.254 24
[r1-GigabitEthernet0/0/2]
Jun  6 2024 22:01:57-08:00 r1 %%01IFNET/4/LINK_STATE(1)[5]:The line protocol IP
on the interface GigabitEthernet0/0/2 has entered the UP state.
[r1-GigabitEthernet0/0/2]q
[r1]q
<r1>save
```

图 1-23　r1 IP 地址配置

```
<Huawei>sys
Enter system view, return user view with Ctrl+Z.
[Huawei]sysname r2
[r2]int g0/0/0
[r2-GigabitEthernet0/0/0]ip add 20.20.20.1 24
Jun  6 2024 22:05:56-08:00 r2 %%01IFNET/4/LINK_STATE(1)[0]:The line protocol IP
on the interface GigabitEthernet0/0/0 has entered the UP state.
[r2-GigabitEthernet0/0/0]int g0/0/1
[r2-GigabitEthernet0/0/1]ip add 10.10.10.2 24
[r2-GigabitEthernet0/0/1]
Jun  6 2024 22:06:23-08:00 r2 %%01IFNET/4/LINK_STATE(1)[1]:The line protocol IP
on the interface GigabitEthernet0/0/1 has entered the UP state.
[r2-GigabitEthernet0/0/1]q
[r2]q
<r2>save
```

图 1-24　r2 IP 地址配置

2）配置 DNS 服务器 IP 地址

双击 "DNS Server" 打开基础配置，设置相关 IP 地址信息，如图 1-25 所示。

3）配置 HTTP 服务器 IP 地址

双击 "HTTP Server" 打开基础配置，设置相关 IP 地址信息，如图 1-26 所示。

（2）配置 DHCP 服务

双击主机打开主机的基础配置，"IPv4 配置" 部分需要选择 DHCP 并点击应用。路由器 R1 配置 DHCP 地址池并自动获取主机 IP 地址，DHCP 配置命令如图 1-27 所示。

双击主机打开主机的命令行，输入命令 "ipconfig"，查看主机自动获取 IP 地址情况，如图 1-28 所示。

29

模块一 计算机网络与通信技术

图 1-25 "DNS Server" IP 地址配置

图 1-26 "HTTP Server" IP 地址配置

（3）配置路由，实现全网连通

要实现全网连通，需要为路由器设置添加对应网段的路由信息，路由器 r1 和 r2 的路由配置分别如图 1-29 和图 1-30 所示。

项目 4　Internet 及其应用

```
[r1]dhcp enable
Info: The operation may take a few seconds. Please wait for a moment.done.
[r1]ip pool global-pool
Info: It's successful to create an IP address pool.
[r1-ip-pool-global-pool]network 172.16.1.0 mask 24
[r1-ip-pool-global-pool]gateway-list 172.16.1.254
[r1-ip-pool-global-pool]dns-list 192.168.1.10
[r1-ip-pool-global-pool]q
[r1]int g0/0/2
[r1-GigabitEthernet0/0/2]dhcp select global
[r1-GigabitEthernet0/0/2]
```

图 1-27　DHCP 配置命令

```
PC1                                                              _  □  X

基础配置   命令行   组播   UDP发包工具   串口
Welcome to use PC Simulator!

PC>ipconfig

Link local IPv6 address...........: fe80::5689:98ff:fe7b:4ff3
IPv6 address......................: :: / 128
IPv6 gateway......................: ::
IPv4 address......................: 172.16.1.253
Subnet mask.......................: 255.255.255.0
Gateway...........................: 172.16.1.254
Physical address..................: 54-89-98-7B-4F-F3
DNS server........................: 192.168.1.10
```

图 1-28　自动获取 IP 地址情况

```
[r1]ospf
[r1-ospf-1]area 0
[r1-ospf-1-area-0.0.0.0]network 192.168.1.0 0.0.0.255
[r1-ospf-1-area-0.0.0.0]network 172.16.1.0 0.0.0.255
[r1-ospf-1-area-0.0.0.0]network 10.10.10.0 0.0.0.255
```

图 1-29　r1 路由配置

```
[r2]ospf
[r2-ospf-1]area 0
[r2-ospf-1-area-0.0.0.0]network 10.10.10.0 0.0.0.255
[r2-ospf-1-area-0.0.0.0]network 20.20.20.0 0.0.0.255
```

图 1-30　r2 路由配置

路由配置完成后，便实现了全网连通，主机 PC1 可以连接到任一设备，PC1 与 "DNS Server" 和 "HTTP Server" 的连通测试如图 1-31 和图 1-32 所示。

（4）配置 DNS 服务

双击 DNS Server 打开服务器信息，设置主机域名为 "www.ceshi.com"，IP 地址为 "20.20.20.2"，点击 "增加"，再启动服务，如图 1-33 所示。

双击主机打开主机的命令行，输入命令 "ping www.ceshi.com"，验证 DNS 配置情况，如图 1-34 所示。

以上便是通过模拟器实现 DNS 服务、DHCP 服务和网络连通的一个配置实例。

31

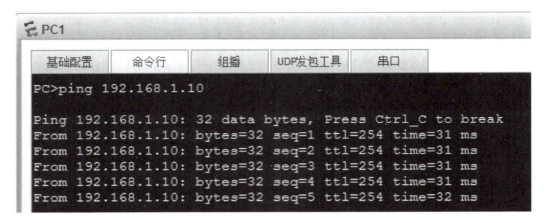

图 1-31　PC1 ping DNS Server

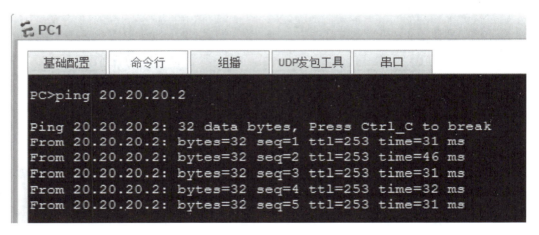

图 1-32　PC1 ping HTTP Server

图 1-33　配置 DNS 服务

图 1-34　验证 DNS 服务情况

6. Internet 的应用

Internet 的应用非常广泛，主要包括以下几个方面：

（1）通信服务

通过 Internet 进行电子邮件、网络电话、视频会议、电子公告牌和聊天功能等信息交流、相互通信。

（2）电子商务

通过 Internet 开展网上购物、网上商品销售、网上拍卖、网上货币支付等活动。

（3）网上教学

通过 Internet 提供的 Web 技术、视频传输技术、实时交流等功能可以开展远程学历教育和非学历教育，举办各种培训，提供各种自学和辅导信息。

（4）生活娱乐

通过网络聊天、交朋友、玩游戏、听音乐、看电影等。

（5）企业管理

企业通过建立信息网络并与 Internet 互联，可以实现企业内部、本地与分支机构、企业与客户的全面信息化管理。

4.4　任务实施

第一步，学习 Internet 相关的技术应用，了解 DNS 和 DHCP 的工作原理。

第二步，搭建对应的网络结构拓扑，布放相关的服务器、主机和网络连接设备。

第三步，对相应服务器和网络设备进行配置，包括 IP 地址、路由设备、DNS 服务，DHCP 服务，并进行相关网络验证，填写附录中任务工单 1。

4.5　反馈评价

完成任务后请根据任务实施情况，扫码填写反馈评价表。

4.6　问题思考

防火墙应如何配置呢？

知识拓展

7. 网络安全

模块一 计算机网络与通信技术

作业及测试

1. 填空题

（1）常见的网络拓扑结构有星型、_____、环型、_____、网状型五种类型。

（2）按网络覆盖的地理范围划分，计算机网络分为_____、_____和_____三种。

（3）TCP/IP 模型分为_____、_____、_____和_____四层。

（4）OSI 参考模型分为物理层、_____、_____、传输层、会话层、_____和应用层七层。

（5）IP 协议的主要功能包括_____、_____和_____。

（6）子网掩码的功能是告知主机或者路由设备，一个给定 IP 地址的哪一部分代表_____，哪一部分代表_____。

（7）B 类 IP 地址点分十进制表示的第一个数字范围是_____。

（8）IP 地址 11000111.11100101.01011100.10110000 的点分十进制表示是_____。

（9）Internet 的基本组成包括_____、_____和_____。

（10）DNS（域名系统）是一种用于将_____转换为_____的系统。

2. 单项选择题

（1）在 OSI 模型中传输层使用的地址是（　　）。

A. MAC 地址　　　　B. 端口号　　　　　C. IP 地址　　　　D. 以上都不是

（2）下列对 TCP/IP 协议族描述错误的是（　　）。

A. TCP 协议是面向连接的协议

B. UDP 协议是无连接协议

C. TCP 协议实现可靠传输

D. UDP 协议既可以可靠传输，也可以不可靠传输

（3）在下列的 IP 地址中，属于私有地址的是（　　）。

A. 100.1.1.1　　　B. 172.32.1.1　　　C. 192.168.1.1　　　D. 以上都是

（4）下列网络属于局域网的是（　　）。

A. 因特网　　　　　B. 校园网　　　　　C. 电信网　　　　D. 中国教育网

（5）如果访问 Internet 时只能使用 IP 地址，不能使用域名，是因为没有配置（　　）。

A. IP 地址　　　　B. 子网掩码　　　　C. 默认网关　　　　D. DNS

3. 简答题

（1）请简述计算机网络的概念及功能。

（2）请简述局域网的概念。

（3）TCP 协议具有哪些特点？

（4）简述 DHCP 协议的主要功能。

（5）现有 B 类 172.16.0.0，将它平均分成 4 个子网，每个子网的网络地址、广播地址和子网掩码分别是什么？

模块二　综合布线系统识图

项目5　认识综合布线系统

任务5.1　了解智能建筑

5.1.1　任务描述

请结合智能建筑与通信发展，举例分析身边的智能建筑与综合布线系统的关系及其特点。具体详见附录中任务工单1。

5.1.2　学习目标

知识目标	能力目标	素质目标
1. 了解智能建筑的概念及特点。 2. 掌握智能建筑与综合布线系统的关系	1. 能说出智能建筑的构成。 2. 能运用相关知识识别智能建筑	1. 培养爱国、自强、自立精神。 2. 培养爱岗敬业、团队协作精神

5.1.3　相关知识

1. 智能建筑的兴起

在20世纪50年代，经济发达的国家在城市中兴建新式大型高层建筑，为了加强和提高建筑物的使用功能和服务水平，首次提出了楼宇自动化的需求，在建筑物内安装了各种仪表、控制装置和信号显示设备，实现大楼的集中控制、监视，以便于运行操作和维护管理。20世纪80年代以来，随着科学技术的不断发展，大型建筑的服务功能不断增加，尤其计算机、通信、控制技术及图形显示技术的相互融合和发展，使得大厦的智能化程度越来越高，满足了现代化办公的多方面需求。1984年1月，由美国联合技术公司（UTC）在美国康涅狄格州哈特福德市，将一座旧金融大厦进行改建，这幢大厦内添置了计算机、数字程控交换机等先进的办公设备以及高速通信等基础设施。大楼的客户不必购置设备便可获得语音通信、文字处理、电子邮件收发、情报资料检索等服务。

此外，大楼内的给水排水、消防、保安、供配电、照明、交通等系统均由计算机控制，实现了自动化综合管理，使用户感到更加舒适、方便和安全，"智能大厦"这一名词从此出现。随后，智能大厦在欧美、日本等世界各国蓬勃发展，先后出现了一批智能化程度不同的智能大厦。美国自20世纪90年代以来新建和改建的办公大楼约有70％为智能大厦，日本则制定了从智能设备、智能家庭、智能建筑到智能城市的发展计划，新加坡政府也拨巨资进行了专项研究。

20世纪80年代后期，智能大厦的概念开始引入国内。随着改革开放的深入，国民经济持续发展，综合国力不断地增强，人们对工作和生活环境的要求也不断提高，一个安

35

全、高效和舒适的工作和生活环境已成为人们的迫切需要。这一时期智能大厦主要是一些涉外的酒店和特殊需要的工业建筑，采用的技术和设备主要是从国外引进。虽然普及程度不高，但是人们的热情是高涨的，得到设计单位、产品供应商以及业内专家的积极响应。

为了实现智能大厦的规范化建设，我国发布 S-系列文件与标准，这些都极大地促进了中国智能大厦的建设走上规范化的高速发展轨道。

2. 智能建筑的概念

"智能建筑"被视为城市现代化、信息化的主要标志。

将智能建筑（Intelligent Building，IB）定义：以建筑物为平台，基于对各类智能化信息的综合应用，集架构、系统、应用、管理及优化组合为一体，具有感知、传输、记忆、推理、判断和决策的综合智慧能力，形成以人、建筑、环境互为协调的整合体，为人们提供安全、高效、便利及可持续发展功能环境的建筑。

3. 智能建筑的构成

从设计的角度出发，智能建筑的智能化系统工程设计应由信息化应用系统、智能化集成系统、信息设施系统、建筑设备管理系统、公共安全系统、应急响应系统、机房工程等设计要素构成。以建筑物的应用需求为依据，通过对智能化系统工程的设施、业务及管理等应用功能作层次化结构规划，从而构成由若干智能化设施组合而成的架构形式。

智能建筑是信息时代的必然产物，建筑智能化是建筑业和电子信息业共同的发展方向。智能建筑就是将"4C"技术（即"Computer"计算机技术、"Control"控制技术、"Communication"通信技术、"CRT"图形显示技术）综合应用于建筑物中，在建筑物内建立一个以计算机综合网络为主体的系统，使建筑物实现智能化的信息管理控制，并结合现代化的服务和管理方式，给人们提供一个安全和舒适的生活、学习、工作的环境空间。20 世纪 90 年代，在房地产开发热潮中，房地产开发商发现了智能建筑这个"标签"的商业价值，为开发的建筑冠以"智能大厦""3A 建筑""5A 建筑"，甚至"7A 建筑"等名词。

智能建筑的基本功能主要由三大部分构成，即建筑设备自动化系统（Building Automation System，BAS，也称楼宇自动化系统）、通信自动化系统（Communication Automation System，CAS）和办公自动系统（Office Automation System，OAS），这就是上述的"3A 建筑"。某些房地产开发商为了突出某项功能，以提高建筑等级、工程造价和增加卖点，又提出消防自动化系统（Fire Automation System，FAS）和安防自动化系统（Safety Automation System，SAS），即形成"5A 建筑"。

4. 智能建筑与综合布线系统的关系

智能建筑所用的主要设备通常放置在智能建筑内的系统集成中心 SIC（System Integrated Center）。它通过建筑物综合布线系统 GCS（Generic Cabling System）与各种终端设备，如通信终端（电话机、传真机等）、传感器（如烟雾、压力、温度、湿度等传感器）的连接，"感知"建筑物内各个空间的"信息"，并通过计算机进行处理后给出相应的控制策略，再通过通信终端或控制终端（如步进电机、各种阀门、电子锁、开关等）给出相应的控制对象的动作反应，使大楼具有某种"智能"，从而实现建筑设备自动化、办公自动化、通信自动化。智能建筑的系统组成如图 2-1 所示。

综合布线系统是智能建筑非常重要的组成部分，它是智能建筑信息传输的通道，为智

项目 5　认识综合布线系统

图 2-1　智能建筑的系统组成

能化系统的构建提供了灵活、可靠的通信基础。我们可以将智能建筑简单看成是一个人的身体，各个应用系统看成是人的各个肢体，而综合布线系统则是遍布人体的神经网络，连接各个肢体，传输各种信息。由于综合布线系统充分考虑了用户的未来应用，能够适应未来科技发展的需要，因此建筑物建成以后，可以根据需要决定安装新的应用系统，而不需要重新布线，节省系统扩展带来的新投资。

综合布线系统在建筑内和其他设施一样，都是附属于建筑物的基础设施，为智能化建筑中的用户服务。虽然综合布线系统和建筑彼此结合形成不可分离的整体，但是它们是不同类型和性质的工程项目。它们在规划、设计、施工、测试验收及使用的全过程中，关系是极为密切的，具体表现在以下几点：

（1）综合布线系统是智能化建筑中必备的基础设施。综合布线系统将智能建筑内的通信、计算机、监控等设备及设施相互连接形成完整配套的整体，从而实现高度智能化的要求。综合布线系统是智能化建筑能够保证提供高效优质服务的基础设施之一。在智能建筑中，如果没有综合布线系统，各种设施和设备会因无信息传输媒质连接而无法相互联系和正常运行，智能化也难以实现，这时也就不能称为智能建筑。在建筑物中，只有敷设了综合布线系统，才有实现智能化的可能性，这是智能建筑中的关键内容。

（2）综合布线系统是衡量智能建筑智能化程度的重要标志。在衡量智能建筑的智能化程度时，主要是看建筑物内综合布线系统承载信息系统的种类和能力，设备配置是否成套、各类信息点分布是否合理、工程质量是否优良，这些都是决定建筑智能化程度高低的重要因素。智能化建筑能否为用户提供更好的服务，综合布线系统起着决定性作用。

（3）综合布线系统能适应智能建筑今后的发展需要。综合布线系统具有较高的适应性和灵活性，能在今后相当长一段时间内满足通信的发展需要，为此，在新建的公共建筑中，应根据建筑物的使用对象和业务性质以及今后发展等各种因素，积极采用综合布线系统。对于近期拟不设置综合布线系统的建筑，应在工程中考虑今后设置综合布线系统的可能性，在主要部位、通道或路由设备等关键地方，适当预留房间（或空间）、洞孔和线槽，这样做有利于建筑扩建和改建。

37

总之，综合布线系统分布于智能建筑中，必然会有互相融合的需要，同时又可能发生彼此矛盾的问题。因此，在综合布线系统的规划、设计、施工、测试验收及使用等各个环节，都应与负责建筑工程的有关单位密切联系和配合协调，采取妥善合理的方式来处理，以满足各方面的要求。

5. 智能建筑的特点

智能建筑是现代科学技术的产物。其技术基础主要由现代建筑技术、现代计算机技术、现代通信技术和现代控制技术组成。其特点有如下几点：

（1）大规模数据采集和存储数据是构建智能建筑的基础。只有对大规模数据进行分析，才能通过人工智能对建筑进行更高效、安全、节能的控制和管理，才能真正实现建筑智能化。简言之，大多数人工智能方法都是"寻找规则"，即通过大量数据找到数据中相关参数的统计关系。如果没有大量的"真实数据"就找不到规律。目前非常高标准的建设项目也缺乏对建设运营数据的有效收集和（长期）保存，因为即便安装了楼宇自动化系统，但缺乏数据存储容量，也无法真正实现大规模数据采集与存储。

（2）建筑运营数据的高效管理。虽然建筑不是精密仪器，但它包含大量数据，甚至在一栋普通的办公楼自动化系统中，也有数千个数据点。以往这些数据点没有统一的命名标准，因此查找和管理它们非常不方便。有人研究了如何将建筑运行数据集成到建筑信息模型中，以便于有效管理。但也存在不少问题。首先，本地 BIM 数据标准（如 IFC）不支持实时操作数据的集成；其次，BIM 的推广及普及仍存在障碍。

（3）更完整的执行器网络。目前，智能建筑的发展趋势是越来越多的传感器安装在建筑中，但执行器的数量远远不够。通常情况下，若没有安装智能化配套系统，建筑物中能自动控制的系统不多，其他与室内环境参数密切相关的部件，如门禁、窗户开关和百叶窗、照明、窗帘等，需要手动控制。因此，当前建筑智能控制的研究主要集中在室内热环境的控制上。但实际上，影响居民满意度的不仅仅是热环境，还有光环境、自然通风、空气质量等，但是在大多数建筑中，这些东西无法自动调整，需要配套智能化系统及设备，成本略高。

（4）以人为本。智能建筑有个概念叫"人在回路"（human in the loop）。它的具体含义是，智能建筑应该以建筑中每个人的舒适和健康为最重要的目标，居民应该能够真正控制自己的建筑环境。在传统的商业建筑控制中，居民基本上无法控制建筑内的任何东西。智能建筑创造了一个安全、健康、舒适、宜人的办公和生活环境，可以大大提高工作效率，满足不同用户对不同环境功能的要求。

（5）绿色节能。最大限度地节能是智能建筑的主要特征之一，其经济性也是此类建筑快速推广的重要原因。节能是一项基本国策，也是建筑电气设计技术经济分析的重要组成部分。在"双碳"目标下，社会对节能建筑、智慧建筑、绿色建筑的标准提出了更高要求。楼宇自控系统利用现代计算机技术和网络系统，实现对所有机电设备的集中管理和自动监测，使各个智能建筑子系统联系更加紧密，确保楼内所有机电设备的安全运行，从而实现安全、舒适、节能的目标。

5.1.4 任务实施

请认真阅读智能建筑相关知识，回答课前任务所提的问题，完成任务后将成果上传到学习平台，填写附录中任务工单 1。

5.1.5 反馈评价

完成任务后请根据任务实施情况，扫码填写反馈评价表。

5.1.6 问题思考

1. 我国通信产业有哪些知名公司？龙头企业是哪几家？
2. 结合智能建筑，谈谈你对智慧校园建设的想法。

任务 5.2　理解综合布线系统

5.2.1　任务描述

请结合综合布线系统构成,分析你所在宿舍楼的综合布线各个子系统,去现场实拍每一个子系统并标明其子系统名称及组成部分。具体详见附录中任务工单 1。

5.2.2　学习目标

知识目标	能力目标	素质目标
1. 掌握综合布线系统的构成(重点、难点)。 2. 掌握综合布线系统的特点	1. 能准确描述综合布线系统各子系统及其组成部分。 2. 能在实际综合布线工程中分析其优点	1. 树立科学严谨、求真务实的优良学风。 2. 培养爱岗敬业、团队协作精神

5.2.3　相关知识

1. 综合布线概述

综合布线系统采用标准的缆线与连接器件将所有语音、数据、图像及多媒体业务系统设备的布线组合在一套标准的布线系统中。其作为开放的结构化配线系统,综合了通信网络、信息网络及控制网络的配线,为其相互间的信号交互提供通道。综合布线系统是建筑物内或建筑群之间的一个模块化设计、统一标准实施的信息传输网络,解决了传统布线中不易解决的设备更新调整后重新布线的问题。

2. 综合布线系统的组成

综合布线系统是一种开放结构的布线系统,一般采用分层星型拓扑结构。该结构下的每个分支子系统都是相对独立的单元,对每个分支子系统的改动都不影响其他子系统,只要改变结点连接方式就可使综合布线在星型、总线型、环型、树型等结构之间进行转换。综合布线采用模块化的结构。根据每个模块的作用,将综合布线划分成工作区、配线子系统、干线子系统、建筑群子系统、设备间、进线间和管理七个部分。综合布线系统基本构成如图 2-2 所示。综合布线系统基本构成立体图如图 2-3 所示。

2-5-1　综合布线系统的标准与组成

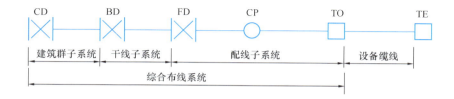

图 2-2　综合布线系统基本构成

(1) 工作区

工作区是指需要设置终端设备(TE)的独立区域。一个独立的需要设置终端设备的区域宜划分为一个工作区。工作区应包括信息插座模块(TO)、终端设备处的连接缆线及适配器,如图 2-4 所示。它用接插线在终端设备和信息插座之间搭接。

项目5 认识综合布线系统

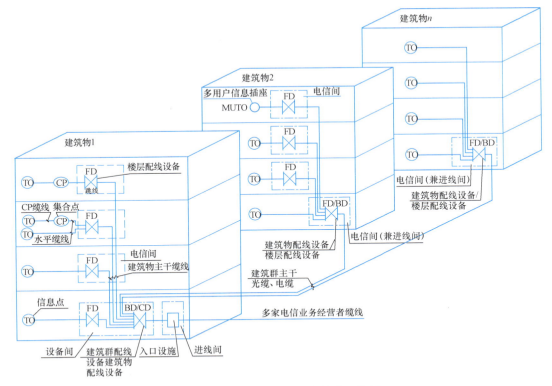

图2-3 综合布线系统基本构成立体图

(2) 配线子系统

配线子系统也称水平子系统，由工作区的信息插座模块、信息插座模块至电信间配线设备（FD）的水平缆线、电信间的配线设备及设备缆线和跳线组成。配线子系统缆线的一端与电信间的配线设备相连，另一端与工作区子系统的信息插座相连，以便用户通过跳线连接各种终端设备，从而实现与网络的连接，如图2-5所示。

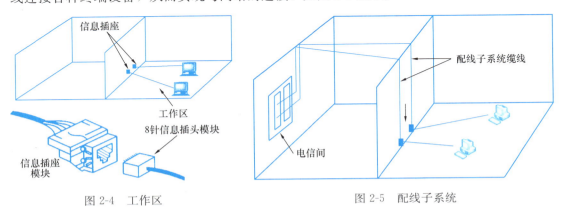

图2-4 工作区　　　　　　　　　　　图2-5 配线子系统

当水平工作面积较大时，可以设置二级交接间。这时干线缆线、水平缆线连接方式有所变化。一种情况是干线缆线端接在楼层配线间的配线架上，水平缆线一端接在楼层配线间的配线架上，另一端还要通过二级交接间的配线架连接后，再端接到信息插座上；另一

41

种情况是干线缆线直接接到二级交接间的配线架上,这时的水平缆线一端接在二级交接间的配线架上,另一端接在信息插座上。

(3) 干线子系统

干线子系统也称垂直干线子系统,由设备间至电信间的主干缆线、安装在设备间的建筑物配线设备(BD)及设备缆线和跳线组成,如图2-6所示。

干线子系统缆线一般采用大对数双绞电缆和多芯光缆,两端分别端接在设备间和电信间的配线架上。

(4) 建筑群子系统

建筑群由两个及两个以上建筑物组成,这些建筑物彼此之间需要进行信息交流。建筑群子系统应由连接多个建筑物之间的主干缆线、建筑群配线设备(CD)及设备缆线和跳线组成。

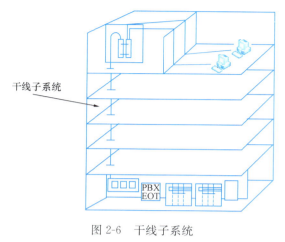

图2-6 干线子系统

建筑群子系统的缆线主要采用多模或单模光缆,或者大对数双绞线,既可采用地下管道敷设方式,也可采用悬挂方式。线缆的两端分别端接在两幢建筑设备间的接续设备上。

(5) 设备间

设备间是每栋建筑物在适当地点进行配线管理、网络管理和信息交换的场地。综合布线系统设备间宜安装建筑物配线设备、建筑群配线设备、以太网交换机、电话交换机、计算机网络设备,入口设施也可安装在设备间。

为便于设备搬运,节省投资,设备间最好设置在每栋建筑物的第二层或第三层。设备间子系统由引入建筑的线缆、公共设备(如计算机主机、各种控制系统、网络互联设备、监控设备)和其他连接设备(如主配线架)等组成,将建筑物内公共系统需要相互连接的各种不同设备集中连接在一起,完成各个楼层配线子系统之间的通信线路的调配、连接和测试,并建立与其他建筑物的连接,从而形成对外传输的路径。

(6) 进线间

进线间是建筑物外部信息通信网络管线的入口部位,并可作为入口设施的安装场地。为方便建筑物外缆线进入建筑物,进线间通常设于地下一层。

进线间主要作为多家电信业务经营者和建筑物布线系统安装入口设施共同使用,并满足室外电、光缆引入楼内成端与分支及光缆的盘长空间的需要。由于光缆至大楼(FTTB)、至用户(FTTH)、至桌面(FTTD)的应用会使得光纤的容量日益增多,进线间就显得尤为重要。同时,进线间的环境条件应符合入口设施的安装工艺要求。在建筑物不具备设置单独进线间或引入建筑内的电、光缆数量容量较小时,也可以在缆线引入建筑物内的部位采用挖地沟或使用较小的空间完成缆线的成端与盘长,入口设施则可安装在设备间,但多家电信业务经营者的入口设施宜设置单独的场地,以便实现功能分区。建筑物内如果包括数据中心,需要分别设置独立使用的进线间。

（7）管理

管理应对工作区、电信间、设备间、进线间、布线路径环境中的配线设备、缆线、信息插座模块等设施按一定的模式进行标识、记录和管理。管理内容包括管理方式、标识、色标、交叉连接等，如图 2-7 所示。

图 2-7　管理标识

3. 综合布线的特点

与传统的布线相比较，综合布线系统具有以下六个特点：

（1）兼容性

为提供电话、网络、闭路电视等服务，建筑需要进行网络布线，若采用传统的专业布线方式，每项应用服务都要使用不同的电缆及开关插座。例如，电话系统采用一般的对绞线电缆，闭路电视系统采用专用的视频电缆，计算机网络系统采用同轴电缆、双绞线电缆或光缆。不同的电缆、接续设备和其他器材技术性能差别极大，彼此不能兼容，布线混乱无序，后续的管理与维护成本较高。综合布线系统采用光缆或高质量的布线材料和通用接续设备，能够满足不同生产厂家终端设备的需要，使建筑物内所有系统互相兼容，语音、数据和视频信号均能高质量地传输。

（2）开放性

对于传统的布线方式，只要用户选定了某种设备，也就选定了与之相适应的布线方式和传输介质。如果更换另一设备，那么原来的布线就要全部更换。对于一个已经完工的建筑物，这种改动困难大、追加投资高。综合布线由于采用开放式体系结构，符合多种国际上现行的标准，因此，它几乎对所有主流厂商的产品，如计算机设备、交换机设备等都是开放的。对所有通信协议也是支持的。

（3）灵活性

传统的布线体系结构固定，迁移设备或增加设备难度大、成本高。综合布线系统采用星型拓扑结构及标准的传输缆线和相关连接硬件进行模块化设计，因而所有信息通道是通用的，且每条信息通道均支持电话、计算机、传真等用户终端。所有设备的开通及更改均不需改变布线，只需增减相应的应用设备以及在配线架上进行必要的跳线管理即可。组网也可灵活多样，同一房间内用户终端与以太网工作站、令牌环网工作站可以并存，为用户组织信息流提供了必要条件。

（4）可靠性

传统的布线方式由于各个应用系统互不兼容，因而在一个建筑物中往往要有多种布线方案。因此，各类信息传输的可靠性要由所选用的布线可靠性来保证，各应用系统布线不当会造成交叉干扰。

综合布线采用高品质的材料和组合压接的方式构成一套高标准信息传输通道。所有缆线和相关连接件均通过 ISO 认证，每条通道都要采用专用仪器测试链路阻抗及衰减，以保证其电气性能。应用系统布线全部采用点到点端接。任何一条链路故障均不影响其他链路的运行，为链路的运行维护及故障检修提供了方便，从而保障了应用系统的可靠运行。各应用系统采用相同传输介质，因而可互为备用，提高了备用冗余。

（5）先进性

综合布线采用光纤与双绞电缆混合的布线方式，构成一套完整的布线系统。所有布线均采用世界上最新通信标准。干线的语音部分用电缆，数据部分用光缆，链路均按八芯双绞电缆或光纤配置，为同时传输多路实时多媒体信息提供足够的余量。对于有特殊需求的用户，可把光纤引到桌面（FTTD）。

（6）经济性

综合布线系统采用一系列高质量的标准材料以模块化的组合方式，将语音、数据、图像和部分控制信号系统用统一的传输媒介进行综合，经过统一规划设计、施工及管理，省去大量的重复劳动和设备占用。它可以兼容各种应用系统，又兼顾建筑内设备的变更及科学技术的发展，因此可以确保建筑建成后的较长一段时间内能够满足用户应用不断增长的需求，节省重新布线的额外投资。

4. 综合布线系统的标准

随着综合布线系统产品和应用技术的不断发展，与之相关的综合布线系统的国内和国际标准也更加系列化、规范化、标准化和开放化。国际标准化组织和国内标准化组织都在努力制定更新的标准以满足技术和市场的需求。

从综合布线系统发展至今，相关标准和规范不断完善和提高。且标准的类型、数量都在逐渐增加，标准的内容也日趋完善丰富。作为综合布线系统的设计人员，在进行综合布线系统方案设计时，应遵守综合布线系统设计规范。综合布线施工工程应遵守综合布线及通信网络施工规范，按要求完成布线安装、网络测试、管理标识及采取防火、防雷接地措施。

（1）国际布线标准

随着通信技术的进步，许多新的综合布线系统和新方案被开发出来，国际标准化组织和国际电工委员会 ISO/IEC，欧洲电工标准化委员会 CENELEC 和北美相关标准化委员会、协会等都在努力制定更新的标准以满足技术和市场的需求。1991 年美国通信工业协会（TIA）、美国电子工业协会（EIA）共同制定了 TIA/EIA—568，随后该标准不断修订。该标准将综合布线系统划分为以下六个相互独立的子系统，如图 2-8 所示。

ISO（国际标准化组织）和 IEC（国际电工技术委员会）在 1995 年制定颁布了国际标准 ISO/IEC 11801。该标准在 TIA/EIA-568 基础上制定，作为国际标准供各个国家使用。

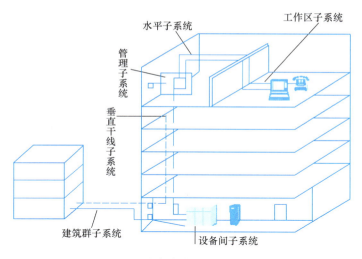

图 2-8 综合布线系统组成示意

（2）国内布线标准

我国参照 TIA/EIA—568 和 ISO/IEC11801 的现行标准，结合国内具体实际情况制定并颁布了相关的国家标准。现行的标准主要包括：

《综合布线系统工程设计规范》GB 50311—2016；

《综合布线系统工程验收规范》GB/T 50312—2016；

《智能建筑设计标准》GB 50314—2015；

《智能建筑工程质量验收规范》GB 50339—2013；

《通信管道与通道工程设计标准》GB 50373—2019；

《通信管道工程施工及验收标准》GB/T 50374—2018；

《通信线路工程设计规范》GB 51158—2015；

《通信线路工程验收规范》GB 51171—2016。

5. 综合布线系统常见术语及图例认知

为方便理解综合布线系统施工图，现将综合布线系统常用术语、常用缩略语、常用图形符号列举见表 2-1～表 2-3。

常用术语　　　　　　　　　　　　　　表 2-1

术语	说明
电信间	放置电信设备、缆线终接的配线设备，并进行缆线交接的一个空间
入口设施	提供符合相关规范的机械与电气特性的连接器件，使得外部网络缆线引入建筑物内
信道	连接两个应用设备的端到端的传输通道
链路	一个 CP 链路或是一个永久链路
永久链路	信息点与楼层配线设备之间的传输线路。它不包括工作区设备缆线和连接楼层配线设备的设备缆线、跳线，但可以包括一个 CP 链路
集合点（CP）	楼层配线设备与工作区信息点之间水平缆线路由中的连接点

模块二　综合布线系统识图

续表

术语	说明
CP 链路	楼层配线设备与集合点（CP）之间，包括两端的连接器件在内的永久性链路
建筑群配线设备	终接建筑群主干缆线的配线设备
建筑物配线设备	为建筑物主干缆线或建筑群主干缆线终接的配线设备
楼层配线设备	终接水平缆线和其他布线子系统缆线的配线设备
连接器件	用于连接电缆线对和光缆光纤的一个器件或一组器件
光纤适配器	将光纤连接器实现光学连接的器件
建筑群主干缆线	用于在建筑群内连接建筑群配线设备与建筑物配线设备的缆线
建筑物主干缆线	入口设施至建筑物配线设备、建筑物配线设备至楼层配线设备、建筑物内楼层配线设备之间相连接的缆线
水平缆线	楼层配线设备至信息点之间的连接缆线
CP 缆线	连接集合点（CP）至工作区信息点的缆线
信息点（TO）	缆线终接的信息插座模块
设备缆线	通信设备连接到配线设备的缆线
跳线	不带连接器件或带连接器件的电缆线对和带连接器件的光纤，用于配线设备之间进行连接
缆线	电缆和光缆的统称
光缆	由单芯或多芯光纤构成的缆线
线对	由两个相互绝缘的导体对绞组成，通常是一个对绞线对
对绞电缆	由一个或多个金属导体线对组成的对称电缆

常用缩略语　　　　　　　　　　　　　　　　　　　　表 2-2

序号	缩略语	名称	序号	缩略语	名称
1	AP	无线接入点（无线局域网接入点）	12	GPON	吉比特无源光网络
2	BD	建筑物配线设备	13	HC	水平交叉连接
3	CD	建筑群配线设备	14	HDA	水平配线区
4	CP	集合点	15	ID	中间配线设备
5	EDA	设备配线区	16	IDA	中间配线区
6	EPON	基于以太网方式的无源光网络	17	IDC	卡接式配线模块
7	EOR	列头方式	18	IP	互联网协议
8	ER	进线间	19	IPTV	网络电视
9	FE	快速以太网	20	IP-PBX	IP 电话用户交换机
10	FD	楼层配线设备	21	ISDN	综合业务数字网
11	GE	千兆以太网	22	KVM	多计算机切换器

46

项目 5　认识综合布线系统

续表

序号	缩略语	名称	序号	缩略语	名称
23	LAN	局域网	40	POE	以太网供电
24	MC	主交叉连接	41	POL	无源光局域网
25	MDA	主配线区	42	PON	无源光网络
26	MOR	列中方式	43	POTS	传统电话业务（模拟电话业务）
27	MPO	多芯推进锁闭光纤连接器件	44	RJ45	8 位模块通用插座
28	MTP	机械推拉式多芯光纤连接器件	45	SAN	存储区域网络
29	NI	网络接口	46	SC	用户连接器件（光纤活动连接器件）
30	ODF	光纤配线架	47	SPD	浪涌保护器
31	ODN	无源光分配网	48	SW	网络交换机
32	OF	光纤	49	TE	终端设备
33	ONU	光网络单元	50	TO	信息点
34	ONT	光网络终端	51	TCP/IP	传输控制协议/互联网协议
35	OLT	光线路终端	52	TOR	置顶方式
36	PBX	用户电话交换机	53	UPS	不间断电源
37	PDB	配电模块（电源、箱）	54	VOIP	网络电话
38	PDU	电源分配器	55	WLAN	无线局域网
39	POD	交付点	56	ZDA	区域配线区

常用图形符号　　　　　　　　　　　　　　表 2-3

序号	符号	名称	序号	符号	名称
1	CD　CD	建筑群配线设备（系统图，有跳线连接）	9	BD	建筑物配线设备（平面图）
2	BD　BD	建筑物配线设备（系统图，有跳线连接）	10	FD	楼层配线设备（平面图）
3	FD　FD	楼层配线设备（系统图，有跳线连接）	11	ID	中间配线设备（平面图）
4	ID　ID	中间配线设备（系统图，有跳线连接）	12	CP	集合点（平面图）
5	ODF　ODF	光纤配线架（系统图）	13	PSE	供电端设备（为以太网客户端设备供电的设备）
6	DDF	数字配线架（系统图）	14	LIU	光纤连接盘
7	CP	集合点（系统图）	15	SW	网络交换机
8	CD	建筑群配线设备（平面图）	16	PBX	电话用户交换机

47

模块二　综合布线系统识图

续表

序号	符号	名称	序号	符号	名称
17	IP-PBX	IP电话用户交换机	32	HD	家居配线箱
18	P-SW	以太网在线供电交换机	33	IBT	信息配线箱
19	AP	无线接入点（无线局域网接入点）	34	ONT	光网络终端
20	AP	无线接入点（无线局域网接入点，吸顶安装）	35	IBU	信息配线箱
21	TP	单孔电话插座	36	ONU	光网络单元
22	TD	单孔数据插座	37	OLT	光线路终端
23	2TD	二孔数据插座	38		光分路器
24	TO	单孔信息插座	39	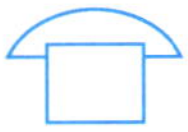	电话机
25	2TO	二孔信息插座	40	 POTS	传统电话业务电话机（模拟电话机）
26	MUTO	多用户信息插座	41	 VOIP	网络电话机
27	TF	光纤插座	42	G	TCP/IP网关
28	TV	有线电视插座	43	 IP	网络摄像机
29	TE	终端设备	44	ACU	出入口（门禁）控制
30	NI	终端设备网络接口	45		可视用户接收机（访客对讲系统）
31	PD	受电端设备	46	SPT	入侵报警防护区域收发器

48

项目 5　认识综合布线系统

续表

序号	符号	名称	序号	符号	名称
47	DDC	直接数字控制器	52		地线
48	ACQ	能耗计量采集器	53		光纤或光缆
49	PG	显示屏	54		光缆配线箱（多层/单层）
50		扬声器（带功放）	55		缆线槽盒
51		浪涌保护器（SPD）	56	—	—

5.2.4　任务实施

第一步，请分析你所在宿舍楼的综合布线系统，回答以下问题。

1. 你所在宿舍楼的综合布线系统由哪些子系统组成？

2. 各子系统有哪些组成部分？

第二步，请根据以上分析，实拍各子系统及其组成部分，并填写任务工单 2，完成后上传到学习平台。

任务工单 2

小组名称	进线间	设备间	干线子系统	配线子系统	工作区子系统	管理

第三步，填写附录中的任务工单 1。

5.2.5　反馈评价

完成任务后请根据任务实施情况，扫码填写反馈评价表。

5.2.6　问题思考

每栋建筑的综合布线系统都有七个部分吗？为什么？

49

项目 6　综合布线施工图识图及线缆和相关部件

任务 6.1　综合布线施工图识图

6.1.1　任务描述

请扫前言中资源包二维码下载图纸（对应资源 2.6.1 和 2.6.2），并对旅馆综合布线系统图及其旅馆一层综合布线平面图进行识图，准确描述旅馆网络布线走向及其各子系统组成部分，明确对应平面图中信息插座的类型、布置位置及个数。具体详见附录中任务工单 1。

6.1.2　学习目标

知识目标	能力目标	素质目标
1. 掌握综合布线系统图常用图例、符号及缩略语。 2. 掌握综合布线系统图和平面图识图方法（重点、难点）	1. 能准确描述综合布线系统网络传输路径（难点）。 2. 能运用相关知识分析综合布线系统构架及平面布置（重点）	1. 培养认真刻苦、专心细致的工作作风。 2. 培养爱岗敬业、团队协作精神

6.1.3　相关知识

1. 工程概况

请扫前言中资源包二维码下载办公楼综合布线施工图（对应资源 2.6.3），查阅设计说明，可知本工程建筑面积 34812m^2。地下一、二层主要为物业办公、车库、冷冻机房及变配电站等；地上 28 层，一层主要为大堂、茶座、餐厅、消防控制室、大厦管理室；二层为会议室、计算机网络机房、电话机房等；三层～十层为开放型办公室；十一～十三层为开放型办公室（需进行二次装修）；十四～十六层为开放型办公室；十七～十九层为开放型办公室（需进行二次装修）；二十～二十八层为小开间办公室。

2-6-1 综合布线系统识图

其中，三～十层为出租办公用房（其中三、四层按楼层出租，五～十层按隔间出租），其他为自用房。

本工程的综合布线系统支持通信系统（1 套 2700 门的程控交换机）、计算机网络系统（骨干万兆互联，千兆到桌面）、信息发布系统。地下一层～二层、十一～二十八层采用综合布线系统；三～十层采用光纤到用户单元通信设施系统。

2. 综合布线系统图识图

查阅设计说明可知，本工程进线间设在地下一层，面积约 14m^2，设有 ODF（光纤配线架）配线设备。查阅办公楼综合布线系统图 1（局部）（图 2-9）和地下一层综合布线平面图（局部）（图 2-10），由电信运营商缆线引来 2 根 8 芯单模光缆（图 2-11），经过楼前人孔井或手孔井引入进线间，并通过设置在进线间的光纤配线设备，引至电话机房和计算机网络机房。2 根 8 芯单模光缆分别穿 SC80 钢管埋地敷设，为满足 3 家电信业务经营者通信业务接入的需要，预留 6 根 SC80 钢管，8 芯单模光缆。

2-6-2 综合布线施工图识图

项目6 综合布线施工图识图及线缆和相关部件

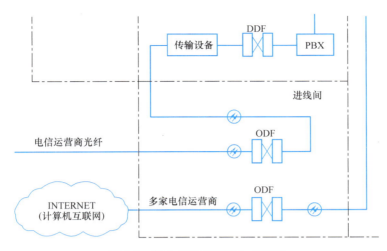

图 2-9 综合布线系统图 1（局部）

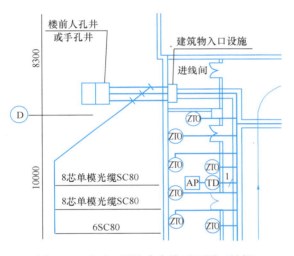

图 2-10 地下一层综合布线平面图（局部）

图 2-11 室外 8 芯单模光缆

2 根 8 芯单模光缆沿地下一层金属线槽敷设至地下一层电信间，经电缆竖井进入位于二层的电话机房和计算机网络机房。本工程在二层分别设置电话机房和计算机网络机房两个设备间。其中，查阅设计说明可知，电话机房面积 45m^2，内设有 1 套 2700 门的程控交换机及 BD 配线设备。程控交换机也称为程控数字交换机或数字程控交换机，如图 2-12 所示，通常用于电话交换网的交换设备。它利用现代计算机技术，完成电话用户线接入、中继接续、计费、设备管理等工作。2700 门中的"门"是指 PBX（交换机）的外线（由 ISP 提供）与内线（由 PBX 提供）的总和。计算机网络机房面积 30m^2，内设有网络交换机、路由器、数据服务器、应用服务器、BD 配线设备等。电话机房和计算机网络机房的平面布置详见机房及电信间布置图。

图 2-12 数字程控交换机

51

模块二　综合布线系统识图

图 2-13　IDC 配线架

从办公楼综合布线系统图可知,8芯语音单模光缆经电话机房传输设备将光信号转换成电信号,经数字配线架(DDF)采用跳线连接至电话用户交换机(PBX),PBX 采用 IDC-IDC 跳线连接至建筑物配线架(BD),语音配线架一般为 IDC 配线架,如图 2-13 所示。BD 至地下一层~二层、十一~二十八层的电信间的语音缆线采用 3 类 25 对大对数电缆,如图 2-14 所示。8 芯数据单模光缆经计算机网络机房的路由器、核心交换机连接至 BD 配线架(建筑物配线架),BD 至地下一层~二层、十一~二十八层的电信间的数据缆线采用 8 芯多模光缆(图 2-15)。

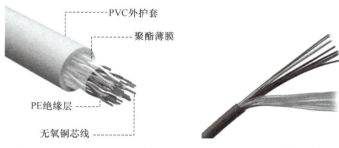

图 2-14　三类 25 对大对数电缆　　　　图 2-15　8 芯多模光缆

查阅办公楼综合布线系统图 2(图 2-16)可知,本工程中,地下一层~二层、十一~二十八层(十七层~二十八层系统设计请扫前言中资源包二维码下载图纸查阅)每层设置 1 个电信间,电信间内安装楼层配线设备(FD)。BD 至各层 FD 的语音和数据缆线见表 2-4。

BD 至各层 FD 的语音和数据缆线　　　　　　　　　　　表 2-4

语音系统干线				数据系统干线			
起点	终点	类型	数量	起点	终点	类型	数量
电话机房	−1FD	3 类 25 对大对数电缆	1 根	计算机网络机房	−1FD	8 芯多模光缆	1 根
	1FD		1 根		1FD		1 根
	2FD	—	—		2FD		1 根
	11FD	3 类 25 对大对数电缆	7 根		11FD		3 根
	12FD		7 根		12FD		3 根
	13FD		7 根		13FD		3 根
	14FD		6 根		14FD		3 根
	15FD		6 根		15FD		3 根
	16FD		6 根		16FD		3 根
	17FD		7 根		17FD		3 根
	18FD		7 根		18FD		3 根
	19FD		7 根		19FD		3 根
	20FD		6 根		20FD		2 根
	21FD		6 根		21FD		2 根
	22FD		6 根		22FD		2 根
	23FD		6 根		23FD		2 根

续表

语音系统干线				数据系统干线			
起点	终点	类型	数量	起点	终点	类型	数量
电话机房	24FD	3类25对大对数电缆	6根	计算机网络机房	24FD	8芯多模光缆	2根
	25FD		6根		25FD		2根
	26FD		6根		26FD		2根
	27FD		6根		27FD		2根
	28FD		2根		28FD		1根

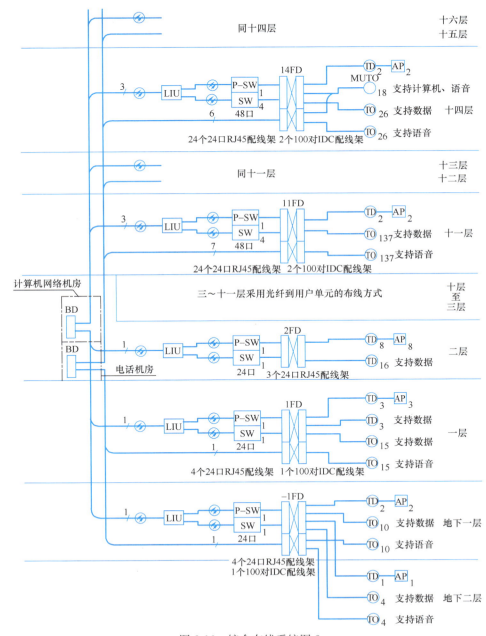

图2-16 综合布线系统图2

语音系统的 3 类 25 对大对数电缆进入电信间后，连接在 IDC 配线架的干线侧，经 IDC-RJ45 跳线连接至 24 口 RJ45 配线架（图 2-17 和图 2-18）。

图 2-17　IDC-RJ45 跳线　　　　　图 2-18　24 口 RJ45 配线架

数据系统的 8 芯多模光缆进入电信间 FD 后，连接至光纤配线架（LIU），如图 2-19 所示，经双芯光纤跳线（图 2-20）连接至以太网在线供电交换机（P-SW）和网络交换机（SW），如图 2-21 和图 2-22 所示。以太网在线供电交换机支持工作区无线 AP 数据信息点，网络交换机支持工作区有线数据信息点。

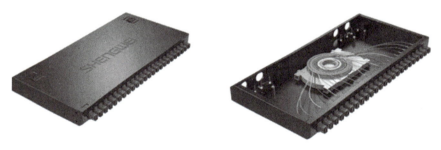

图 2-19　24 口光纤配线架

图 2-20　SC-LC 多模双芯跳线

图 2-21　24 口以太网在线供电交换机

项目6 综合布线施工图识图及线缆和相关部件

图 2-22 24 口网络交换机

以办公楼一层的电信间 FD 为例,从图 2-16 可知一层 FD 有光纤配线架（LIU）1 台,24 口以太网在线供电交换机（P-SW）1 台,24 口网络交换机（SW）1 台,24 口 RJ45 配线架 4 台,100 对 IDC 配线架 1 台。

各电信间的楼层配线设备见表 2-5。

各电信间的楼层配线设备　　　　表 2-5

电信间	楼层配线设备数量（个）					
	100 对 IDC 配线架	24 口光纤配线架	网络交换机	以太网在线供电交换机	24 口 RJ45 配线架
−1FD	1	1	1（24 口）	1	4
1FD	1	1	1（24 口）	1	4
2FD	—	1	1（24 口）	1	3
11FD	2	1	4（48 口）	1	24
12FD	2	1	4（48 口）	1	24
13FD	2	1	4（48 口）	1	24
14FD	2	1	4（48 口）	1	24
15FD	2	1	4（48 口）	1	24
16FD	2	1	4（48 口）	1	24
17FD	2	1	4（48 口）	1	24
18FD	2	1	4（48 口）	1	24
19FD	2	1	4（48 口）	1	24
20FD	2	1	3（48 口）	1	19
21FD	2	1	3（48 口）	1	19
22FD	2	1	3（48 口）	1	19
23FD	2	1	3（48 口）	1	19
24FD	2	1	3（48 口）	1	19
25FD	2	1	3（48 口）	1	19
26FD	2	1	3（48 口）	1	19
27FD	2	1	3（48 口）	1	19
28FD	1	1	1（48 口）	1	7

各 FD 至本层语音信息点和数据信息点的水平电缆均采用 6 类非屏蔽 4 对对绞电缆（即俗称的网线），沿金属线槽或穿镀锌钢管敷设，出线端口采用 6 类模块。水平缆线敷设到工作区连接信息插座，信息插座具体布置的位置，需要从综合布线平面图查看。

3. 综合布线平面图识图

查阅办公楼综合布线平面图可知，本工程中办公部分每个工作区面积按 5m² 设计，每个工作区设置 2 个信息点（即 1 个语音点、1 个数据点），平面图中用 ⓩ⓽ 表示二孔信息插座。其中十一～十三层需进行二次装修，在各办公室吊顶内敷设线槽，水平线缆敷设可随二次装修办公隔断或办公家具引至桌面信息插座。十四～十六层采用 12 孔多用户信息插座，工作区设备缆线通过办公隔断或办公家具引至桌面办公终端设备。十七～十九层需进行二次装修，在各大开间办公室内设置 CP 集合点，CP 缆线敷设可随二次装修办公隔断或办公家具引至桌面信息插座。二十～二十八层在各办公工位处设置信息插座。

以办公楼一层综合布线平面图为例。查阅如图 2-23 所示办公楼一层综合布线平面图可知，一层大堂为信息发布系统设置 1 个数据信息点，信息查询系统设置 2 个数据信息点，大堂的无线接入点设备共设置 3 个数据信息点，即 3 个无线 AP。

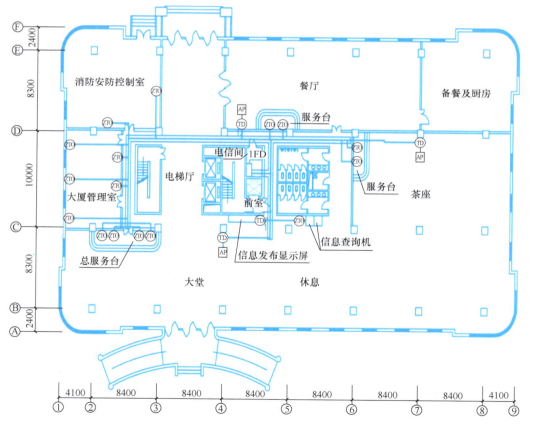

图 2-23 办公楼一层综合布线平面图

其中，数据/语音信息插座如图 2-24 所示，无线 AP 如图 2-25 所示。

图 2-24　数据/语音信息插座　　　　图 2-25　无线 AP

其他层同理。二层每个中小型会议室设置 3 个数据信息点（其中 1 个信息点接无线接入点设备），大型会议室设置 6 个数据信息点（其中 2 个信息点接无线接入点设备）。每层公共场所设置有连接无线接入点设备的数据信息点；其他场所根据需要设置一定数量的信息点。

4. 光纤到用户单元通信设施系统图识图

查阅如图 2-26 所示办公楼光纤到用户单元通信设施系统图可知，该建筑的综合布线系统用户接入点设置在地下一层的进线间，三～十层为一个配线区。该建筑的三～十层采用光纤到用户单元通信设施，其中三、四层以每层作为 1 个用户单元设计，五～十层以每个办公室作为 1 个用户单元设计，共设置 44 个用户单元。每个用户单元配置 1 根 2 芯光缆。其通信设施工程采用光纤到用户单元的方式进行设计，利用支持语音、数据应用的 PON 光纤到户通信系统，为用户提供公用电话交换网和互联网融合的宽带接入。PON（Passive Optical Network）指的是一种典型的无源光纤网络，如图 2-27 所示，是指 ODN（光配线网）中不含有任何电子器件及电子电源，ODN 全部由光分路器（图 2-28）等无源器件组成，不需要贵重的有源电子设备。一个无源光网络包括一个安装于中心控制站的光线路终端（OLT）以及一批配套的安装于用户场所的光网络单元（ONU）。在 OLT 与 ONU 之间的光配线网（ODN）包含了光纤以及无源分光器或者耦合器。

从市政引来 3 根 4 芯光缆（3 家电信业务经营者各 1 根）穿 SC80 钢管埋地进入地下一层的进线间，经光纤适配器和 64∶1 光分路器将光信号分成 48 路，然后经光纤跳线连接至光纤适配器。光纤适配器接出 2 根 2 芯光缆分别连接至三层、四层的信息配线箱（IBT），2 根 48 芯光缆分别连接至五层、八层的配线箱。

三层、四层信息机柜的接线与前面的综合布线系统基本相同。在三层、四层光纤到用户单元通信设施平面图中，在信息配线箱（图 2-29）将光信号转换为电信号，并连接至信息机柜的网络交换机（SW）和以太网在线供电交换机（P-SW），从信息机柜到数据信息点（TD）、多用户信息插座（MUTO）（图 2-30）、语音数据插座均采用 6 类非屏蔽 4 对对绞电缆，沿金属线槽或穿镀锌钢管敷设。图中 AP 表示无线接入点。

五层～十层光纤到用户单元通信设施平面图中，从电信间的配线箱引出 7 根 2 芯光缆沿金属线槽分别敷设至办公室 A～办公室 G 的信息配线箱（IBT），在信息配线箱（IBT）将光信号转换为电信号，采用 6 类非屏蔽 4 对对绞电缆沿金属线槽或穿镀锌钢管敷设至数据信息点（TD）、语音数据插座。

模块二 综合布线系统识图

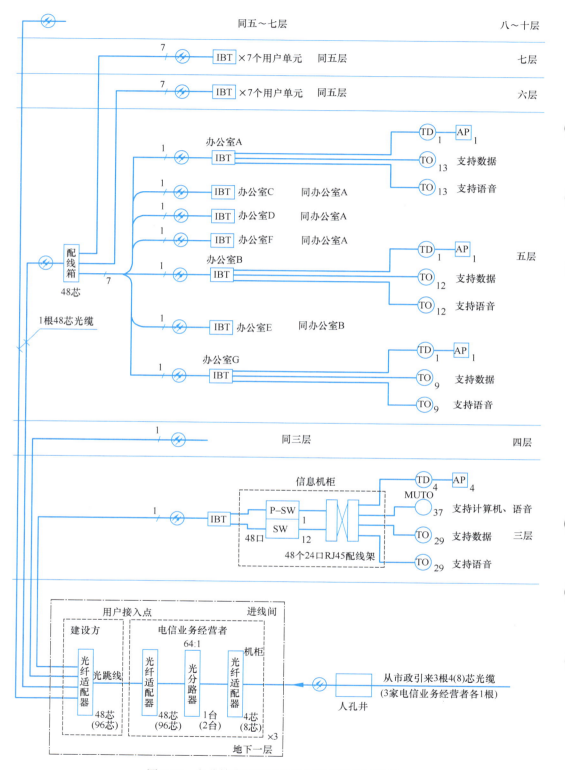

图 2-26 办公楼光纤到用户单元通信设施系统图

项目6 综合布线施工图识图及线缆和相关部件

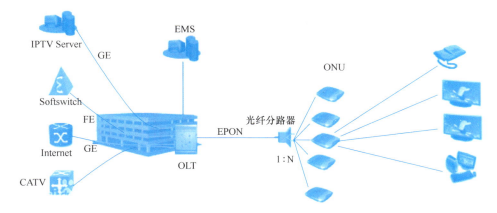

图 2-27 PON 无源光纤网络

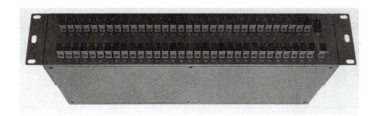

图 2-28 光分路器

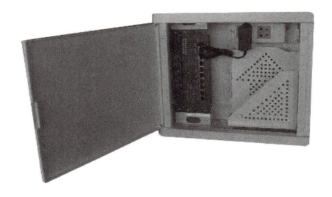

图 2-29 信息配线箱（IBT）

 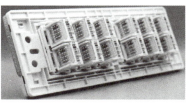

图 2-30 多用户信息插座（MUTO）

59

模块二　综合布线系统识图

6.1.4　任务实施

第一步，请分析任务中综合布线系统图及办公楼一层综合布线平面图，回答以下问题。

1. 请指出旅馆进线间、设备间、电信间的安装位置以及数量。

_____

_____

2. 请写出该办公楼综合布线各子系统的组成部分，并填写任务工单 3，完成后上传到学习平台。

任务工单 3

小组名称	进线间	设备间	干线子系统	配线子系统	工作区子系统

第二步，请根据旅馆一层综合布线平面图，统计一层西餐厅、智能化控制室、前台的信息点类型、数量，并填写任务工单 4。

任务工单 4

小组名称	西餐厅	智能化控制室	前台

第三步，完成以上任务后，总结归纳知识点，填写附录中的任务工单 1。

6.1.5　反馈评价

完成任务后请根据任务实施情况，扫码填写反馈评价表。

6.1.6　问题思考

国内外的综合布线系统构成有何异同之处？

任务 6.2　综合布线线缆及相关部件

> **课前小知识**
>
>
>
> 8. 中国光纤之父——赵梓森

6.2.1　任务描述

通过网络搜索、实地调研等手段了解综合布线线缆（6类4对非屏蔽电缆、25对大对数电缆、4芯多模光纤）和布线相关部件（12口光纤配线架、SC光纤耦合器、24口RJ45配线架、24口网络交换机、100对110语音配线架、42U机柜）的品牌、图片、价格、规格型号及适用场所，并填写附录中任务工单1。

6.2.2　学习目标

知识目标	能力目标	素质目标
1. 了解综合布线常用线缆相关知识。 2. 熟悉综合布线常用部件型号及适用场合等知识（重点）	1. 能根据不同场合选用适合的综合布线线缆（难点）。 2. 能根据不同场合选用适合的综合布线相关部件（难点）	1. 培养精益求精、专心细致的工作作风。 2. 树立自立自强的责任意识。 3. 培养爱国情怀

6.2.3　相关知识

1. 综合布线常用线缆

综合布线系统在设计中根据连接的各类应用系统的情况，可以选用不同的传输介质。一般而言，计算机网络系统主要采用4对非屏蔽或屏蔽双绞线电缆、大对数电缆、光缆，语音通信系统主要采用4对非屏蔽双绞线电缆、3类或5类大对数电缆，有线电视系统主要采用4对非屏蔽双绞线、75Ω同轴电缆和光缆，闭路视频监控系统主要采用视频同轴电缆。

2-6-3　综合布线网络传输介质

（1）双绞线

1）双绞线的结构

双绞线是综合布线系统中最常用的传输介质，主要应用于计算机网络、电话语音等通信系统，双绞线较适合于近距离、环境单纯（远离磁场、潮湿等）的局域网络系统，可用来传输数字和模拟信号。双绞线由按规则螺旋结构排列的两根、四根或八根绝缘导线组成。一个线对可以作为一条通信线路，各线对螺旋排列的目的是使各线对发出的电磁波相互抵消，从而使相互之间的电磁干扰最小。双绞线如图2-31所示。

双绞线电缆（Twisted Pair wire，TP）是综合布线系统工程中最常用的有线通信传输介质，也称对绞电缆。双绞线是由两根具有绝缘保护层的铜导线（22～26号）互相缠绕而成，每根铜导线的绝缘层上分别涂有不同的颜色，把一对或多对双绞线放在一个绝缘套

61

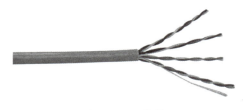

图 2-31 双绞线

管中便构成了双绞线电缆（简称双绞线）。在双绞线电缆内，不同线对具有不同的扭绞长度，按逆时针方向扭绞。把两根绝缘的铜导线按一定密度互相绞合在一起，可降低信号干扰的程度，每一根导线在传输中辐射出来的电波会被另一根线上发出的电波抵消，一般扭线越密其抗干扰能力就越强。

铜电缆的直径通常用 AWG（American Wire Gauge）来衡量。AWG 越小，导线直径越大，电阻率也越小，线路长时电压降更小，长距离传输性能更好。双绞线的绝缘铜导线线芯大小有 22、23、24 和 26 等规格，常用的 6 类非屏蔽双绞线是 23AWG，直径约为 0.57mm。

双绞线电缆内每根铜导线的绝缘层都有色标来标记，导线的颜色标记具体为白橙/橙、白蓝/蓝、白绿/绿、白棕/棕。根据双绞线电缆内铜导线直径大小，分为多种规格双绞线，如 22～26AWG 规格线缆（AWG 是美国制定的线缆规格，也是业界常用的参考标准，如 24AWG 是指直径为 0.5mm 的铜导线）。100Ω 和 120Ω 的双绞线铜导线直径为 0.4～0.65mm，150Ω 的双绞线铜导线直径为 0.6～0.65mm。

2）双绞线的分类

① 双绞线分为屏蔽双绞线（Shielded Twisted Pair，STP）和非屏蔽双绞线（Unshielded Twisted Pair，UTP）两类。

屏蔽双绞线电缆的外层由铝箔包裹，相对非屏蔽双绞线具有更好的抗电磁干扰能力，造价也相对高一些。屏蔽双绞线电缆和非屏蔽双绞线电缆的结构如图 2-32 所示。

在双绞线电缆中增加屏蔽层的目的是提高电缆的物理性能和电气性能，减少周围信号对电缆中传输的信号的电磁干扰。电缆屏蔽层由金属箔、金属丝或金属网构成。屏蔽双绞线电缆与非屏蔽双绞线电缆一样，电缆芯是铜双绞线电缆，护套层是聚氯乙烯或橡胶，护套层内增加了金属层。电缆屏蔽层的设计形式有屏蔽整个电缆、屏蔽电缆中的线对、屏蔽电缆中的单根导线等。

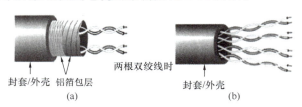

图 2-32 屏蔽双绞线电缆和非屏蔽双绞线电缆的结构
（a）屏蔽双绞线电缆的结构；(b) 非屏蔽双绞线电缆的结构

屏蔽双绞线电缆分类（图 2-33）如下：

F/UTP：总屏蔽层为铝箔屏蔽，没有线对屏蔽层的屏蔽双绞线；

U/FTP：没有总屏蔽层，线对屏蔽为铝箔屏蔽的屏蔽双绞线；

SF/UTP：总屏蔽层为金属编织网＋铝箔的双重屏蔽，线对没有屏蔽的双重屏蔽双绞线；

S/FTP：总屏蔽层为金属编织网，线对屏蔽为铝箔屏蔽的双重屏蔽双绞线。

F/FTP：总屏蔽层为铝箔屏蔽，线对屏蔽为铝箔屏蔽的双重屏蔽双绞线。

非屏蔽双绞线电缆（UTP）是有线通信系统和综合布线系统中最普遍的传输介质，广泛应用于语音、数据传输。UTP 电缆无金属屏蔽材料，只有一层绝缘胶皮包裹，价格

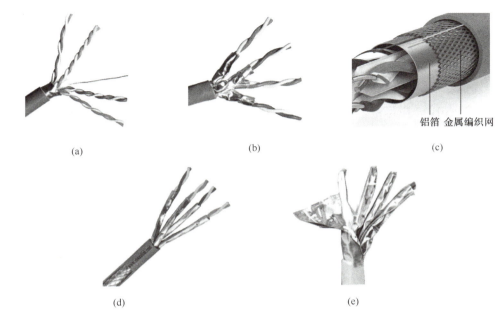

图 2-33 屏蔽双绞线电缆分类
(a) F/UTP；(b) U/FTP；(c) SF/UTP；(d) S/FTP；(e) F/FTP

相对便宜、组网灵活、更易于安装。由于 UTP 电缆没有屏蔽层，在传输信息过程中会向周围发射电磁波，易于被窃听，因此在保密性要求较高的场合应选用屏蔽双绞线。屏蔽双绞线及其配套设备成本高、安装复杂，普通民用建筑中多采用非屏蔽双绞线。

② 按性能指标分类，双绞线电缆可分为 1 类、2 类、3 类、4 类、5 类、5e 类、6 类、7 类双绞线电缆。

③ 按特性阻抗分类，主要有 100 Ω、120 Ω、150 Ω 等规格。常用的是 100 Ω 的双绞线电缆。

④ 按双绞线对数进行分类。有 1 对、2 对、4 对双绞线电缆，其中 4 对最常用。另外还有 25 对、50 对、100 对的大对数双绞线电缆。

双绞线的传输性能与带宽有直接关系，带宽越大，双绞线的传输速率越高。目前网络布线中常用 6 类双绞线，6 类双绞线主要用于千兆以太网的数据传输。语音系统的布线常用 3 类、5 类双绞线。双绞线的传输距离与传输速率有关。在 10Mbps 以太网中，3 类双绞线最大传输距离为 100m，5 类双绞线最大传输距离可达 150m。在 100Mbps 以太网中，5 类双绞线最大传输距离为 100m，在 1000Mbps 以太网中，6 类双绞线最大传输距离为 100m。

3）双绞线的主要特性参数

双绞线的电气特性直接影响其传输质量，其电气特性参数同时也是布线工程的测试参数。

① 特性阻抗，是指链路在规定工作频率范围内呈现的电阻。无论使用何种双绞线，使每对芯线的特性阻抗在整个工作带宽范围内应保证恒定、均匀。链路上任何点的阻抗不连续性将导致该链路信号发生反射和信号畸变。特性阻抗包括电阻及频率范围内的感性阻

抗和容性阻抗，与线对间的距离及绝缘体的电气性能有关。

② 直流环路电阻，指一对导线电阻的和。它会消耗一部分信号，并将其转变成热量。在 20～30℃ 环境下双绞线电缆中每个线对的直流环路电阻最大值不能超过 30Ω，若超过则表明接触不良，应检查连接点。

③ 衰减（A），指信号传输时在一定长度的线缆中的损耗，它是对信号损失的度量。单位为分贝（dB），应尽量得到低分贝的衰减。

衰减与线缆的长度有关，长度增加，信号衰减随之增加，同时衰减量与频率有着直接的关系。双绞线的传输距离一般不超过 100m。

④ 串扰，是两条信号线之间的耦合、信号之间的互感和互容引起的信号干扰。当信号在传输线上传播时，相邻信号线之间由于电磁场的相互耦合会产生不期望的噪声电压信号，即能量由一条线耦合到另一条线上。根据耦合类型和位置的不同，串扰可分为近端串扰和远端串扰。

近端串扰（NEXT）是一种信号干扰现象，发生在发送端附近的接收端点。它通常由邻近的信号线上的电磁场干扰引起，导致接收到的信号质量下降。远端串扰（FEXT）则发生在发送端点以及接收端之间的信号线上，由发送端的信号泄漏到邻近接收端的信号线上而引起的信号串扰。布线时尽可能增加线的间距，减小线的平行长度，从而减小串扰。

⑤ 衰减串音比值（ACR），指在受相邻发送信号线对串扰的线对上，其串扰损耗（NEXT）与本线对传输信号衰减值（A）的差值。ACR 是系统信号噪声比的唯一衡量标准，它对于表示信号和噪声串扰之间的关系有着重要的价值。ACR 值越高，意味着线缆的抗干扰能力越强。

⑥ 等电平远端串音衰减（ELFEXT），是某线对上远端串扰损耗与该线路传输信号衰减的差值。

⑦ 等电平远端串音功率和（PS ELFEXT），是在 4 对对绞电缆一侧测量 3 个相邻线对对某线对远端串扰总和（所有远端干扰信号同时工作，在接收线对上形成的组合串扰）。

⑧ 回波损耗（RL），是由于链路或信道特性阻抗偏离标准值导致功率反射而引起（布线系统中阻抗不匹配产生的反射能量）。由输出线对的信号幅度和该线对所构成的链路上反射回来的信号幅度的差值导出。回波损耗对于全双工传输的应用非常重要。电缆制造过程中的结构变化、连接器类型和布线安装情况是影响回波损耗数值的主要因素。

⑨ 传播时延，指信号从链路或信道一端传播到另一端所需的时间。

⑩ 传播时延偏差，指以同一缆线中信号传播时延最小的线对作为参考，其余线对与参考线对时延差值（最快线对与最慢线对信号传输时延的差值）。

⑪ 插入损耗，指发射机与接收机之间插入电缆或元器件产生的信号损耗，通常指衰减。

4）双绞线电缆的文字标识

识读双绞线外护套上的文字标识有助于正确选择双绞线、按规范要求进行综合布线设计与施工。不同生产厂家的双绞线产品文字标识也不尽相同，一般包括以下信息：生产厂家名称、线缆规格、双绞线类型、线缆当前所处的米数（英尺数）、生产年月等。例如，某公司生产的双绞线电缆文字标识如下：

XXXX SYSTEM：公司名称。
CABLE UTP CAT6 4PAIRS：非屏蔽 6 类 4 对电缆。
24 AWG：线芯是 24 号，美国线缆规格标准。
ISO/IEC 11801：国际综合布线标准。
D165-E：产品型号。
HSYU-6：6 类双绞线。
GB/T 18015.5：《数字通信用对绞或星绞多芯对称电缆 第 5 部分：具有 600MHz 及以下传输特性的对绞或星绞对称电缆 水平层布线电缆》GB/T 18015.5—2007。
20231018：生产日期。
304M：线缆当前所处在的米数。
某品牌 6 类双绞线线标如图 2-34 所示。

图 2-34　某品牌 6 类双绞线线标

（2）光纤

1）光纤结构

光纤，即光导纤维，是一种能传导光波的介质，可以使用玻璃和塑料制造光纤，超高纯度石英玻璃发纤维制作的光纤其传输损耗最低。光纤质地脆、易断裂，因此纤芯需要外加一层保护层，光纤结构如图 2-35 所示。

2）光纤传输特性

光导纤维通过内部的全反射来传输一束经过编码的光信号。由于光纤的折射系数高于外部包层的折射系数，因此可以使入射的光波在外部包层的界面上形成全反射现象，如图 2-36所示。

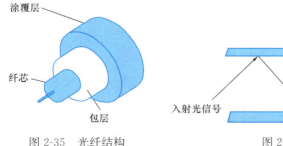

图 2-35　光纤结构　　　　　图 2-36　光纤传输特性

3) 光传输系统的组成

光传输系统由光源、传输介质、光发送器、光接收器组成,如图 2-37 所示。光源有发光二极管(LED)、光电二极管(PIN)、半导体激光器等,传输介质为光纤介质,光发送器主要作用是将电信号转换为光信号,再将光信号导入光纤中,光接收器主作用是从光纤上接收光信号,再将光信号转换为电信号。

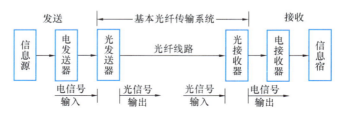

图 2-37 光传输系统

4) 光纤分类

光纤按照传输模式分可分为单模光纤和多模光纤(图 2-38)。

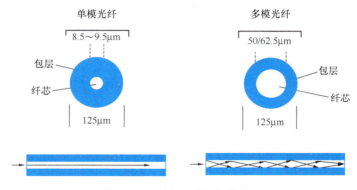

图 2-38 单模光纤和多模光纤

① 单模光纤

单模光纤采用固体激光器作为光源,主要用于长距离通信,纤芯直径很小,其纤芯直径为 $8.5\sim9.5\mu m$,而包层直径为 $125\mu m$。由于单模光纤的纤芯直径接近一个光波的波长,因此光波在光纤中进行传输时,不再进行反射,而是沿着一条直线传输。正由于这种特性使单模光纤具有传输损耗小、传输频带宽、传输容量大的特点。在没有进行信号增强的情况下,单模光纤的最大传输距离可达 3000m,且不需要进行信号中继放大。因此,单模光纤主要用于建筑物之间的互联或广域网连接。

② 多模光纤

多模光纤可采用 LED 作为光源,也可以采用固体激光器作为光源。其纤芯直径较大,不同入射角的光线在光纤介质内部以不同的反射角传播,这时每一束光线有一个不同的模式,具有这种特性的光纤称为多模光纤。多模光纤在光传输过程中比单模光纤损耗大,因此传输距离没有单模光纤远,可用带宽也相对较小些。因此,多模光纤具有芯大、传输速度低、距离较短和成本较低的特点,主要用于建筑物内的局域网干线连接。

目前单模光纤与多模光纤的价格相差不大,但单模光纤的连接器件比多模光纤昂贵得多，因此整个单模光纤的通信系统造价相比多模光纤也要贵得多。单模光纤与多模光纤特性比较见表 2-6。

单模光纤与多模光纤特性比较　　　　表 2-6

项目	单模光纤	多模光纤
纤芯直径	细（8.5～9.5μm）	粗（50/62.5μm）
耗散	极小	大
效率	高	低
成本	高	低
传输速率	高	低
光源	激光	发光二极管

5）光缆

光缆由一捆光导纤维组成，外表覆盖一层较厚的防水、绝缘的表皮，从而增强光纤的防护能力，使光缆可以应用在各种复杂的综合布线环境，光缆的结构如图 2-39 所示。

为扩大传输容量，光缆一般含多根光纤且多为偶数，例如 6 芯光缆、8 芯光缆、12 芯、24 芯、48 芯光缆等，一根光缆甚至可容纳上千根光纤。在综合布线系统中，一般采用 62.5/125μm 规格的多模光缆，有时也用 50/125μm 和 100/140μm 的多模光缆。户外布线大于 2km 时可选用单模光缆。

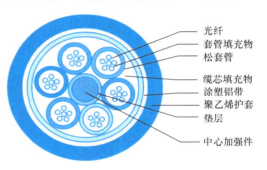

图 2-39　光缆的结构

光缆的分类有多种方法，按照应用场合分类则可分为室内光缆、室外光缆、室内外通用光缆等；按照敷设方式可分为架空光缆、直埋光缆、管道光缆、水底光缆等；按照结构可分为紧套管光缆、松套管光缆、单一套管光缆等；按照光缆缆芯结构可分为层绞式、中心束管式、骨架式和带状式等四种类型；按照光缆中光纤芯数分类可分为 4 芯、6 芯、8 芯、12 芯、24 芯、36 芯、48 芯、72 芯…144 芯等。在综合布线系统中，主要按照光缆的使用场合和敷设方式进行分类。

在光纤接入工程中，靠近用户的室内布线较为复杂，常规室内光缆的弯曲性能、抗拉性能已不能满足 FTTH（光纤到户）室内布线的需求。皮线光缆（图 2-40）将光通信单元（光纤，1～4 芯）处于中心，两侧放置两根平行非金属加强件（FRP）或金属加强构件，外护套为聚氯乙烯或低烟无卤材料，结构简单、轻而软、易剥离、方便接续与安装维护、实用性强。因而广泛应用于室内布线，终端用户连接用缆。

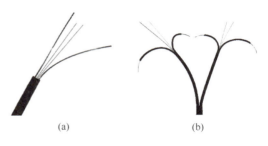

图 2-40　皮线光缆
(a) 2 芯皮线光缆；(b) 4 芯皮线光缆

模块二　综合布线系统识图

（3）电缆布线系统的分级、类别及选用（表 2-7）

电缆布线系统的分级、类别及选用　　　　　　　　　表 2-7

系统分级	系统产品类别	支持最高宽带（Hz）	支持应用器件	
			电缆	连接硬件
A	—	100k	—	—
B	—	1M	—	—
C	3 类（大对数）	16M	3 类	3 类
D	5 类（屏蔽和非屏蔽）	100M	5 类	5 类
E	6 类（屏蔽和非屏蔽）	250M	6 类	6 类
E_A	6_A 类（屏蔽和非屏蔽）	500M	6_A 类	6_A 类
F	7 类（屏蔽）	600M	7 类	7 类
F_A	7_A 类（屏蔽）	1000M	7_A 类	7_A 类

布线系统等级与类别的选用应综合考虑建筑物的性质、功能、应用网络和业务对传输带宽及缆线长度的要求、业务终端的类型、业务的需求及发展、性能价格、现场安装条件等因素，并应符合表 2-8 的规定。

布线系统等级与类别的选用　　　　　　　　　表 2-8

业务种类		配线子系统		干线子系统		建筑群子系统	
		等级	类型	等级	类型	等级	类型
语音		D/E	5/6（4 对）	C/D	3/5（大对数）	C	3（室外大对数）
数据	电缆	D、E、E_A、F、F_A	5、6_A、7、7_A（4 对）	E、E_A、F、F_A	6、6_A、7、7_A（4 对）	—	—
	光纤	OF＝－300 OF＝－500 OF＝－2000	OM1、OM2、OM3、OM4 多模光纤：OS1、OS2 单模光纤及相应等级连接器件	OF＝－300 OF＝－500 OF＝－2000	OM1、OM2、OM3、OM4 多模光纤：OS1、OS2 单模光纤及相应等级连接器件	OF＝－300 OF＝－500 OF＝－2000	OS1、OS2 单模光纤及相应等级连接器件
其他应用		可采用 5/6/6_A 类 4 对对绞电缆和 OM1、OM2、OM3、OM4 多模、OS1、OS2 单模光纤及相应等级连接器件					

2. 综合布线相关部件

（1）双绞线连接部件

双绞线的主要连接部件有配线架、信息插座和接插软线（跳接线）。在电信间，双绞线电缆端接至配线架，再用跳接线连接到工作区信息插座。信息插座一头连接着水平缆线的信息模块，另一头连接 RJ45 或者 RJ11 连接器，将信息从水平缆线传输到工作区用户终端。下面主要介绍双绞线电缆配线架、信息插座和 RJ45 连接器。

68

1）双绞线电缆配线架

配线架是电缆或光缆进行端接和连接的装置。在配线架上可进行互连或交接操作。建筑群配线架是端接建筑群干线电缆、光缆的连接装置。建筑物配线架是端接建筑物干线电缆、干线光缆，且可连接建筑群干线电缆、干线光缆的连接装置。楼层配线架是端接水平电缆、水平光缆与其他布线子系统或设备相连接的装置。

铜缆配线架系统分 110 型配线架系统和网络配线架系统。许多厂商都有自己的产品系列，并且对应 3 类、5 类、5e 类、6 类和 7 类缆线分别有不同的规格和型号。

① 110 型配线架系统

110 型配线架系统由配线架、连接块、跳线和标签组成，其中 110 型配线架是其核心部分，它通过阻燃、注模塑料制成，是布线系统中线缆端接的载体。

110 型配线架有 25 对、50 对、100 对、200 对、300 对等多种规格，它的套件还应包括 4 对连接块或 5 对连接块、空白标签和标签夹、基座。110 型配线架主要有五种端接硬件类型：110A 型、110P 型、110JP 型、110VP 型和 XLBET 超大型。

其中，110A 型配线架配有若干引脚，俗称"带脚的 110 配线架"，机架型 110A 型配线架（图 2-41）适用于电信间、设备间水平布线或设备端接、集中点的互配端接。110A 型配线架使用金属制成的 188B1 和 188B2 两种底板，底板上面装有两个封闭的塑料分线环。

而 110P 型配线架（图 2-42）有 300 对和 900 对两种型号。110P 型配线架没有支撑腿，不能安装在墙上，只能用于某些空间有限的特殊环境。110P 型配线架用插拔快接跳线代替了跨接线。

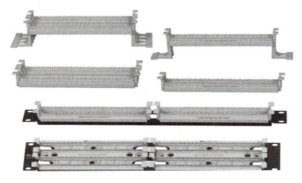 

图 2-41　机架型 110A 型配线架　　　　图 2-42　110P 型配线架

110JP 型配线架，是指 110 型模块插孔配线架，它有一个 110 型配线架装置和与其相连接的 8 针模块化插座（图 2-43）。

图 2-43　110 型模块插孔配线架

此外，110 VP 型配线架是在 110 配线架的基础上研发的一种全新的配线架系统，它采用全球先进的 110 绝缘置换连接器（IDC）卡接技术和设计，加强了配线的组织和管

69

理。超大型建筑物进线终端架系统 XLBET 适用于建筑群（校园）子系统，用来连接从中心机房来的电话网络电缆。

② 网络配线架系统

网络配线架主要有打线式/免打模块式配线架、电子式网络配线架等类型。打线式配线架通过在背部打线连接水平或垂直干线，并通过前面的 RJ45 水晶头将工作区终端连接到网络设备。免打模块式配线架采用 8 芯通用信息模块，模块既可以选择屏蔽与非屏蔽，又可以选择免打线或打线，即插即用、拆卸简便。每个模块"一对一"使用，连接水平缆线和工作区跳线，更便于理线及后期维护。空配线架还可以作为理线架使用，模块也可以自由拆卸或另为他用。信息化建设的快速发展使得综合布线系统愈发庞大、复杂，传统配线架无法满足综合布线系统精确管理及维护的要求，因而就产生电子配线架。电子配线架由硬件和软件共同组成，硬件的功能是对跳接的链路连接情况进行实时的监测，软件的功能则是对硬件监测的数据进行分析和存档，不仅能够实时监测端到端网络连接情况、控制工作任务（比如跳线等）的执行，还可以自动识别网络和拓扑结构：如主机名、IP 地址、MAC 地址、系统服务类型等。真正实现网络设备智能监控全覆盖，管理更精准高效。

按安装方式划分，模块式配线架有壁挂式和机架式两种。常用的配线架在 1U 或 2U 的空间可以提供 24 个或 48 个标准的 RJ45 接口（图 2-44～图 2-46）。

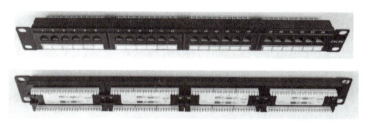

图 2-44　24 口打线式配线架

图 2-45　免打模块化配线架

③ 理线器

理线器也称线缆管理器，安装在机柜或机架上，为机柜中的电缆提供平行进入配线架 RJ45 模块的通路，使电缆在压入模块之前不再多次直角转弯，减少了自身的信号辐射损耗以及对周围电缆的辐射干扰，并起到固定和整理线缆，使布线系统更加整洁、规范的作用。根据外观理线器可分为过线环式理线器和墙式理线器（图 2-47）。

2）信息插座

信息插座是在一块金属或者塑料面板上，以固定或模块化方式集成不同种类和数量的连接器，用于实现工作区子系统中用户设备与水平缆线之间的物理和电气连接，为工作区布线提供了与水平布线相连的接口。信息插座通常由信息模块、面板和配线子系统线缆三部分组成，如图 2-48 所示。

图 2-46　电子配线架及软件界面

图 2-47　理线器
（a）过线环式理线器；（b）墙式理线器

信息插座按照面板端口数量可分为单口、双口、多口信息插座，以满足不同用户需求。信息面板用于在信息出口位置安装固定信息模块。面板有英式、美式和欧式三种。国内普遍采用英式面板，为正方形 86mm×86mm 规格。信息插座面板如图 2-49 所示。

信息插座的底盒一般是塑料材质，预埋在墙体里的底盒也可用金属材质。底盒有单接线底盒和双接线底盒两种，图 2-50 为信息插座单接线底盒，底盒的大小必须与面板制式相匹配。接线底

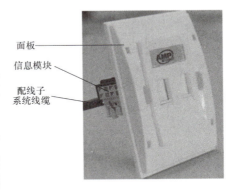

图 2-48　信息插座的结构

图 2-49　信息插座面板

模块二　综合布线系统识图

图 2-50　信息插座单接线底盒

盒有明装和暗装两种，明装底盒可以安装在墙面或预埋在墙体内。接线底盒内有供固定面板用的螺栓孔，随面板配有将面板固定在接线盒上的螺栓。接线底盒上预留了穿线孔，有的接线底盒穿线孔是通的，有的接线底盒多个方向预留有穿线位，安装时凿穿与线管对接的穿线位即可。

信息插座按照安装位置可分为墙面式、桌面式和地面式。设计时应根据场地要求考虑选用不同的信息插座，如图 2-51 所示。

信息插座中的信息模块通过配线子系统与电信间的楼层配线架相连，通过工作区跳线与应用综合布线的终端设备相连。信息模块的类型必须与配线子系统和工作区跳线的线缆类型一致。RJ45 信息模块可用于端接水平电缆及网络配线架的端接，模块中的 8 根电缆导线连接到 RJ45 信息模块（图 2-52）。

(a)

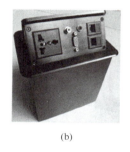
(b)

(c)

图 2-51　信息插座不同安装位置
(a) 墙面式；(b) 桌面式；(c) 地面式

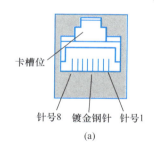
(a)

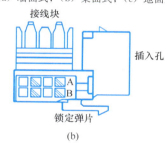
(b)

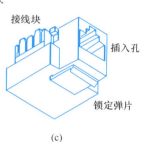
(c)

图 2-52　RJ45 信息模块
(a) 正视图；(b) 侧视图；(c) 立体图

图 2-53　非屏蔽信息模块

RJ45 信息模块的类型与双绞线电缆的类型相对应，根据其对应的双绞线电缆的等级，RJ45 信息模块可以分为 3 类、5 类、5e 类和 6 类等。根据所连接电缆的特性，RJ45 信息模块也分为非屏蔽模块和屏蔽模块（图 2-53 和图 2-54）。普通信息模块需要通过打线与双绞线进行连接，免打信息模块只需将 8 芯线插入信息模块的金属凹槽内后压实即可（图 2-55）。

图 2-54　屏蔽信息模块　　　　　　图 2-55　免打双绞线信息模块

3) RJ45 连接器及双绞线跳线

双绞线跳线（图 2-56），是指两端带有 RJ45 连接器的一段双绞线电缆，在计算机网络中使用的双绞线跳线有直通线、交叉线、反接线等三种类型。制作双绞线跳线时可以按照 EIA/TIA 568A 或 ANSI/EIA/TIA 568B 两种标准之一进行，但在同一工程中只能按照同一个标准进行，一般多采用 ANSI/EIA/TIA 568B 标准。

 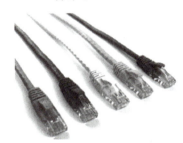

图 2-56　双绞线跳线

(2) 光纤连接器件的选择

光纤连接部件主要有光纤配线架、接线盒、光缆信息插座和光纤连接器（如 ST、SC、FC 等）以及用于光缆与电缆转换的器件。它们的作用是实现光缆线路的端接、接续、交连和光缆传输系统的管理，从而形成综合布线系统光缆传输系统通道。

1) 光纤连接器

光纤连接器用于光缆的端接，要求其对准功能非常精确。大多数光纤连接器是由两个光纤接头和一个光纤耦合器组成（图 2-57）。耦合器把两条光缆连接在一起，使用时将两个连接器分别插到光纤耦合器的两端，将两个连接器对齐连接。光纤连接器的插拔寿命一般由元件的机械磨损情况决定。当前光纤连接器的插拔寿命一般可以达到 1000 次以上，

图 2-57　光纤连接器的组成

附加损耗不超过0.2dB。

　　光纤耦合器的类型与光纤连接器的类型对应，主要有ST型、SC型、FC型、LC型等（图2-58），与光纤连接器相对应。光纤耦合器一般安装在光纤终端箱上，提供光纤连接器的连接固定。

图2-58　光纤耦合器
(a) ST型光纤耦合器；(b) SC型光纤耦合器；(c) FC型光纤耦合器；(d) LC型光纤耦合器

　　光纤连接器按连接头的结构形式可分为ST、SC、FC、LC、MT-RJ、MU、MPO/MTP等类型（图2-59）。按传输媒介的不同可分为单模光纤连接器和多模光纤连接器。按连接的光纤芯数还有单芯、多芯之分。光纤连接器根据光纤连接的方式被分为单光纤连接器和双光纤连接器，单连接器在装配时只连接一芯光纤，而双连接器在装配时要连接2芯光纤。一般PON无源光网络采用1芯光纤进行信号传输，以太网则采用2芯光纤进行信号传输。

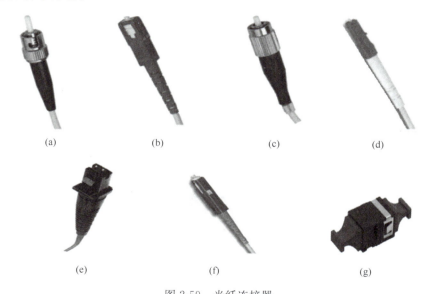

图2-59　光纤连接器
(a) ST型连接器；(b) SC型连接器；(c) FC型连接器；(d) LC连接器；
(e) MT-RJ型连接器；(f) MU型连接器；(g) MPO/MTP型连接器

　　2）光纤跳线、预分支光缆和光纤尾纤
　　① 光纤跳线、预分支光缆
　　光纤跳线用于光设备之间的连接通信。是由一段1~10m的互连光缆与光纤连接器组成,用在配线架上交接各种链路。光纤跳线有单芯和双芯、单模和多模之分。根据光纤跳线两端的连接器的类型,光纤跳线类型如图 2-60 所示。

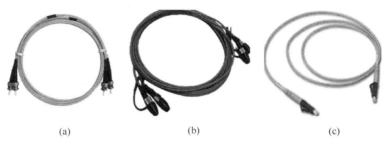

(a)　　　　　　　(b)　　　　　　　(c)

图 2-60　光纤跳线

(a) FC 光纤跳线;(b) ST 光纤跳线;(c) LC 光纤跳线

图 2-61　预分支光缆

除此以外,为提高系统性能,工程中还使用预分支光缆(图 2-61):在光缆末端预留一定长度的光纤和连接器,以便在光缆敷设后能够方便地进行光缆的端接和连接操作。该光缆通常由光缆芯、光纤、连接器和保护套管等部分组成。使用该光缆能够减少现场端接和连接的时间和工作量,避免因端接和连接不当而导致的光缆故障和性能下降,且具有高效性、稳定性、操作简便、易于维护等特点,因而广泛应用于数据中心等需要高密度、高效率光纤连接的场合。

② 光纤尾纤

光纤尾纤只有一端有连接头,另一端是一根光缆纤芯的断头,通过熔接可与其他光缆纤芯相连。它常出现在光纤终端盒内,用于连接光缆与光纤收发器,有单芯和双芯、单模和多模之分。

3. 机柜

综合布线网络机柜主要用来存放网络设备,如交换机、光纤适配器、光纤配线架、IDF 配线架、RJ45 配线架等,以减少设备的占地面积、保障设备的安全性和稳定性。特殊场合的网络机柜还具有增强电磁屏蔽、降低工作噪声、过滤空气等功能。网络机柜主要应用于各大机房,包括设备间、楼层配线间、中心机房、数据机房等,在互联网行业应用广泛。

(1) 机柜的结构和规格

综合布线系统一般采用 19in 宽的机柜,称之为标准机柜,用以安装各种配线模块和交换机等网络设备。

(2) 机柜的分类

1) 根据外形可将机柜分为立式(图 2-62)、挂墙式(图 2-63)和开放式(图 2-64)三种。

立式机柜主要用于设备间;挂墙式机柜主要用于楼层配线间或网络实训室;开放式机架设计简单,便于组装维护且价格相对较低,通风散热性好,适用于小型数据和通信设备,但其防尘性差,需定期清洁。

图 2-62　立式机柜

图 2-63　挂墙式机柜　　　　图 2-64　开放式机架

2）根据应用对象可分为网络型机柜、服务器型机柜、控制台型机柜、ETSI 机柜、X Class 通信机柜、EMC 机柜、自调整组合机柜及用户自行定制机柜等。

网络型机柜尺寸一般为：宽度 600mm，深度 600mm。服务器型机柜由于要摆放服务器主机、显示器、路由器、防火墙等，空间大、通风散热性好。根据设备大小和数量多少，选择不同的宽度和深度：600mm×800mm、800mm×600mm、800mm×800mm，或选择更大尺寸的产品。

3）根据材质和结构可分为豪华优质型机柜和普通型机柜。机柜的材料与机柜的性能有密切的关系，制造标准机柜的材料主要为铝型材料和冷轧钢板，冷轧钢板制造的机柜机械强度高、承重量大。

4）根据组装方式可分为一体化机柜和组装型机柜。传统的一体化机柜价格相对便宜，讲究焊接工艺和产品材料，劣质产品遇到较重的负荷容易产生变形。随着信息技术的发展，一体化机柜融合了智能设备，在传统机柜的基础上配套了配电、UPS、电池、照明、制冷、监控、消防、气流组织等功能模块，节约机房占地面积，减少机房建设周期，使用方便，维护管理更高效。组装型机柜根据需要进行组装，调整方便灵活。

（3）机柜中的配件

1）固定托盘，用于安装各种设备，尺寸繁多，用途广泛，有 19in 标准托盘、非标准固定托盘等。常规配置的固定托盘深度有 440mm、480mm、580mm、620mm 等规格。固定托盘的承重不小于 50kg。

2）滑动托盘，用于安装键盘及其他各种设备，可以方便地拉出和推回。常规配置的滑动托盘深度有 400mm、480mm 两种规格。滑动托盘的承重不小于 20kg。

3）理线架也叫理线器（图 2-65），布线机柜使用的理线装置，安装和拆卸非常方便，使用的数量和位置可以任意调整。

4）DW 型背板（图 2-66），可用于安装 110 型配线架或光纤盒，有 2U 和 4U 两种规格。

5）L 支架，可以配合 19in 标准机柜使用，用于安装机柜中的 19in 标准设备，特别是重量较大的 19in 标准设备，如机架式服务器等。

图 2-65　理线架

6）盲板，用于遮挡 19in 标准机柜内的空余位置等

项目6 综合布线施工图识图及线缆和相关部件

图 2-66 DW 型背板

用途，常规盲板为 1U、2U 两种。

7）扩展横梁，用于扩展机柜内的安装空间之用，安装和拆卸非常方便。同时也可以配合理线器、配电单元的安装，形式灵活多样。

8）安装螺母，又称方螺母，适用于任意 19in 标准机柜，用于机柜内的所有设备的安装，包括机柜的大部分配件的安装。

9）键盘托架（图 2-67），用于安装标准计算机键盘，可配合市面上所有规格的计算机键盘，可翻折 90°。键盘托架必须配合滑动托盘使用。

10）调速风机单元。安装于机柜的顶部，可根据环境温度和设备温度调节风扇的转速。

11）机架式风机单元，高度为 1U，可安装在 19in 标准机柜内的任意高度位置上，可根据机柜内热源酌情配置。

12）重载脚轮与可调支脚，重载脚轮单个承重 125kg，转动灵活，可承载重负荷，安装固定于机柜底座，可让操作者平稳、方便移动机柜。

13）电源分配单元（PDU）（图 2-68），为机柜式安装的电气设备提供电力分配，具有不同的功能、安装方式和不同插位组合的多种系列规格，能为不同的电源环境提供适合的机架式电源分配解决方案。PDU 的应用使机柜中的电源分配更整齐美观、安全可靠、维护更加便利。

图 2-67 键盘托盘   图 2-68 电源分配单元（PDU）

6.2.4 任务实施

1．通过网络搜索、实地调研等手段了解综合布线线缆（6 类 4 对非屏蔽电缆、25 对大对数电缆、4 芯多模光纤）和布线相关部件（12 口光纤配线架、SC 接口、24 口 RJ45 配线架、24 口网络交换机、100 对语音配线架、42U 机柜）的品牌、价格、型号、适用

77

模块二　综合布线系统识图

场所，填写任务工单5。完成后请上传到学习平台。

任务工单5

小组名称	6类4对非屏蔽电缆	25对大对数电缆	4芯多模光纤	12口光纤配线架	SC接口
24口RJ45配线架	24口网络交换机	100对语音配线架	42U机柜		

2. 完成以上任务后，总结归纳知识点，填写附录中任务工单1。

6.2.5　反馈评价

完成任务后请根据任务实施情况，扫码填写反馈评价表。

6.2.6　问题思考

1. 家庭信息配线箱里有哪些综合布线线缆和相关部件？

2. 屏蔽双绞线和非屏蔽双绞线有何区别？

作业及测试

1. 填空题

（1）综合布线系统采用_____结构。

（2）综合布线系统包括七个部分，分别是_____。

（3）工作区的定义是_____。

（4）配线子系统一般由_____等组成。

（5）干线子系统负责连接_____到设备间子系统，实现_____与_____的连接。

（6）管理是_____。

（7）设备间子系统的定义是_____。

（8）_____是建筑物外部通信和信息管线的入口部位。

（9）建筑群子系统也称为_____，主要实现建筑物与建筑物之间的通信连接。

2. 选择题

（1）布线是能够支持电子信息设备相连的各种缆线、（　　）和连接器件组成的系统。

A. 线缆　　　　　　B. 接插软线　　　　　C. 连接线　　　　　　D. 跳线

（2）信息插座包括以下哪些类型？（　　）

A. 壁装式　　　　　B. 地装式　　　　　　C. 桌面式　　　　　　D. 吸顶式

（3）常用的网络终端设备包括哪些？（　　）

A. 计算机　　　　　B. 打印机　　　　　　C. 配线架　　　　　　D. 电话

（4）电信间也称为配线间，通常用来安放哪些设备？（　　）

A. 计算机　　　　　B. 交换机　　　　　　C. 传真机　　　　　　D. 配线架

（5）（　　）是建筑物外部通信和信息管线的入口部位。

A. 工作区　　　　　B. 管理间　　　　　　C. 设备间　　　　　　D. 进线间

（6）以下属于无源器件的是（　　）。

A. 交换机　　　　　B. 计算机　　　　　　C. 分光器　　　　　　D. 无线 AP

（7）以下不属于建筑群子系统中室外缆线敷设方式的是（　　）。

A. 桥架　　　　　　B. 直埋　　　　　　　C. 架空　　　　　　　D. 地下管道

（8）PON 指的是（　　）。

A. 无源光网络　　　B. 光网络单元　　　　C. 有源光网络　　　　D. 光网络设备

3. 简答题

（1）请阐述国内外综合布线系统的异同点。

（2）结合实际简述一个工作区与一个房间在信息点配置方面的区别。

（3）请结合实际，说明综合布线系统的组成。

模块三　综合布线系统设计

☆项目7　工作区子系统的设计与无线AP的布置

☆任务7.1　工作区子系统的设计

7.1.1　任务描述

请扫前言中资源包二维码下载图纸（对应资源3.7.1），并对办公楼一层平面图划分工作区（图3-1），统计工作区数量，完成工作区信息插座的布置设计。具体详见附录中任务工单1。

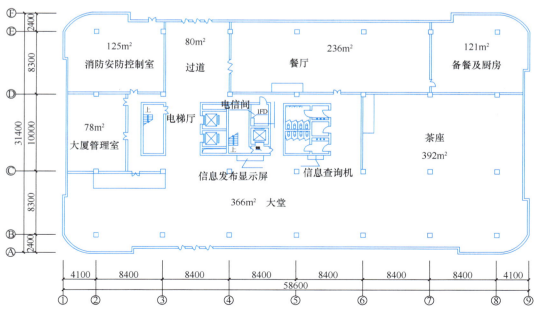

图3-1　办公楼一层平面图

7.1.2 学习目标

知识目标	能力目标	素质目标
1. 掌握工作区子系统的划分原则。 2. 掌握工作区的设计方法和步骤（重点、难点）	1. 能翻阅综合布线设计规范，查询工作区划分相关知识。 2. 能运用规范知识划分工作区，并统计工作区数量。 3. 能根据设计步骤完成工作区信息插座的布置（重点、难点）	1. 培养精益求精、专心细致的工作作风。 2. 培养爱岗敬业、团队协作精神。 3. 培养讲原则、守规矩的意识；增强设计人员的使命感和责任感

7.1.3 相关知识

1. 工作区的划分原则

在《综合布线系统工程设计规范》GB 50311—2016 中，明确了综合布线系统"工作区"的基本概念，即需要设置终端设备的独立区域。一个独立的、需要设置终端设备（终端可以是电话、数据终端和计算机等设备）的区域宜划分为一个工作区。工作区应包括信息插座模块（TO）、终端设备处的连接缆线及适配器，属于综合布线系统的末端，如图 3-2 所示。

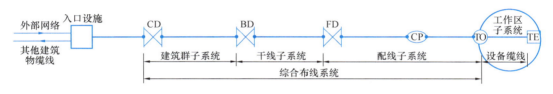

图 3-2　工作区子系统

目前建筑物的功能类型较多，因此对工作区面积的划分应根据应用的场合作具体的分析后确定，工作区面积划分见表 3-1。

工作区面积划分　　　　　　　　　　　表 3-1

建筑物类型及功能	工作区面积（m²）
网管中心、呼叫中心、信息中心等座席较为密集的场地	3～5
办公区	5～10
会议、会展	10～60
商场、生产机房、娱乐场所	20～60
体育场馆、候机房、公共设施区	20～100
工业生产区	60～200

如果终端设备的安装位置和数量无法确定，或使用场地为大客户租用并考虑自行设置计算机网络，工作区的面积可按区域（租用场地）面积确定。对于 IDC 机房（数据通信托管业务机房或数据中心机房），可按生产机房每个机架的设置区域考虑工作区面积。此类项目涉及数据通信设备安装工程设计，应单独考虑实施方案。

2. 工作区子系统的设计步骤

步骤 1：用户信息点需求的调查和分析

需求分析首先从整栋建筑物的用途开始，然后按照楼层进行分析，最后再到楼层的各个工作区或者房间，逐步明确和确认每层和每个工作区的用途

3-7-1　工作区子系统设计步骤

模块三 综合布线系统设计

和功能，分析每个工作区的需求，规划工作区的信息点数量和位置。

步骤 2：和用户进行技术交流

在前期用户需求分析的基础上，与用户进行技术交流。包括用户技术负责人、项目或行政负责人。进一步了解用户的需求，特别是未来的发展需求。在交流中，要重点了解每个房间或者工作区的用途，工作区域、工作台位置、设备安装位置等详细信息，并做好详细的书面记录。

步骤 3：阅读建筑物图纸和工作区编号

索取和阅读建筑物设计图纸，通过阅读建筑物图纸掌握建筑物的土建结构、强电路径、弱电路径，特别是主要电气设备和电源插座的安装位置，重点了解在综合布线路径上的电气设备、电源插座、暗埋管线等。在阅读图纸时，进行记录或标记，这有助于将信息插座设计在合适的位置，避免强电或电气设备对综合布线系统的影响。

为工作区信息点命名和编号是非常重要的一项工作，命名首先必须准确表达信息点的位置或者用途，要与工作区的名称相对应，这个名称从项目设计开始到竣工验收以及后续维护要一致，如果在后续使用中改变了工作区名称或者编号，必须及时制作名称变更对应表，作为竣工资料保存。

步骤 4：工作区信息点的配置

在表 3-2～表 3-12 中，已经根据建筑物的用途不同，划分了工作区的面积。每个工作区需要设置一个数据信息点和电话信息点，或者按用户需要设置。也有部分工作区需要支持数据终端、电视机及监视器等终端设备。

办公建筑工作区面积划分与信息点数量配置 　　　　　　　　表 3-2

项目		办公建筑	
		行政办公建筑	通用办公建筑
每一个工作区面积（m²）		办公：5～10	办公：5～10
每一个用户单元区域面积（m²）		60～120	60～120
每一个工作区信息插座类型与数量	RJ45	一般：2 个，政务：2～8 个	2 个
	光纤到工作区 SC 或 LC	2 个单工或 1 个双工或根据需要设置	2 个单工或 1 个双工或根据需要设置

商店建筑和旅馆建筑工作区面积划分与信息点数量配置 　　　表 3-3

项目		商店建筑	旅馆建筑
每一个工作区面积（m²）		商铺：20～120	办公：5～10；客房：每套房；公共区域、会议：20～50
每一个用户单元区域面积（m²）		60～120	每一个房间
每一个工作区信息插座类型与数量	RJ45	2～4 个	2～4 个
	光纤到工作区 SC 或 LC	2 个单工或 1 个双工或根据需要设置	2 个单工或 1 个双工或根据需要设置

82

項目 7　工作区子系统的设计与无线 AP 的布置

文化建筑和博物馆建筑工作区面积划分与信息点数量配置　　　　表 3-4

项目		文化建筑			博物馆建筑
		图书馆	文化馆	档案馆	
每一个工作区面积（m²）		办公阅览：5～10	办公：5～10；展示厅：20～50；公共区域：20～60	办公：5～10；资料室：20～60	办公：5～10；展示厅：20～50；公共区域：20～60
每一个用户单元区域面积（m²）		60～120	60～120	60～120	60～120
每一个工作区信息插座类型与数量	RJ45	2个	2～4个	2～4个	2～4个
	光纤到工作区 SC 或 LC	2个单工或1个双工或根据需要设置	2个单工或1个双工或根据需要设置	2个单工或1个双工或根据需要设置	2个单工或1个双工或根据需要设置

观演建筑工作区面积划分与信息点数量配置　　　　表 3-5

项目		观演建筑		
		剧场	电影院	广播电视业务建筑
每一个工作区面积（m²）		办公区：5～10；业务区：50～100	办公区：5～10；业务区：50～100	办公区：5～10；业务区：5～50
每一个用户单元区域面积（m²）		60～120	60～120	60～120
每一个工作区信息插座类型与数量	RJ45	2个	2个	2个
	光纤到工作区 SC 或 LC	2个单工或1个双工或根据需要设置	2个单工或1个双工或根据需要设置	2个单工或1个双工或根据需要设置

体育建筑和会展建筑工作区面积划分与信息点数量配置　　　　表 3-6

项目		体育建筑	会展建筑
每一个工作区面积（m²）		办公区：5～10；业务区：每比赛场地（计分、裁判、显示、升旗等）5～50	办公区：5～10；展览区：20～100；洽谈区：20～50；公共区域：60～120
每一个用户单元区域面积（m²）		60～120	60～120
每一个工作区信息插座类型与数量	RJ45	一般：2个	一般：2个
	光纤到工作区 SC 或 LC	2个单工或1个双工或根据需要设置	2个单工或1个双工或根据需要设置

医疗建筑工作区面积划分与信息点数量配置　　　　表 3-7

项目	医疗建筑	
	综合医院	疗养院
每一个工作区面积（m²）	办公：5～10；业务区：10～50；手术设备室：3～5；病房：15～60；公共区域：60～120	办公：5～10；疗养区：15～60；业务区：10～50；活动室：30～50；营养食堂：20～60；公共区域：60～120

83

模块三 综合布线系统设计

续表

项目		医疗建筑	
		综合医院	疗养院
每一个用户单元区域面积（m²）		每一个病房	每一个疗养区域
每一个工作区信息插座类型与数量	RJ45	2个	2个
	光纤到工作区 SC 或 LC	2个单工或1个双工或根据需要设置	2个单工或1个双工或根据需要设置

教育建筑工作区面积划分与信息点数量配置　　　　　　　　　　表 3-8

项目		教育建筑		
		高等学校	高级中学	初级中学和小学疗养院
每一个工作区面积（m²）		办公：5～10；公寓、宿舍：每一床位；教室：30～50；多功能教室：20～50；实验室：20～50；公共区域：30～120	办公：5～10；公寓、宿舍：每一床位；教室：30～50；多功能教室：20～50；实验室：20～50；公共区域：30～120	办公：5～10；教室：30～50；多功能教室：20～50；实验室：20～50；公共区域：30～120；宿舍：每一套房
每一个用户单元区域面积（m²）		公寓	公寓	—
每一个工作区信息插座类型与数量	RJ45	2～4个	2～4个	2～4个
	光纤到工作区 SC 或 LC	2个单工或1个双工或根据需要设置	2个单工或1个双工或根据需要设置	2个单工或1个双工或根据需要设置

交通建筑工作区面积划分与信息点数量配置　　　　　　　　　　表 3-9

项目		交通建筑			
		民用机场航站楼	铁路客运站	城市轨道交通站	汽车客运站
每一个工作区面积（m²）		办公区：5～10；业务区：10～50；公共区域：50～100；服务区：10～30	办公区：5～10；业务区：10～50；公共区域：50～100；服务区：10～30	办公区：5～10；业务区：10～50；公共区域：50～100；服务区：10～30	办公区：5～10；业务区：10～50；公共区域：50～100；服务区：10～30
每一个用户单元区域面积（m²）		60～120	60～120	60～120	60～120
每一个工作区信息插座类型与数量	RJ45	一般：2个	一般：2个	一般：2个	一般：2个
	光纤到工作区 SC 或 LC	2个单工或1个双工或根据需要设置	2个单工或1个双工或根据需要设置	2个单工或1个双工或根据需要设置	2个单工或1个双工或根据需要设置

金融工作区面积划分与信息点数量配置　　　　　　　　　　表 3-10

项目		金融建筑
每一个工作区面积（m²）		办公区：5～10；业务区：5～10；客服区：5～20；公共区域：50～120；服务区：10～30
每一个用户单元区域面积（m²）		60～120
每一个工作区信息插座类型与数量	RJ45	一般：2～4个，业务区：2～8个
	光纤到工作区 SC 或 LC	4个单工或2个双工或根据需要设置

项目 7　工作区子系统的设计与无线 AP 的布置

住宅建筑工作区面积划分与信息点数量配置　　　　　　　　　　　表 3-11

项目		住宅建筑
每一个工作区信息插座类型与数量	RJ45	电话：客厅、餐厅、主卧、次卧、厨房、卫生间：1个，书房2个 数据：客厅、餐厅、主卧、次卧、厨房：1个，书房2个
	同轴	有线电视：客厅、主卧、次卧、书房、厨房：1个
	光纤到工作区 SC 或 LC	根据需要，客厅、书房：1个双工
光纤到住宅用户		满足光纤到户要求，每一户配置一个家居配线箱

通用工业建筑工作区面积划分与信息点数量配置　　　　　　　　　表 3-12

项目		通用工业建筑
每一个工作区面积（m²）		办公区：5～10，公共区域：60～120，生产区：20～100
每一个用户单元区域面积（m²）		60～120
每一个工作区信息插座类型与数量	RJ45	一般：2～4个
	光纤到工作区 SC 或 LC	2个单工或1个双工或根据需要设置

每一个工作区（或房间）信息点数量的确定范围比较大，从现有的工程实际应用情况分析，有时有1个信息点，有时可能会有10个信息点；有时只需要铜缆信息模块，有时还需要预留光缆备份的信息插座模块。因为建筑物用途不一样，功能要求和实际需求不一样，信息点数量不能仅按办公楼的模式确定，要考虑多功能和未来扩展需要，尤其是对于专用建筑（如电信、金融、体育场馆、博物馆等建筑）及计算机网络存在内、外网等多个网络时，更应加强需求分析，做出合理的配置。

步骤 5：工作区信息点点数统计

工作区信息点点数统计表简称点数表，是设计和统计信息点数量的基本工具和手段。在需求分析和技术交流的基础上，首先确定每个房间或者区域的信息点位置和数量，然后制作和填写点数统计表。点数统计首先按照楼层，然后按照房间或者区域逐层逐房间的规划和设计网络数据、光纤口、语音信息点数，再把每个房间规划的信息点数量填写到点数统计表对应的位置。每层填写完毕，就能够统计出该层的信息点数，全部楼层填写完毕，就能统计出该建筑物的信息点数。

在填写点数统计表时，从楼层的第一个房间或者区域开始，逐间分析需求和划分工作区，确认信息点数量和大概位置。在每个工作区首先确定网络数据信息点的数量，然后考虑电话语音信息点的数量，同时还要考虑其他控制设备的需要，例如，在门厅和重要办公室入口位置考虑设置指纹考勤机、门禁系统网络接口等。

步骤 6：确定信息插座数量

如果工作区配置单孔信息插座，那么信息插座、信息模块、面板数量应与信息点的数量相当。如果工作区配置双孔信息插座，那么信息插座、面板数量应为信息点数量的一半，信息模块数量应与信息点的数量相当。假设信息点数量为 M，信息插座数量为 N，

85

信息插座插孔数为 A，则应配置信息插座的计算公式为：

$$N = \text{INT}(M/A)$$

式中：INT（　）——向上取整函数。

考虑系统应为以后扩充留有余量，因此最终配置信息插座的总量 P 应为：

$$P = N + N \times 3\%$$

式中：N——应配置信息插座；

　$N \times 3\%$——富余量。

步骤 7：工作区信息点安装位置

（1）信息插座安装方式

信息插座安装方式分为嵌入式和表面安装式两种，用户可根据实际需要选用不同的安装方式。

通常情况下，新建筑物采用嵌入式安装信息插座；已建成的建筑物则采用表面安装式的信息插座。

1）新建筑物。新建筑物的信息点底盒必须暗装在建筑物的墙体或柱子上，一般使用暗装 86 系列底盒。当在地面上安装时，应采用金属底盒和面板。

2）已建成建筑物。已建成建筑物增加网络综合布线系统时，设计人员必须到现场勘察，根据现场使用情况具体设计信息插座的位置、数量。旧建筑物增加信息插座一般为明装 86 系列插座。

（2）信息插座安装位置

安装在房间内墙壁或柱子上的信息插座、多用户信息插座或集合点配线模块装置，其底部离地面的高度宜为 300mm，以便维护和使用。如有高架活动地板时，其离地面高度应以地板上表面计算高度，距离也为 300mm。

步骤 8. 工作区电源设置

工作区电源插座的设置除应遵循国家有关的电气设计规范外，还可参照表 3-13 进行设计，一般情况下，每组信息插座附近宜配备带保护接地的单相交流 220V/10A 电源插座为设备供电，电源插座宜嵌墙暗装，高度应与信息插座一致。暗装信息插座与其旁边的电源插座应保持 200mm 的距离，电源插座应选用带保护接地的单相电源插座，保护接地与中性线应严格分开。

3. 工作区子系统的设计要点

3-7-2 工作区
子系统设计要点

（1）工作区内，线槽的敷设要合理、美观。多用户信息插座和集合点的配线箱体应安装于墙体或柱子等建筑物固定的永久位置。对于办公楼、综合楼等商用建筑物或公共区域大开间的场地，宜按开放型办公室综合布线系统要求进行设计。采用多用户信息插座（MUTO）时，每一个多用户插座宜能支持 12 个工作区所需的 8 位模块通用插座，并宜包括备用量。

（2）优先选用双口插座。一般情况下，信息插座宜选用双口插座。不建议使用三口或三口以上的插座，因为一般在墙上暗装的插座底盒和面板尺寸为 86mm×86mm，底盒内部空间小，无法容纳更多的线缆，也不能保证线缆弯曲半径的要求。

项目7　工作区子系统的设计与无线 AP 的布置

（3）信息插座的安装高度宜为距地面 300mm。地面上安装的信息插座必须用金属面板，并且具有抗压防水功能。

（4）信息插座与终端设备的距离保持在 5m 范围内。

（5）网卡接口类型要与线缆接口类型保持一致。插座内安装的信息模块必须与计算机、打印机、电话机等终端设备内安装的网卡类型一致。例如，终端计算机为光模块网卡时，信息插座内必须安装对应的光模块。计算机为六类网卡时，信息插座内必须安装对应的六类模块。

（6）在信息插座附近，必须设置电源插座，减少设备跳线的长度。为减少电磁干扰，电源插座与信息插座的距离应大于 200mm。

（7）工作区所需的信息模块、信息插座及面板的数量要准确。

（8）确定水晶头和模块所需的数量。

RJ45 水晶头的需求量须预留 15% 的富余量，即：

$$m = n \times 4 \times (1 + 15\%)$$

式中：m——RJ45 水晶头的总需求量；

　　　n——信息点的总量。

信息模块的需求量一般须预留 3% 的富余量，即：

$$m = n \times (1 + 3\%)$$

式中：m——信息模块的总需求量；

　　　n——信息点的总量。

【例 3-1】已知某一办公楼有 6 层，每层 20 个房间。根据用户需求分析得知，每个房间需要安装 1 个电话语音点，1 个计算机网络信息点，1 个有线电视信息点。请你计算出该办公楼综合布线工程应定购的信息点插座的种类和数量是多少？需定购的信息模块的种类和数量是多少？

【解】根据题目要求得知每个房间需要接入电话语音、计算机网络、有线电视三类设备，因此必须配置相应三类信息接口。为了方便管理，电话语音和计算机网络信息接口模块可以安装在同一信息插座内，该插座应选用双口面板。有线电视插座单独安装。

1）办公楼的房间数共计为 120 个，因此必须配备 124 个双口信息插座（已包含 4 个富余量），以安装电话语音和计算机网络接口模块，有线电视插座数量应为 124 个（已包含 4 个富余量）。

2）办公楼共计有 120 个电话语音点，120 个计算机网络接入点，120 个有线电视接入点，因此要订购 248 个 RJ45 模块（已包含了 8 个富余量）。有线电视接口模块已内置于有线电视插座内，不需要另行订购。

4. 信息点统计表编制

点数统计表能够一次准确和清楚地表示和统计出建筑物的信息点数量。建筑物网络和语言信息点数统计表见表 3-13。房间按照行表示，楼层按列表示。

87

模块三 综合布线系统设计

建筑物网络和语音信息点数统计表　　　　表 3-13

楼层编号	房间或者区域编号										数据点数合计	光纤点数合计	语音点数合计	信息点数合计
^	1			2			……	20					
^	数据	光纤	语音	数据	光纤	语音	数据	数据	光纤	语音			
n 层														
……														
1 层														
合计														

7.1.4 任务实施

第一步，请结合办公楼一层平面图，回答以下问题。

1. 如何根据国家规范查询工作区面积、确定工作区信息点数量？

_____

2. 如何进行工作区信息插座的选型及布置？

_____

3-7-3 工作区
子系统设计案例

第二步，请结合办公楼一层平面图，分组完成其工作区的划分、信息点统计及信息插座的选择，并填写任务工单 6。

任务工单 6

小组名称	信息点总数	信息插座类型	信息插座安装方式	信息插座数量（数据、语音）

第三步，完成平面图信息插座布置，并将成果上传到学习平台，填写附录中任务工单 1。

7.1.5 反馈评价

完成任务后请根据任务实施情况，扫码填写反馈评价表。

7.1.6 问题思考

1. 信息点的统计依据是什么？
2. 工作区的定义及划分依据是什么？

任务 7.2 无线 AP 的布置

7.2.1 任务描述

请扫前言中资源包二维码（对应资源 3.7.2），并对办公室平面图进行无线 AP 的布置。具体详见附录中任务工单 1。

7.2.2 学习目标

知识目标	能力目标	素质目标
1. 了解无线 AP 的概念及分类。 2. 掌握无线 AP 的布置方法（重点、难点）	1. 能根据不同场所选择适合的无线 AP（重点、难点）。 2. 能灵活运用设计知识合理布置无线 AP（重点、难点）	1. 培养精益求精、专心细致的工作作风。 2. 培养爱岗敬业、团队协作精神。 3. 培养创新意识

7.2.3 相关知识

1. 无线 AP 的概念、分类以及覆盖面积

（1）无线 AP 的概念

3-7-4 认识无线AP

AP（Access Point），指的是无线接入点，是一个无线网络的接入点，俗称"热点"。主要由路由交换接入一体设备和纯接入点设备组成，一体设备执行接入和路由工作，纯接入设备只负责无线客户端的接入，纯接入设备通常作为无线网络扩展使用，与其他 AP 或者主 AP 连接，以扩大无线覆盖范围，而一体设备则是无线网络的核心。目前国内主要产品有 TP-LINK AP、Huawei AP、H3C AP、MERCURY AP 等（图 3-3）。

图 3-3 主流厂家无线 AP

网络信号通过双绞线或光缆传输到无线 AP，经过 AP 产品的编译，将电信号转换成为无线电信号发送出来，形成无线网的覆盖。根据不同的功率，可以实现不同程度、不同范围的网络覆盖。这就是无线 AP 的工作原理。无线 AP 作为无线局域网的中心点，可供其他装有无线网卡的计算机接入无线局域网，实现无线上网；还可以通过对有线局域网络提供长距离无线连接，或对小型无线局域网络提供长距离有线连接，从而达到延伸网络范围的目的。无线 AP 的工作原理如图 3-4 所示。

模块三 综合布线系统设计

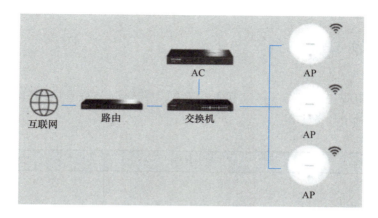

图 3-4 无线 AP 的工作原理

(2) 无线 AP 的分类

1) 无线 AP 按应用可划分为商业 AP 和企业级 AP，商业 AP 适用于商业环境，例如旅馆、宾馆、KTV、饭店等有许多访问用户的场合。企业级 AP 适用于大型企业，公司等场所，对安全性要求较高。商业 AP 也可以在企业中使用。

2) 按安装方式可划分为入墙式 AP 和吸顶式 AP。入墙式 AP 又称为面板式 AP。安装过程中需要嵌入墙中，因此通常需要保留插槽。这种 AP 外观紧凑，速率一般为 150Mbps 或 300Mbps，覆盖范围较小，适用于室内安装，如图 3-5 所示。

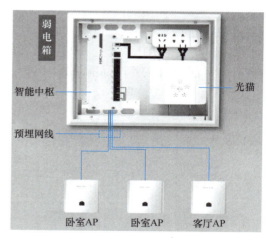

图 3-5 面板式 AP 及安装示意图

吸顶式 AP 通常是吸顶安装到墙壁或吊顶上。其外观可变，有单频和双频，传输速率和覆盖范围一般高于面板式 AP，一般适用于企业会议室、咖啡厅、酒楼宾馆大堂及休闲区、商场休闲区等，可在任意时刻根据需要增加，如图 3-6 所示。

3) 按频段划分可分为单频 AP 和双频 AP。单频 AP 通常是指支持 2.4GHz 的无线 AP，2.4GHz 是目前用得最广泛的频段，整个频段带宽较窄，20MHz 频段带宽下只有 3 个互不干扰信道，在该频段下最高支持 IEEE802.11n 协议，传输速率一般在 150～450Mbps，单频 AP 的抗干扰能力相对较弱。双频 AP，是指同时支持 2.4GHz 和 5GHz

项目 7 工作区子系统的设计与无线 AP 的布置

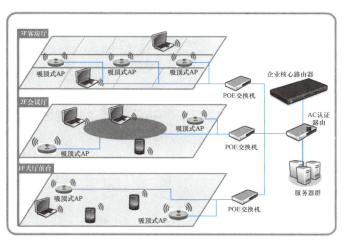

图 3-6 吸顶式 AP 及应用示意图

的无线 AP。5GHz 是目前使用增长比较快的频段，整个频段带宽大，20MHz 频段带宽下至少有 5 个互不干扰信道，在该频段下最高支持 IEEE802.11ac 协议；使用时，移动终端可以搜索两个 WiFi 信号，传输速率更高，设备数量更多，目前使用更广泛。

4）按安装环境可划分为室内 AP 和室外 AP。为了适应恶劣的环境，例如应对恶劣的天气，高温气候，极端寒冷的天气以及各种困难的环境，室外 AP 需要设计得更坚固耐用，信号要求也更高，因为需要传输的信号范围更广。室内环境相对安全，因此室内 AP 不需要提供这些功能。

5）按接入模式可分为胖 AP 和瘦 AP。胖 AP 无需接入 AC，使用简便，普遍应用于家庭网络或小型无线局域网，有线网络入户后，可以部署胖 AP 进行室内覆盖，室内无线终端可以通过胖 AP 模式访问网络（图 3-7）。AC 是无线控制器，是一种网络设备，用来集中化控制局域网内可控的无线 AP，是一个无线网络的核心，负责管理无线网络中的所有无线 AP，对 AP 管理包括下发配置、修改相关配置参数、射频智能管理、接入安全控制等。胖 AP 具有以下特点，选择的时候要综合考虑：

① 需要每台 AP 单独进行配置，无法进行集中配置，管理和维护比较复杂。

② 支持二层漫游，但漫游到另一个覆盖区域时，容易出现干扰、断网等现象。

③ 不支持信道自动调整和发射功率自动调整。

④ 集安全、认证等功能于一体，支持能力较弱，扩展能力不强。

⑤ 漫游切换的时候存在很大的时延。

而瘦 AP 模式要和 AC 一起使用，统一配置调节 SSID，漫游等功能（图 3-8）。瘦

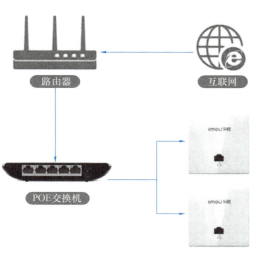

图 3-7 胖 AP 模式

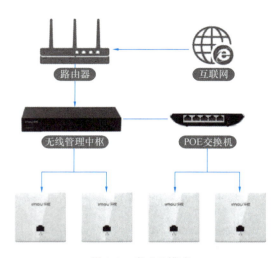

图 3-8　瘦 AP 模式

AP 的特点如下：

① 用户从一个 AP 的覆盖区域走到另一个 AP 的覆盖区域，无需重新进行认证，无需重新获取 IP 地址，消除断网现象。

② 保证了 WLAN 的安全性，"外部"用户即使搜到该信号也不能联入 WLAN。

③ 消除干扰，自动调节发射功率。瘦 AP 工作在不同的信道，不存在干扰问题，增强了 WLAN 的稳定性。

④ 通过 AC 对 AP 进行统一管理。因此，一般瘦 AP 适用于学校、大型办公场所或者酒店、宾馆。

（3）无线 AP 的覆盖面积

无线 AP 的覆盖面积与无线 AP 的类型、功率、安装位置、使用环境相关，功率大的传输距离更远。室内 AP 理论上可以传输 100m 或者更远，但是受到系统环境的因素以及通道信号干扰，一般建议直径 30~40m 为最佳，具体要参考厂家资料决定。室外大功率 AP 在空旷环境下覆盖半径 200m 以上，使用定向天线可达 300~400m。但是无线网络容易受到极端天气、周围环境影响，因此实际部署需要根据现场勘测确定布置方案。

2. 无线 AP 的布置方法

（1）确定客户的需求

在设计之前，需要先确定客户的需求。不同的客户对无线网络的需求不一样，只有明确了客户的实际需求才能确定无线 AP 的数量及布置位置，设计出网络的结构和选用设备。客户需求分析见表 3-14。

客户需求分析　　　　　　　　表 3-14

需求点	说明
网络规模	总体网络规模有多大，有线、无线接入点各自有多少？对于交换机、路由器等设备的选择有什么考虑
网络应用需求	网络是用于一般的上网还是特殊用途？上网是以看视频为主还是浏览网页为主？分析这些应用下对网络的流量、延迟等方面的性能要求
无线覆盖效果要求	要求 100% 绝对覆盖还是大部分关键区域的覆盖？是否有具体的技术指标？无线选择双频还是单频
有线网络与布线要求	已有的或设计中的有线布线情况是怎样的？以酒店为例，客房是否已经布置了网线？是否需要增加还是不需要考虑在客房布置网线？确定此项对于后续的无线 AP 选型非常重要
建筑平面图/环境	根据建筑结构和平面布局，做初步的无线方案设计，思考并记录可能存在问题的区域，为后续现场勘测做准备
供电要求	是选 POE 供电还是 DC 供电？现场环境是否具备相应条件
管理功能	是否需要做无线的认证？是否需要微信认证？有线网络需要做怎样的管理和认证

项目 7　工作区子系统的设计与无线 AP 的布置

通过上面的需求了解，我们可以根据客户的描述获取网络配置要求、网络设置方案、大致的设备选择等信息，勾勒出无线 AP 布置的初步方案。在满足客户需求的同时，还需要根据实际经验去分析网络潜在的需求以及可能存在的问题，比如达到一定规模的网络一般都需要进行 WLAN 划分及管理，以保障有线、无线网络的稳定性。

（2）确定无线 AP 数量

无线 AP 数量的确定需要考虑网络带宽、AP 覆盖距离、接入人数、现场环境等因素。网络带宽，是指链路上每秒所能传送的比特数，强调的是最大能达到的速率。百兆以太网的带宽是 100Mbps，千兆以太网的带宽是 1000Mbps。在非高密区域的场景，无线 AP 个数可以根据实际场景的面积以及推荐覆盖范围进行估算。一些情况下也可以算最大覆盖距离，同时可以根据功率、现场环境（如墙体、家具遮挡情况或安装方式）适当地调整覆盖范围。在高密区域的场景，还需要考虑接入人数，不同型号的无线 AP 在不同场景下的推荐接入人数不同，可以通过并发接入用户数来确定无线 AP 数量。即：

$$AP 数量＝最大并发用户数÷单 AP 容纳用户数$$

最大并发用户数可根据覆盖场景的人数的 50%～70% 估算。为了让每个无线终端有足够的带宽可利用，一般建议一个无线 AP 接入 10～15 个无线终端，WLAN 的容量带宽＝最大并发用户数×每个用户带宽。每个用户分配的带宽一般可以自行设置一个中间值进行估算。

【例 3-2】某高校在校用户人数为 30000 人，移动终端用户 15000 人，并发比例按 50%～70% 计算，每用户带宽为 512Kbps，求大概 WLAN 容量和 AP 数量（不考虑墙体以及家具的遮挡及安装方式的影响）。

【解】首先，最大并发用户数＝15000×（50%～70%）＝（7500～10500）人；

其次，WLAN 容量＝（7500～10500）×0.512＝（3840～5376）M 。

最后，AP 数量＝最大并发用户数÷15＝（7500～10500）÷15＝（500～700）个。

（3）网络结构设计

一般情况下，无线 AP 的网络拓扑如图 3-9 所示，AC 旁挂在核心或者汇聚交换机上，用于管理整个网络中的 AP，所有无线 AP 的配置统一在网络控制器上配置，统一由 AC 进行管理。

（4）AP/AC 设备选型

在设计之初选择 AC/AP 时，应综合考虑环境特点、AP 的特点，如安装方式、工作频段、带机量、覆盖范围、无线速率等因素，从以下角度进行思考：

1）如何选择吸顶式 AP、面板式 AP

应根据不同建筑物、不同使用场所进行选择。吸顶式 AP 一般安装在吊顶上，无线功率较大、覆盖范围较宽，比较适合安装在过道、餐厅、大堂等开放式区域。而面板式 AP 发射功率相比吸顶式 AP 较小，比较适合安装在室内。在酒店客房无线覆盖中，面板式 AP 的实际覆盖效果会明显优于吸顶式 AP。面板式 AP 多采用 86 型面板盒设计，可以替代房间内原有网络面板盒，部分面板式 AP 上的接口会不一样，如两个 RJ45 接口、USB 充电接口、RJ11 电话线接口等，在选型时应根据实际需要选择相应的 AP。

2）如何选择双频 AP、单频 AP

由于双频 AP 同时工作在 2.4GHz 和 5GHz，在无线终端接入比较密集的环境中，可

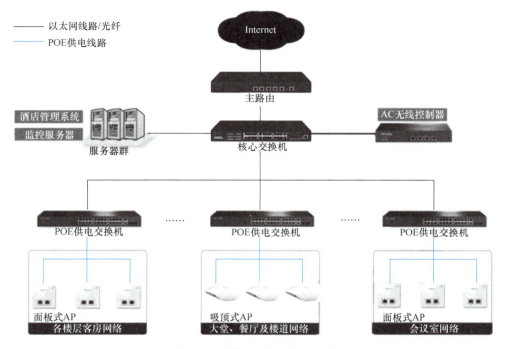

图 3-9 无线 AP 的网络拓扑图

以有效增加带机量，因此比较适合用在餐饮、会议室等环境中。而单频 AP 仅工作在 2.4GHz，比较容易受到干扰，适合用在干扰比较小的环境中，如酒店、工厂宿舍等，具体应根据需求分析结果及现场勘测后决定。

3）如何判断不同 AP 的带机量

AP 的带机量与较多因素相关，如环境干扰、无线终端速率、无线终端网络应用等。在无干扰环境中，根据实测结果，单个 AP 的频段带宽为 20MHz，2.4GHz 和 5GHz 两个频段都可以满足至少 25 个手机同时看视频。但是在实际组网情况下，由于 5GHz 相比 2.4GHz 拥有更多无线技术和资源上的优势，5GHz 频段的整体带机量会更大，所以在有高带机量需求的情况下，建议选择双频无线路由器。

4）无线 AP 的覆盖范围

可通过查询厂家资料来获取覆盖范围。一般情况下，吸顶式无线 AP 能够覆盖周边 4~6 个房间/宿舍，或半径 12m 左右的范围，适合安装在相对环境空旷、层高不低于 3m 的环境。但是因其安装方式的特性，容易产生无线盲点。面板式 AP 通常用于住宅、酒店客房和办公室，不同产品、功率的面板式无线 AP 的覆盖面积也不一样，同时还需要考虑隔墙的影响。例如华三 8.5W 的面板式 AP 覆盖面积大概是 $30m^2$。

5）如何选择 AC

首先，确认网络中的 AP 数量，包括后期可能增加的 AP 数量，然后查询具备相应要求的 AC 产品型号，因为不同厂家不同型号的 AC 能够管理 AP 的数量是不一样的。但是需要注意的是一个局域网中最多只能存在一个 AC。

其次，确认网络认证需求，不同 AC 支持的认证方式也不一样，例如早期的 TL-AC1000 仅支持一键连 WiFi、短信认证、Web 认证、远程 Post 认证等方式。TL-

NAC10000S 则支持微信连 WiFi、短信认证、Web 认证、远程 Post 认证、802.1X 认证等多种用户接入认证方式。

（5）现场勘查与测试

无线 AP 的应用效果与环境的相关性非常大，所以在工程实施前，需要在实际环境进行勘测，目的是进一步确认方案的可行性，选择一些代表位置，尝试安装 AP 并测试无线覆盖的效果是否符合预期。具体内容包括如下几方面：

1）AP 布置位置规划

① 吸顶式 AP 布置

首先，考虑信号辐射方向：吸顶式 AP 使用的是定向天线，其信号辐射方向如图 3-10 所示，实际覆盖过程中，需要根据图中的角度来确认 AP 的信号是否能够覆盖到需要的区域。

其次，确定吸顶式 AP 的信号覆盖范围：AP 在不同的安装高度，其对应的覆盖范围略有不同，假设 AP 高度为 H。其最佳信号覆盖半径为：$R = H \cdot \tan 74° = 3.48H$，如图 3-11 所示。在实际覆盖过程中，不同 AP 的覆盖范围最好能够有一定重叠，这样可以保证漫游效果，如图 3-12 所示。

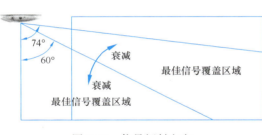

图 3-10 信号辐射方向

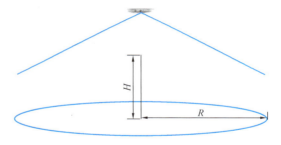

图 3-11 信号覆盖半径

再次，应考虑吸顶式 AP 的间距：由于 AP 在工作过程中，会产生一些低能量的边带噪声，这些噪声会对相邻信道造成干扰，所以在实际施工过程中，同一无墙阻挡的空间内的两个 AP 安装点距离不能太近，AP 可视距离最好大于 10m，如果中间有墙体阻挡，可以小于该距离，如图 3-13 所示。

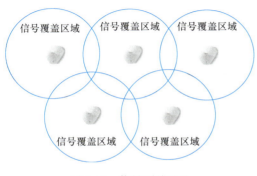

图 3-12 信号覆盖重叠

图 3-13 吸顶式 AP 的间距

同时，布置吸顶式 AP 时应注意上下楼层交错：由于楼层和楼层之间的距离比较小，不同楼层间的 AP 尽量错开，如图 3-14 所示，这样可以减少 AP 之间的信号干扰。

图 3-14　吸顶式 AP 上下楼交错布置

最后，需要考虑障碍物导致信号衰减的情况。通常情况下，墙体对无线信号的衰减影响比较大，如图 3-15 所示。在 AP 的布置及安装过程中应尽量确保墙体对 AP 无线信号的衰减小于 20dBm。

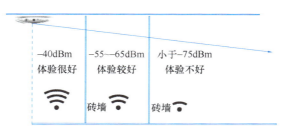

图 3-15　墙体对无线信号的衰减

不同阻隔物对无线信号的衰减影响不一样，常见阻隔物对无线信号的衰减见表 3-15。

常见阻隔物对无线信号的衰减　　　　　　　　表 3-15

阻隔物	衰减数值
门/木板隔墙	2～15dBm
砖墙阻隔（100～300mm）	20～−40dBm
厚玻璃（12mm）	10dBm
楼层阻隔	20dBm 以上

根据以上原则，我们在某医院 3 层诊室的走廊布置吸顶式 AP，如图 3-16 所示。

② 面板式及桌面式 AP 布置位置规划

面板式及桌面式 AP 的天线辐射方向比较均匀，适合于安装在有隔墙的房间内部，例如 30m² 内的酒店客房或者办公室等，建议的 1 个 AP 覆盖 1～2 间房间，覆盖方法如图 3-17 所示。布置时也需要考虑其阻隔物对信号衰减的影响。

2）AP 覆盖效果测试

确定好位置后，需要通过无线信号扫描来评估 AP 信号覆盖效果。无线网络是否稳定很大程度取决定于无线网络环境。在无线 AP 安装施工之前，需要对现场已有网络的繁忙情况进行评估，可以使用 inSSIDer 软件对现场的无线信号进行扫描，如图 3-18 所示。

项目 7 工作区子系统的设计与无线 AP 的布置

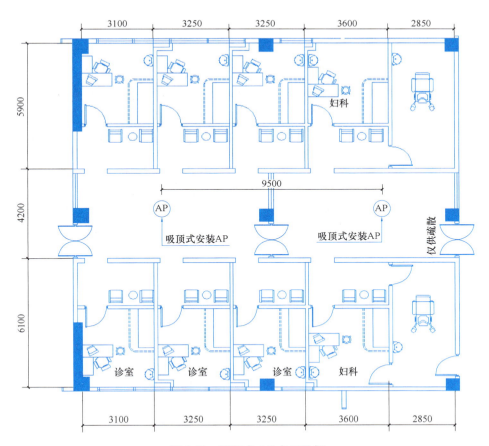

图 3-16 吸顶式 AP 布置示例

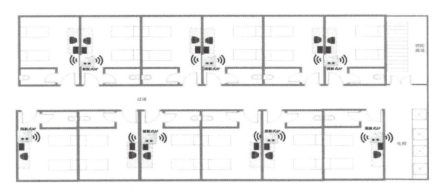

图 3-17 面板式 AP 布置示例

在没有接入网络的情况下，可以先安装一个 AP 进行以下 2 个测试。

测试 1：使用 inSSIDer 软件测试信号强度，在预计需要信号覆盖的区域，选择多个点位测试，若每个点位的信号强度均高于－70dBm，表明该区域信号覆盖效果良好。信号强度与使用效果通常可参考表 3-16。

97

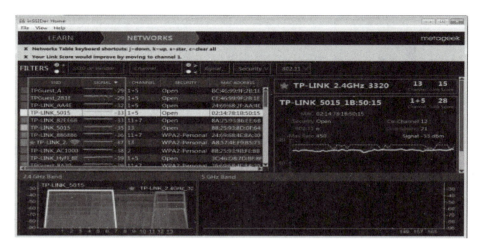

图 3-18　inSSIDer 软件对现场的无线信号扫描

信号强度与使用效果　　　　　　　　　　　表 3-16

信号强度	使用效果
＞－65dBm	很好
－75～－65dBm	好
－80～－75dBm	低
＜－80dBm	很低

测试 2：使用 "IxChariot" 软件进行吞吐量测试，在预计需要信号覆盖的区域，选择多个点位，若无线笔记本电脑下行吞吐量能够在 20Mbps 以上，则说明该区域信号覆盖效果良好，如图 3-19 所示。

图 3-19　吞吐量测试

若扫描到现场无线信号越多（注意：主要关注无线信号强度高于－70dBm 的信号，数字的绝对值越小表示信号越强，例如－60dBm 的无线信号比－70dBm 的信号要强），最终覆盖结果可能会越差。如果已有无线环境不太理想，此时需要适当减少干扰或者避开干扰源，比如将原有网络拆除、断电等，或者考虑选择 5G 频段的 AP 设备。

3. 无线 AP 的安装

AP 在安装的时候，尽量选择吊顶上没有遮挡的区域，并注意房梁的影响，同时与需要信号覆盖的房间的墙体保持一定距离或居中的位置，安装位置如图 3-20 所示。

若在图 3-20 中红叉位置安装 AP，会严重影响到无线网络覆盖的效果，甚至出现部分位置无法正常使用无线的问题。

在 AP 包装盒中有一个记录便签，可以方便地记录 AP 的 MAC 地址与安装位置的对

项目 7　工作区子系统的设计与无线 AP 的布置

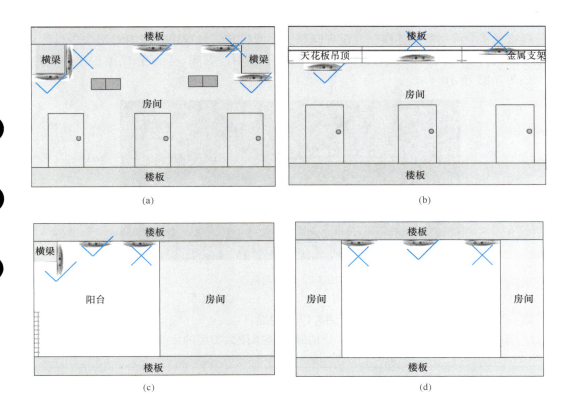

图 3-20　安装示例
（a）安装示例 1；（b）安装示例 2；（c）安装示例 3；（d）安装示例 4

应关系，施工人员在安装过程中，应将该便签取出，填写好 MAC 和安装位置，然后再将便签撕下贴到记录的本子上（图 3-21）。

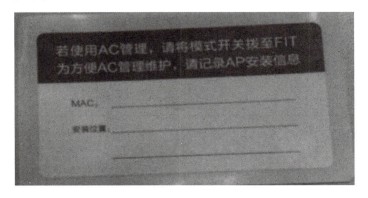

图 3-21　记录便签

记录 MAC 和安装位置有助于后续网络维护。在维护时如果我们发现某个 MAC 地址的 AP 不能正常工作，此时就可以根据便签内容找到相应位置，检查对应 AP 的线路连接和硬件。如果没有 MAC 和安装位置对应表，维护的工作量与难度便会加大。

AP 安装好之后，观察 AP 的状态指示灯，如果该灯的状态为闪烁状态，说明 AP 与

99

AC 之间的通信是不通的，如果该灯的状态由闪烁变成了常亮，说明 AP 与 AC 之间的网络已经接通了，网络物理连接已经没有问题。在网线布置过程中，需要对网线进行标记，标记好之后，AP 与机房中交换机的接口就非常容易对应起来，后续网络维护也会非常方便，如图 3-22 所示。

图 3-22　网线标记

7.2.4　任务实施

第一步，请结合办公楼平面图，回答以下问题。

1. 该办公楼层有哪些工作场所，分别需要选择什么类型的无线 AP？

_____

_____

2. 不同场合布置时需要注意哪些问题？

_____

_____

第二步，请结合办公楼综合布线平面图，分组完成无线 AP 的选择与布置，并填写任务工单 7。

任务工单 7

小组名称	走廊 AP 类型及数量	研究室 AP 类型及数量	休息厅 AP 类型及数量	AP 总数

第三步，在图纸上完成无线 AP 的布置设计，并将成果上传到学习平台，填写任务工单 1。

7.2.5　反馈评价

完成任务后请根据任务实施情况，扫码填写反馈评价表。

7.2.6　问题思考

1. 无线 AP 安装完成后该如何选择频段带宽呢？
2. 在优化无线网络时如何进行信道规划？

☆项目 8　配线子系统设计

☆任务 8.1　配线子系统线缆的设计

课前小知识

10. 万吨级远洋通信海缆铺设船成功下水

8.1.1　任务描述

请扫前言中资源包二维码（对应资源 3.8.1），并根据办公楼二层综合布线平面图选择合适的水平缆线并确定其管槽尺寸。具体详见附录中任务工单 1。

8.1.2　学习目标

知识目标	能力目标	素质目标
1. 配线子系统线缆布线的结构、距离、类型、用量及桥架尺寸（难点）。 2. 配线子系统线缆设计要点、设计步骤（重点）	1. 能够选择配线子系统线缆类型。 2. 能够计算出配线子系统线缆桥架尺寸（重点）。 3. 能够计算配线子系统的线缆用量	1. 培养严谨求实的工作作风。 2. 培养爱岗敬业精神、团队协作精神和创业精神。 3. 培养学生的综合分析能力、计算能力和节能意识

8.1.3　相关知识

1. 配线子系统线缆布线的结构、线缆选择

（1）配线子系统布线拓扑结构

配线子系统水平线缆的一端与每个电信间的配线设备相连，另一端与工作区子系统的信息插座相连，以便用户通过跳线连接各种终端设备，从而实现与网络的连接。配线子系统如图 3-23 所示。

3-8-1 配线子系统线缆的选择与需求量

配线子系统在布设电缆时一般采用星型拓扑结构，如图 3-24 所示。

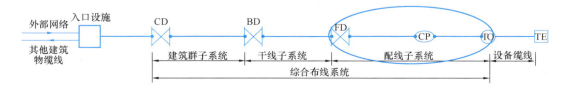

图 3-23　配线子系统

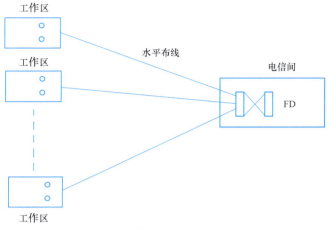

图 3-24 配线子系统布线拓扑结构

配线子系统采用星型拓扑结构可以对楼层的线路进行集中管理，也可以通过电信间的配线设备进行线路的灵活调整。星型拓扑结构可以使工作区与电信间之间使用专用线缆连接，相互独立，便于线路故障的隔离以及故障的诊断。

（2）配线子系统线缆选择

1）确定线缆的类型

① 选择配线子系统的缆线，首先要根据建筑物信息的类型、容量、带宽和传输速率来确定：

对于计算机网络和电话语音系统，应优先选择 4 对非屏蔽双绞线电缆。

对于屏蔽要求较高的场合，可选择 4 对屏蔽双绞线。

对于要求传输速率高、保密性要求高的场合，可采用室内多模或单模光缆直接布设到桌面的方案。

② 根据 ANSI/EIA/TIA—568B.1 标准，在配线子系统中推荐采用的线缆型号为：

4 线对 100Ω 非屏蔽双绞线（UTP）对称电缆。

4 线对 100Ω 屏蔽双绞线（STP）对称电缆。

$50/125\mu m$ 多模光缆；$62.5/125\mu m$ 多模光缆。

$8.3/125\mu m$ 单模光缆。

③ 根据配线子系统对线缆长度的要求来选择。《综合布线系统工程设计规范》GB 50311—2016 规定，水平缆线属于配线子系统，配线子系统各缆线长度应符合图 3-25 的划分，并应符合表 3-17 的要求。

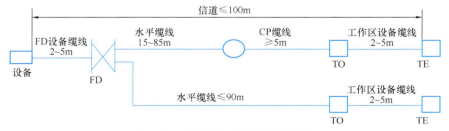

图 3-25 配线子系统线缆长度划分

项目 8　配线子系统设计

配线子系统线缆长度的要求　　　　　　　　　　　　表 3-17

连接模型	最小长度（m）	最大长度（m）
FD-CP	15	85
CP-TO	5	—
FD-TO（无 CP）	15	90
工作区设备缆线	2	5
跳线	2	—
FD 设备缆线	2	5
设备缆线与跳线总长度	—	10

配线子系统信道的最大长度不应大于 100m，其中水平缆线长度不大于 90m；工作区设备缆线、电信间配线设备的跳线和设备缆线之和不应大于 10m，当大于 10m 时，水平缆线长度应适当减少。楼层配线设备（FD）跳线、设备缆线及工作区设备缆线各自的长度不应大于 5m。因此，若水平布线距离超过 90m，应考虑室内多模或单模光缆直接布设到桌面的方案。

最后，考虑到性价比的因素，配线子系统应优先采用 4 对非屏蔽双绞线电缆，该线缆完全可以满足计算机网络、电话语音系统传输的要求。如果水平布线的场合有较强的电磁干扰源或用户对屏蔽提出较高要求的，可以采用 4 对屏蔽双绞线电缆。对于用户有高速率终端要求或保密性高的场合，可采用光纤直接布设到桌面的方案。对于有线电视系统，应采用 75Ω 的同轴电缆，用于传输电视信号。

2）确定电缆需求量

1）根据布线方式和走向测定信息插座到楼层配线架的最远和最近距离。

2）确定线缆的平均长度：

$$L=(F+N)/2+3$$

式中：F——最远的信息插座离楼层管理间的距离；

　　　N——最近的信息插座离楼层管理间的距离；

　　　3——预留的线缆端接长度为 3m。

3）根据所选厂家每箱线缆的标称长度（一般为 1000ft，约 305m），取整计算电缆箱数。

【例 3-3】某办公建筑共有 8 层，每层信息点数为 40 个，每个楼层的最远信息插座离楼层电信间的距离均为 70m，每个楼层的最近信息插座离楼层电信间的距离均为 8m，请估算出该建筑工程的电缆用线量。

【解】根据题目要求知道：

由最远的信息插座距管理间的距离 $F=70$m，最近的信息插座距管理间的距离 $N=8$m，可知：

线缆的平均长度 $=(70+8)/2+3=42$m。

选用标称长度为 305m 的线缆，则每箱线缆可含平均长度线缆的根数 $=305/42\approx7.26$，故取 7 根。

共需线缆箱数 $=40\times8/7=46$ 箱。

对于开放性布线系统，其各段电缆长度限值应符合表 3-18 的规定，其中，C、W 取值应按下列公式进行计算：

103

模块三 综合布线系统设计

$$C=(102-H)/(1+D)$$
$$W=C-T$$

式中：C——工作区设备电缆、电信间跳线及设备电缆的总长度；

H——水平电缆的长度，$(H+C)\leqslant 100m$；

T——为电信间内跳线和设备电缆长度；

W——为工作区设备电缆的长度；

D——调整系数，对 24 号线规 D 取为 0.2，对 26 号线规 D 取为 0.5。

各段电缆长度限值　　　　　　　　　表 3-18

电缆总长度 H（m）	24 号线规（AWG）		26 号线规（AWG）	
	W（m）	C（m）	W（m）	C（m）
90	5	10	4	8
85	9	14	7	11
80	13	18	11	15
75	17	22	14	18
70	22	27	17	21

2. 配线子系统布线路由及方法

配线子系统布线方案的选择要考虑建筑物结构特点，从路由最短、造价最低、施工方便、布线规范和扩充简便等方面考虑。由于布线施工过程中情况较为复杂，必须灵活选取最佳的配线子系统布线方案。根据建筑内综合布线路由（图 3-26）可知，水平缆线布线通常采用吊顶敷设方式、地面穿管敷设方式、地面槽盒敷设方式。下面详细介绍这三种布线方式。

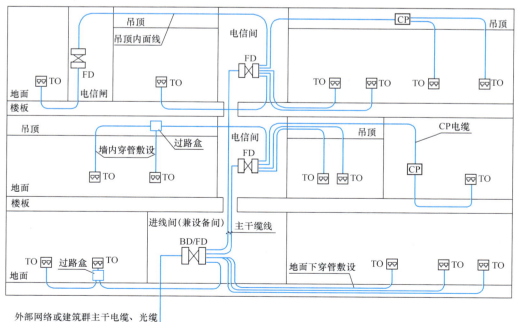

图 3-26　建筑内综合布线路由

（1）吊顶敷设方式

吊顶敷设方式根据工程实际情况可分为吊顶内设置集合点的敷设方式、从电信间直接引至信息点的敷设方式和槽盒、保护管相结合的敷设方式，如图 3-27 所示。

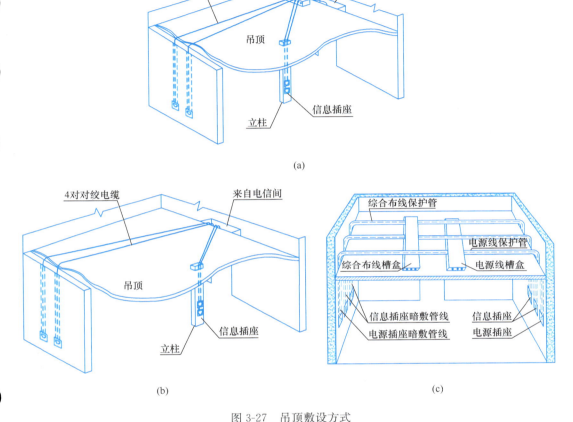

图 3-27 吊顶敷设方式
(a) 吊顶内设置集合点的敷设方式；(b) 从电信间直接引至信息点的敷设方式；
(c) 槽盒、保护管相结合的敷设方式

吊顶内设置集合点的敷设方式适用于大开间工作环境，通过集合点将线缆布至各信息插座，比较灵活经济。集合点宜设置在检修口附近，便于更改与维护。从电信间直接引至信息点的敷设方式，适合于楼层面积不大，信息点不多的一般办公室和家居环境；吊顶内缆线保护宜选用金属管或金属槽盒。槽盒、保护管相结合的敷设方式，适用于大型建筑物或布线系统较复杂的场合。设计时应尽量将槽盒放在走廊的吊顶内，去各房间的支管适当集中敷设在检修口附近，以便于维修。一般走廊处在整个建筑物的中间位置，布线平均距离最短。因此，这种方法既便于施工，工程造价也较低，为综合布线工程普遍采用。敞开布放应选用相应等级的防火缆线。

（2）地面穿管敷设方式

地面穿管敷设方式可分为穿保护管在楼板内敷设和保护管在地板下敷设两种方式。前者适用于楼层面积小的塔式楼、住宅楼等建筑，或用于信息点较少的场所。后者敷设方法安装简单、造价较低，且外观良好，适合于普通办公室和家居布线，如图 3-28 所示。

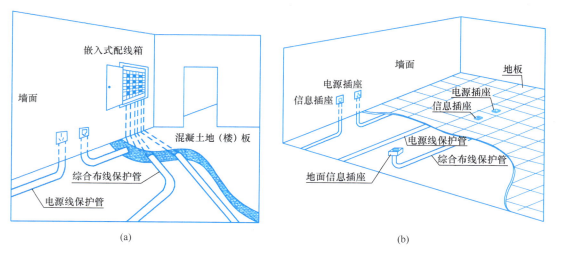

图 3-28 地面穿管敷设方式
（a）穿保护管在楼板内敷设；（b）保护管在地板下敷设

（3）地面槽盒敷设方式

地面槽盒敷设方式可分为地板下金属槽盒敷设方式和地面垫层下金属槽盒敷设方式。前者是将综合布线的缆线沿槽盒敷设到地面出线盒或墙上的信息插座。综合布线的槽盒宜与电源槽盒分别设置，且每隔 4～8m 或转弯处设置一个分线盒或出线盒，可提供良好的机械性保护、减少电气干扰、提高安全性，但安装费用较高，增加了楼层荷载，适用于大开间工作环境。后者是将综合布线的缆线沿槽盒敷设到地面垫层出线盒或分线盒，由于地面出线盒和分线盒不依赖于柱体而直接走地面垫层，这种方式适用于大开间或需要打隔断的场所，地面垫层的厚度≥65mm。地面槽盒敷设方式如图 3-29 所示。

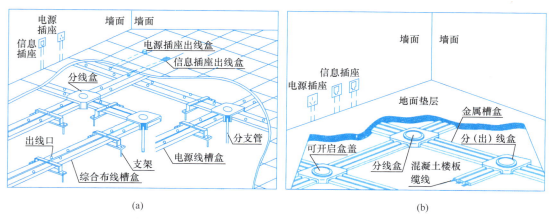

图 3-29 地面槽盒敷设方式
（a）地板下金属槽盒敷设；（b）地面垫层下金属槽盒敷设

3. 配线子系统线缆设计要点

（1）配线子系统应根据工程提出的近期和远期终端设备的设置要求、用户性质、网络构成及实际需要确定建筑物各层需要安装信息插座模块的数量及其位置，配线应留有发展余地。

3-8-2 配线子系统设计步骤及要点

（2）配线子系统水平缆线采用的非屏蔽或屏蔽 4 对对绞电缆、室内光缆应与各工作区光、电信息插座类型相适应。

（3）工作区的信息插座模块应支持不同的终端设备接入，每一个 8 位模块通用插座应连接 1 根 4 对对绞电缆；每一个双工或 2 个单工光纤连接器件及适配器应连接 1 根 2 芯光缆。

（4）从电信间至每一个工作区的水平光缆宜按 2 芯光缆配置。至用户群或大客户使用的工作区域时，备份光纤芯数不应小于 2 芯，水平光缆宜按 4 芯或 2 根 2 芯光缆配置。

（5）连接至电信间的每一根水平缆线均应终接于 FD 处相应的配线模块，配线模块与缆线容量相适应。

（6）配线子系统中可以设置集合点（CP），也可不设置集合点。采用集合点（CP）时，集合点配线设备与 FD 之间水平缆线的长度不应小于 15m，并应符合下列规定：

1）集合点配线设备容量宜满足 12 个工作区信息点的需求。

2）同一个水平电缆路由中不应超过一个集合点（CP）。

3）从集合点引出的 CP 电缆应终接于工作区的 8 位模块通用插座或多用户信息插座。

4）从集合点引出的 CP 光缆应终接于工作区的光纤连接器。

4. 配线子系统线缆设计步骤

首先进行需求分析，与用户进行充分的技术交流并了解建筑物的用途，查阅建筑物设计图纸，在工作区信息点数量和位置已确定、已明确其他管线的间距基础上，确定信息点的水平布线路由，根据线缆类型和数量确定水平管槽的规格。

3-8-3 水平缆线的布线设计

步骤 1：用户需求分析

需求分析是综合布线系统设计的首要工作。配线子系统是综合布线系统中工程量最大的一个子系统，其使用的材料最多、工期最长、投资最大，且该系统涉及布线距离、布线路径、布线方式和材料的选择等多项内容，对后续配线子系统的施工非常重要，直接影响每个信息点的稳定性和传输速度，乃至影响综合布线系统工程的质量、工期及工程造价。

步骤 2：技术交流

由于配线子系统往往覆盖每个楼层的立面和平面，布线路径也经常与照明线路、电气设备线路、电气插座、消防线路、暖气或者空调线路有多次的交叉或者平行，因此在进行需求分析后，要与用户（技术负责人、项目负责人、行政或相关负责人）进行技术交流，通过交流了解每个信息点路径上的电路、水路、气路和电气设备的安装位置等详细信息，做好书面记录并及时整理。

步骤 3：阅读建筑图纸

通过阅读建筑物设计图纸掌握建筑物的土建结构、强电路径、弱电路径，特别是主要电气设备和电源插座的安装位置，重点了解在综合布线路径上的电气设备、电源插座、暗埋管线等。在阅读图纸时，做好记录或标记，正确处理配线子系统布线与电路、水路、气路和电气设备的直接交叉或者路径冲突问题。

模块三　综合布线系统设计

步骤 4：确定线缆、槽、管的数量和类型

（1）管槽尺寸的确定

预埋暗敷的管路宜采用对缝钢管或具有阻燃性能的 PVC 管，且直径不能太大，否则对土建设计和施工都有影响。根据我国建筑结构的情况，一般要求预埋在墙壁内的暗管内径不宜超过 50mm，预埋在楼板中的暗管内径不宜超过 25mm，金属线槽的截面高度也不宜超过 25mm。

管道内敷设缆线的数量可以采用查表法或者利用管径和截面利用率的公式进行计算。其中查表法主要应用在实际工程设计中，通过查阅《综合布线系统工程设计与施工》20X101—3 中的综合布线线缆穿管管径、槽盒允许容纳线缆根数来确定管槽尺寸大小。可通过计算管槽利用率来确定管槽尺寸，方法如下：

1）穿放线缆的暗管管径利用率的计算公式：

$$管径利用率＝d/D$$

式中：d——缆线的外径；

　　　D——管道的内径。

注：弯导管的管径利用率应为 40％～50％。导管内穿放大对数电缆或 4 芯以上光缆时，直线管路的管径利用率应为 50％～60％。

在暗管中布放的电缆为屏蔽电缆（具有总屏蔽和线对屏蔽层）或扁平型缆线（可为 2 根非屏蔽 4 对对绞电缆或 2 根屏蔽 4 对对绞电缆组合及其他类型的组合）；主干电缆为 25 对及以上，主干光缆为 12 芯及以上时，宜采用管径利用率进行计算，选用合适规格的暗管。常用综合布线电缆规格见表 3-19。

常用综合布线电缆规格　　　　　　　　　　　　　表 3-19

类型	规格	参考外径（mm）	电缆截面积（mm²）	类型	规格	参考外径（mm）	电缆截面积（mm²）
光缆	1/2 芯室内型	5.1	20	4对对绞电缆	5 类非屏蔽	5.6	25
	4 芯室内型	5.6	25		5 类屏蔽	6.8	36
	6 芯室内型	5.9	27		6 类非屏蔽	7.5	44
	8 芯室内型	6.1	29		6 类屏蔽	8.1	52
	12 芯室内型	7.0	38		6ᴀ 类非屏蔽	8.3	54
	24 芯室内型	14.8	172		6ᴀ 类屏蔽	8.8	61
	48 芯室内型	18.3	263		7 类屏蔽	8.3	54
	72/96 芯室内型	22.0	380		7ᴀ 类屏蔽	8.1	52
	144 芯室内型	26.1	535		8 类屏蔽	8.1	52
	2～24 芯室外型	13.3	139	大对数电缆	3 类 25 对大对数	11.6	106
	48/72 芯室外型	13.9	152		3 类 50 对大对数	16.5	214
	96 芯室外型	15.8	196		3 类 100 对大对数	21.2	353
	144 芯室外型	20.0	314		5 类 25 对大对数	12.5	123

108

项目 8　配线子系统设计

2）穿放缆线的暗管截面利用率的计算公式：

$$截面利用率＝A_1/A$$

式中：A——管的内截面积；

A_1——穿在管内缆线的总截面积（包括导线的绝缘层的截面）。导管内穿放 4 对对绞电缆或 4 芯及以下光缆时，截面利用率应为 25％～30％，槽盒内的截面利用率应为 30％～50％。

在暗管中布放的对绞电缆采用非屏蔽或屏蔽 4 对对绞电缆及 4 芯以下光缆时，为了保证线对扭绞状态，避免缆线受到挤压，宜采用管截面利用率公式进行计算，选用合适规格的暗管。

3）采用简易公式计算管槽截面面积：

$$管（槽）截面面积 ＝ N×缆线截面积 / 截面利用率$$

式中：N 表示容纳缆线的数量。截面利用率取 30％～50％。

（2）布线弯曲半径要求

布线中如果不能满足最低弯曲半径要求，双绞线电缆的缠绕节距会发生变化，严重时，电缆可能会损坏，直接影响电缆的传输性能。例如，在铜缆布线系统中，布线弯曲半径会直接影响回波损耗值，严重时会超过标准规定值。在光缆布线系统中，会导致高衰减。因此，在设计布线路径时，尽量避免和减少弯曲，增加电缆的弯曲率半径值。管线敷设允许的弯曲半径要求见表 3-20。

管线敷设允许的弯曲半径要求　　　　　表 3-20

缆线类型	弯曲半径
2 芯或 4 芯室内光缆	＞25mm
其他芯数和主干光缆	不小于光缆外径的 10 倍
4 对屏蔽、非屏蔽电缆	不小于电缆外径的 4 倍
大对数主干电缆	不小于电缆外径的 10 倍
室外光缆、电缆	不小于缆线外径的 10 倍

步骤 5：确定电缆的类型和长度。

步骤 6：确定配线子系统的布线方案。

8.1.4　任务实施

第一步，请结合办公楼一层综合布线平面图，回答以下问题。

1. 如何选择该楼层配线子系统线缆类型及布线方法？

_____

2. 如何确定该楼层配线子系统线缆管槽尺寸？

_____

第二步，请结合办公楼二层综合布线平面图，分组完成其配线子系统线缆的选择、布

模块三 综合布线系统设计

线方法及管槽尺寸，并填写任务工单8。

任务工单8

小组名称	线缆类型	布线方法	线管尺寸	线槽尺寸

第三步，完成配线子系统线缆平面图的布置设计，并将成果上传到学习平台，填写附录中任务工单1。

8.1.5 反馈评价

完成任务后请根据任务实施情况，扫码填写反馈评价表。

8.1.6 问题思考

水平缆线线槽的尺寸从头到尾都一样吗？为什么？

110

项目 8　配线子系统设计

☆任务 8.2　电信间的设计

课前小知识

11. 设计须谨慎，严防电信间火灾

8.2.1　任务描述

请根据图 3-30 中所给的信息，完成电信间的配置设计。具体详见附录中任务工单 1。

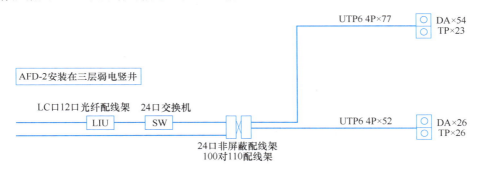

图 3-30　办公楼电信间配置系统图

8.2.2　学习目标

知识目标	能力目标	素质目标
掌握电信间的设计方法及设计步骤（重点、难点）	1. 能翻阅综合布线设计规范相关条文查询电信间配置设计知识。 2. 能运用所学知识完成电信间配置设计	1. 培养精益求精、科学严谨、求实的工作作风。 2. 培养爱岗敬业、团队协作精神。 3. 增强责任意识

8.2.3　相关知识

1. 电信间的作用、位置及数量

3-8-4　电信间配置设计要求

电信间也称为管理间或配线间，主要为楼层安装配线设备（机柜、机架、机箱等）和楼层信息通信网络系统设备的场地，并应在该场地内设置缆线竖井、等电位接地体、电源插座、UPS 电源配电箱等设施，一般设置在每个楼层的中间位置。电信间为连接其他子系统提供手段，它是连接干线子系统和配线子系统的部分。当楼层信息点很多时，可以设置多个电信间。

在综合布线系统中，电信间包括了楼层配线间、二级交接间的缆线、配线架及相关接插跳线等。综合布线系统通过电信间直接管理整个应用系统终端设备，从而实现综合布线的灵活性、开放性和扩展性。在电信间配置设计时，应遵循以下原则：

111

（1）电信间的主要功能是供水平布线和主干布线在其间互相连接。为了以最小的空间覆盖最大的面积，安排电信间位置时，设计人员应慎重考虑。电信间最理想的位置是位于楼层平面的中心，每个电信间的管理区域面积一般不超过 1000m²。

（2）电信间应与强电间分开设置，以保证通信安全。在电信间内或其紧邻处应设置相应的干线通道（或电缆竖井），各个电信间之间利用电缆竖井或管槽系统使它们之间互相之间的路由沟通，以达到网络灵活、安全畅通的目的。

（3）电信间的数量应按所服务楼层面积及工作区信息点密度与数量确定。同楼层信息点数量不大于 400 个或水平缆线长度在 90m 范围内时，宜设置 1 个电信间；当楼层信息点大于 400 个或水平缆线长度大于 90m 时，宜设 2 个及以上电信间；每层的信息点数量较少，且水平缆线长度在 90m 范围内时，可多个楼层合设 1 个电信间。

2. 电信间的配置设计方法

（1）从电信间至每一个工作区的水平光缆宜按 2 芯光缆配置。至用户群或大客户使用的工作区域时，备份光纤芯数不应小于 2 芯，水平光缆宜按 4 芯或 2 根 2 芯光缆配置。

3-8-5 电信间配置设计

（2）连接至电信间的每一根水平缆线均应终接于 FD 处相应的配线模块，配线模块与缆线容量相适应。

（3）电信间 FD 主干侧各类配线模块应根据主干缆线所需容量要求、管理方式及模块类型和规格进行配置。

（4）电信间 FD 采用的设备缆线和各类跳线宜根据计算机网络设备的使用端口容量和电话交换系统的实装容量、业务的实际需求或信息点总数的比例进行配置，比例范围宜为 25%～50%。

（5）对于电话部分：FD 水平侧配线模块按连接 4 对水平电缆配置。语音配线架考虑预留语音信息点 10% 的备份线对。对于数据部分：FD 水平侧配线模块按连接 4 对水平电缆配置。每一台 SW（24 个端口）设置一个主干端口，另加上 1 个备份端口。如主干缆线采用 4 对对绞电缆，每个主干电端口按 1 根 4 对对绞电缆考虑；如主干缆线采用光缆，每个主干光端口按 1～2 芯光纤考虑。

（6）FD 干线侧配线模块可根据主干 4 对对绞电缆或主干光缆的总容量加以配置。

配置数量计算得出以后，再根据电缆、光缆、配线模块的类型、规格加以选用，做出合理配置。用于计算机网络的主干缆线，可采用光缆；用于电话的主干缆线则采用大对数对绞电缆，并考虑适当的备份，以保证网络安全。由于工程的实际情况比较复杂，设计时还应结合工程的特点和需求加以调整应用。

【例 3-4】某层楼共设置了 400 个信息点为例，说明系统的配线设备与缆线的配置。其中数据与语音各占 50%，即各为 200 个数据信息点、200 个语音信息点，如图 3-31 所示。

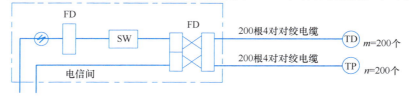

图 3-31 电信间配置系统图

【解】水平缆线采用非屏蔽 4 对对绞电缆，用于计算机网络的主干缆线采用光缆，用于语音的主干缆线采用大对数电缆。

语音、数据 FD 水平侧配线模块采用 24 口 RJ45 配线架，数据 FD 网络交换机侧配线模块采用 24 口 RJ45 配线架，数据 FD 干线侧配线模块采用 24 口（单工）SC 光纤配线架，语音 FD 干线侧配线模块采用 100 对 IDC 卡接式配线架。

语音、数据 FD 水平侧配线模块可按 $n+m=400$ 个信息点容量配置，选用 17 个 24 口 RJ45 配线架。

数据 FD 网络交换机侧配线模块可按 $m=200$ 个数据信息电容量配置，选用 9 个 24 口 RJ45 配线架。

交换机（SW）按每台 24 个端口设置，200 个数据信息点需设置 9 台交换机（SW）。交换机工作需要设置 220V 电源，可选用 2 个 PDU 电源分配器给交换机供电。

数据 FD 干线侧配线模块连接 48 芯光纤容量配置，选用 2 个 24 口（单工）SC 光纤配线架。

语音 FD 干线侧配线模块可按卡接大对数主干电缆 $1.1n=220$ 对端子容量配置，选用 3 个 100 对 IDC 卡接式配线架。

因此，该电信间共有 26 个 24 口 RJ45 配线架（共 26U 高）、3 个 100 对 IDC 配线架（共 3U 高）、2 个 24 口（单工）SC 光配线架（共 2U 高）、9 台 24 口网络交机（共 9U 高）、2 个 PDU 电源分配器（共 2U 高）、42 个 1U 缆线管理器（共 42U 高），配线架、网络交换机交、PDU 电源分配器、缆线管理器总高度为 84U，FD 要 2 个 19in 42U 标准机柜。

机柜内配线架、网络设备配置示意图如图 3-32 所示。

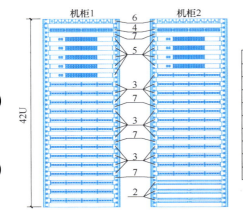

图 3-32 机柜内配线架、网络设备配置示意图

对于政府办公楼，且综合布线系统须分别设置内、外网或专用网时，应分别设置电信间，并要求它们之间有一定的间距，分别估算电信间的面积。对于专用安全网也可单独设置电信间，不与其他布线系统合用房间。

8.2.4 任务实施

第一步，请结合办公楼电信间配置系统图，回答以下问题。

模块三 综合布线系统设计

1. 该系统图共有多少个信息点？其中，多少个数据点？多少个语音点？如何计算？

_____

_____

2. 如何确定 RJ45 配线架的数量？

_____

_____

3. 如何确定语音配线架的数量？

_____

_____

4. 如何确定交换机、光纤配线架的数量？

_____

_____

第二步，请根据以上分析，分组完成电信间系统配置设计任务，并填写任务工单 9。

任务工单 9

小组名称	信息点数量（数据、语音）		RJ45 配线架类型、数量	语音配线架类型、数量	交换机类型、数量	光纤配线架类型、数量

第三步，将以上配置结果在系统图中标注，并将成果上传到学习平台，填写附录中任务工单 1。

8.2.5　反馈评价

完成任务后请根据任务实施情况，扫码填写反馈评价表。

8.2.6　问题思考

电信间系数配置设计方案是唯一的吗？为什么？

114

△任务 8.3 电信间的布置

8.3.1 任务描述

如图 3-33 所示，已知某电信间 6.25m²，本楼层共计 400 个信息点，需要用到 2 个 19in 标准机柜（尺寸：600mm×800mm×2000mm），请完成以下电信间的布置。具体详见附录中任务工单 1。

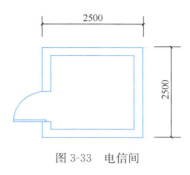

图 3-33 电信间

8.3.2 学习目标

知识目标	能力目标	素质目标
掌握电信间的布置方法（重点、难点）	1. 能翻阅综合布线设计规范相关条文查询电信间布置的知识。 2. 能运用规范条文及相关数据完成电信间布置	1. 培养精益求精、科学严谨、求实的工作作风。 2. 培养爱岗敬业、团队协作精神。 3. 增强设计安全意识

8.3.3 电信间的布置方法

1. 根据工程中配线设备与以太网交换机设备的数量、机柜的尺寸及布置，电信间的使用面积不应小于 5m²。当电信间内需设置其他通信设施和智能化系统设备箱柜或智能化竖井时，应增加使用面积。一般新建建筑物都有专门的垂直竖井，电信间基本都设置在建筑物竖井内，面积在 3m² 左右，仅能设置一个 19in 标准机柜（以下简称标准机柜）。

2. 电信间室内温度应保持在 10～35℃，相对湿度应保持在 20%～80%之间。当房间内安装有源设备时，应采取满足信息通信设备可靠运行要求的对应措施。

3. 电信间应采用外开防火门，房门的防火等级应按建筑物等级类别设定。房门的高度不应小于 2.0m，净宽不应小于 0.9m。

4. 电信间内梁下净高不应小于 2.5m。电信间的水泥地面应高出本层地面不小于 100mm 或设置防水门槛。室内地面应具有防潮、防尘、防静电等措施。

5. 电信间应设置不少于 2 个单相交流 220V/10A 检修用电源插座盒，每个电源插座的配电线路均应装设保护器。设备供电电源应由设备间或机房不间断电源（UPS）供电，并为了便于管理，可采用集中供电方式。

6. 标准机柜尺寸通常为 600mm（或 800mm）(宽)×800mm(深)×2000mm(高)，42U 的安装空间。42U 机柜是最常见的标准机柜，除 42U 标准机柜外，47U 机柜、37U 机柜、32U 机柜、20U 机柜、12U 机柜、6U 机柜也是较为常用的机柜。布线系统设置内、外网或弱电专用网时，标准机柜应分别设置，并在保持一定间距或空间分隔的情况下预测电信间的面积。目前，高密度配线架的推出对理线空间有了更高的要求，800mm（宽）的标准机柜已被广泛应用。此时，需要增加电信间的面积。

7. 机柜单排安装时，前面净空不应小于 1000mm，后面及机列侧面净空不应小于 800mm；多排安装时，列间距不应小于 1200mm。过道宽不应小于 800mm，以方便设备安装维修；综合布线槽盒侧面距离墙壁不小于 100mm。电信间应等设置等电位联结端子板。

8. 当有信息安全等特殊要求时，应将所有涉密的信息通信网络设备和布线系统设备等进行空间物理隔离或独立安放在专用的电信间内，并应设置独立的涉密机柜及布线管槽。

9. 电信间内，信息通信网络系统设备及布线系统设备宜与弱电系统布线设备分设在不同的机柜内。当各设备容量配置较少时，亦可在同一机柜内作空间物理隔离后安装。

8.3.4 任务实施

第一步，请结合电信间图纸，回答以下问题。

1.42U 机柜单排还是双排布置？

_____

_____

2. 单排或者双排布置时，机柜侧面、前面、后面的净空分别是多少？

_____

_____

3. 房门净高、净宽的尺寸是多少？过道宽不应小于多少米？综合布线槽盒侧面距离墙壁不小于多少米？

_____

_____

4. 电位联结端子板放在哪个位置合适？

_____

_____

第二步，请根据以上分析，分组完成电信间的布置任务，填写附录中任务工单 1 并将成果上传到学习平台。

8.3.5 反馈评价

完成任务后，请根据任务实施情况，扫码填写反馈评价表。

8.3.6 问题思考

1. 电信间的面积如何确定？
2. 请你结合学生宿舍楼描述出其配线子系统的构成？
3. 电信间设计时如何与土建设计配合协调？

△项目9　干线子系统的设计

△任务9　干线子系统的设计

9.1　任务描述

请根据以下电信间系统图（图3-34），完成干线子系统的设计。具体详见附录中任务工单1。

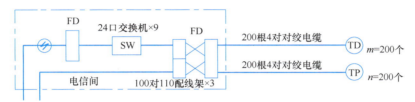

图3-34　电信间系统图

9.2　学习目标

知识目标	能力目标	素质目标
1. 掌握干线子系统线缆类型的选择，设计布线路由的方法。 2. 掌握干线子系统线缆数量（重点、难点）	1. 能选择干线子系统线缆类型。 2. 能计算干线子系统线缆数量（重点）。 3. 能设计干线子系统布线路由	1. 养成科学研究、精益求精的工作作风。 2. 培养爱岗敬业精神、团队协作精神和创业精神。 3. 具备勤劳诚信、善于协作配合、善于沟通交流等职业素养

9.3　相关知识

1. 干线子系统线缆类型的选择

干线子系统应由设备间至电信间的主干缆线、安装在设备间的建筑物配线设备（BD）及设备缆线和跳线组成，如图3-35所示。

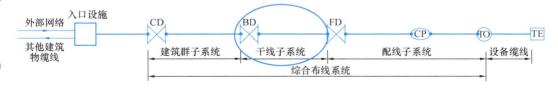

图3-35　干线子系统

干线线缆直接连接着几十或几百个用户，一旦干线电缆发生故障，影响范围较大。因此必须重视干线子系统的设计工作。应根据建筑物的结构特点以及应用系统的类型决定选用干线线缆的类型。在干线子系统设计常用：4对双绞线电缆；100Ω 大对数对绞电缆；62.5/125μm 多模光缆；8.3/125μm 单模光缆。

由于大对数线缆对数多，很容易造成相互间的干扰，因此 6 类网络布线系统通常使用 6 类 4 对双绞线电缆或光缆作为主干线缆。在选择主干线缆时，还要考虑主干线缆的长度限制，如 5 类以上 4 对双绞线电缆在应用于 100Mbps 的高速网络系统时，电缆长度不宜超过 90m，否则宜选用单模或多模光缆。

2. 干线子系统布线路由

按照建筑的结构，干线子系统的布线方式可分为垂直型和水平型。大多数建筑物都是垂直向高空发展的，因此很多情况下会采用垂直型的布线方式。但也有很多建筑物是横向发展，如飞机场候机厅、工厂仓库等建筑，这时也会采用水平型的主干布线方式。因此主干线缆的布线路由既可能是垂直型的，也可能是水平型的，或是两者的综合。

3-9-1 干线子系统的安装技术

(1) 确定干线子系统通道规模

干线子系统是建筑物内的主干电缆。在大型建筑物内，通常使用的干线子系统通道是由一连串穿过配线间地板且垂直对准的通道组成，穿过弱电间地板的电缆井和电缆孔，如图 3-36 所示。

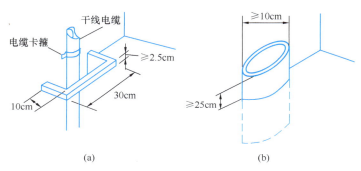

图 3-36 穿过弱电间地板的电缆井和电缆孔
(a) 电缆井；(b) 电缆孔

确定干线子系统的通道规模，主要就是确定干线通道和配线间的数目。确定的依据就是综合布线系统所要覆盖的可用楼层面积。如果给定楼层的所有信息插座都在配线间的 75m 范围之内，那么采用单干线接线系统。单干线接线系统采用一条垂直干线通道，每个楼层只设一个配线间。如果有部分信息插座超出配线间的 75m 范围之外，那就要采用双通道干线子系统，或者采用经分支电缆与设备间相连的二级交接间。如果同一栋大楼的配线间上下不对齐，则可采用大小合适的电缆管道系统将其连通，如图 3-37 所示。

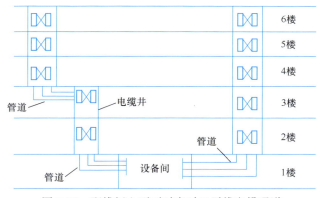

图 3-37 配线间上下不对齐时双干线电缆通道

(2) 确定主干线缆布线路由

主干线缆的布线路由的选择主要依据建筑的结构以及建筑物

内预埋的管道而定。目前垂直型的干线布线路由主要采用电缆孔和电缆井两种方法。对于单层平面建筑物水平型的干线布线路由主要用金属管道和电缆托架两种方法。

1) 电缆孔方法

干线通道中所用的电缆孔是很短的管道，通常是用一根或数根直径为 10cm 金属管组成。它们嵌在混凝土地板中，在浇筑混凝土地板时嵌入，比地板表面高出 2.5～5cm。也可直接在地板中预留一个大小适当的孔洞。电缆捆在钢绳上，而钢绳固定在墙上已铆好的金属条上。当楼层配线间上下都对齐时，一般可采用电缆孔方法，如图 3-38 所示。

2) 电缆井方法

电缆井方法，是指在每层楼板上开出一些方孔，一般宽度为 30cm，并有 2.5cm 高的井栏，具体大小要根据所布线的干线电缆数量而定，如图 3-39 所示。与电缆孔方法一样，电缆也是捆扎或箍在支撑用的钢绳上，钢绳靠墙上的金属条或地板三脚架固定。离电缆井很近的墙上的立式金属架可以支撑很多电缆。电缆井比电缆孔更为灵活，可以让各种粗细不一的电缆以任何方式布设通过。但在建筑物内开电缆井造价较高，而且不使用的电缆井很难防火。

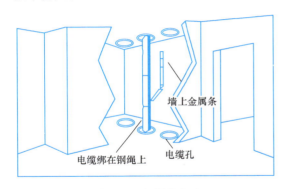

图 3-38　电缆孔方法

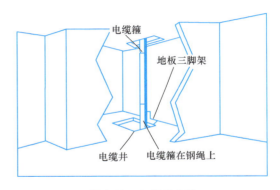

图 3-39　电缆井方法

3) 金属管道方法

金属管道方法，是指在水平方向架设金属管道，水平线缆穿过这些金属管道，让金属管道对干线电缆起到支撑和保护的作用，如图 3-40 所示。

对于相邻楼层的干线配线间存在水平方向的偏距时，就可以在水平方向布设金属管道，将干线电缆引入下一楼层的配线间。金属管道不仅具有防火的优点，而且它提供的密封和坚固空间使电缆可以安全地延伸到目的地。但是金属管道很难重新布置且造价较高，因此在建筑物设计阶段，必须进行周密的考虑。土建工程阶段，要将选定的管道预埋在地板中，并延伸到正确的交接点。金属管道方法较适合于低矮而又宽阔的单层平面建筑物，如企业的大型厂房、机场等。

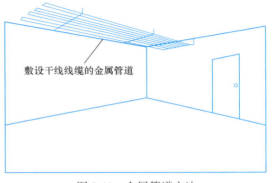

图 3-40　金属管道方法

4) 电缆托架方法

电缆托架是铝制或钢制的部件，外形很像梯子，可安装在建筑物墙面上、吊顶内，供干线线缆水平走线，电缆托架方法如图 3-41 所示。电缆布放在托架内，由水平支撑件固定，必要时还要在托架下方安装电缆绞接盒，以保证在托架上方已装有其他电缆时可以接入电缆。

电缆托架方法适合电缆数量很多的布线需求场合，根据安装的电缆粗细和数量决定托架的尺寸。由于托架及附件的价格较高，而且电缆外露，很难防火，且不够美观，所以在综合布线系统中，一般推荐使用封闭式线槽来替代电缆托架。吊装式封闭线槽如图 3-42 所示，主要应用于楼间距离较短且要求采用架空的方式布放干线线缆的场合。

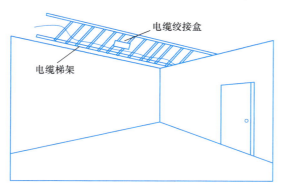
图 3-41　电缆托架方法

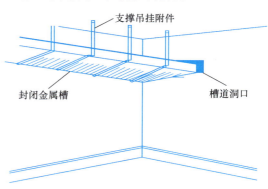
图 3-42　吊装式封闭线槽

3. 干线子系统缆线容量

在确定干线线缆类型后，便可以进一步确定每个层楼的干线容量。一般而言，在确定每层楼的干线类型和数量时，都要根据楼层配线子系统所有的各个语音、数据、图像等信息插座的数量来进行计算。具体计算的原则如下：

（1）语音业务，大对数主干电缆的对数应按每 1 个电话 8 位模块通用插座配置 1 对线，并应在总需求线对的基础上预留不小于 10% 的备用线对。如语音信息点 8 位模块通用插座连接 ISDN 用户终端设备，并采用 S 接口（4 线接口）时，相应的主干电缆应 2 对线配置。

（2）对数据业务，应按每台以太网交换机设置 1 个主干端口和 1 个备份端口配置。当主干端口为电接口时，应按 4 对线对容量配置，当主干端口为光端口时，应按 1 芯或 2 芯光纤容量配置。

（3）当楼层信息插座较少时，在规定长度范围内，可以多个楼层共用交换机，并合并计算干线数量。

（4）如有光纤到用户桌面的情况，光缆直接从设备间引至用户桌面，干线光缆芯数应不包含这种情况下的光缆芯数。

（5）主干系统应留有足够的余量，以作为主干链路的备份，确保主干系统的可靠性。

下面对干线线缆容量计算进行举例说明。

【例 3-5】已知某建筑物需要实施综合布线工程，根据用户需求分析得知，其中第六层有 80 个计算机网络信息点，各信息点要求接入速率为 100Mbps，另有 80 个电话语音点，而且第六层楼层管理间到楼内设备间的距离为60m，请确定该建筑物第六层的干线电缆类型及线对数。

【解】

（1）80个计算机网络信息点要求该楼层应配4台24口交换机，每台交换机设置1个主干端口和1个备份端口，共需设置8个主干端口。如数据主干线缆采用光缆，每个主干光端口按2芯光纤考虑，则光纤需求量为16芯（其中8芯为备份），按光缆规格选用2根8芯光缆作为数据主干光缆（其中1根为备份）。

（2）80个电话语音点，按每个语音点配1个线对的原则，主干电缆应为80对，考虑10%的备份线对，则语音主干电缆总对数需求量为80×1.1＝88对，选2根3类50对非屏蔽大对数电缆。

4. 干线子系统的设计步骤及设计要点

根据综合布线的标准及规范，应按下列设计步骤及设计要点进行干线子系统的设计工作。

3-9-2 干线子系统的设计步骤

3-9-3 干线子系统设计要点

（1）确定干线线缆类型及线对

干线线缆主要有铜缆和光缆两种类型，具体选择要根据布线环境的限制和用户对综合布线系统设计等级来考虑。计算机网络系统的主干线缆可以选用4对双绞线电缆或25对大对数电缆或光缆，电话语音系统的主干电缆可以选用3类大对数双绞线电缆，有线电视系统的主干电缆一般采用75Ω同轴电缆。主干电缆的线对要根据水平布线线缆对数以及应用系统类型来确定。干线子系统如图3-43所示。

（2）确定干线路由

干线线缆的布线走向应选择最短、最安全和最经济的路由。路由的选择要根据建筑物的结构以及建筑物内预留的电缆孔、电缆井等通道位置而决定。建筑物内有两大类型的通道：开放型和封闭型。开放型通道是指从建筑物的地下室到楼顶的一个开放空间，中间没有任何楼板隔开。封闭型通道是指一连串上下对齐的空间，每层楼都有一间，电缆竖井、电缆孔、管道电缆、电缆桥架等穿过这些房间的地板层。通常宜选择带门的封闭型通道敷设干线线缆。

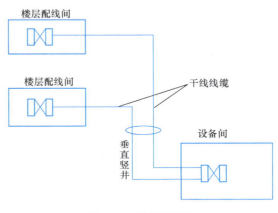

图3-43 干线子系统

（3）干线线缆的交接

为了便于综合布线的路由管理，干线电缆、光缆布线的交接不应多于两次。从楼层配线架到建筑群配线架之间只应通过一个配线架，即建筑物配线架（在设备间内）。当综合布线只用一级干线布线进行配线时，放置干线配线架的二级交接间可以并入楼层配线间。

（4）干线线缆的端接

干线电缆可采用点对点端接，也可采用分支递减端接以及电缆直接连接。点对点端接是最简单、最直接的接合方法，如图 3-44 所示。干线子系统每根干线电缆直接延伸到指定的楼层配线间或二级交接间。干线电缆分支递减端接是用一根足以支持若干个楼层配线间或若干个二级交接间通信容量的大容量干线电缆，经过电缆接头保护箱分出若干根小电缆，再分别延伸到每个二级交接间或每个楼层配线间，最后端接到目的地的连接硬件上，如图 3-45 所示。

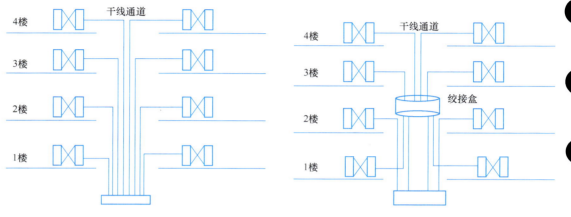

图 3-44　干线电缆点对点端接方式　　　　图 3-45　干线电缆分支递减端接

9.4　任务实施

第一步，请结合图 3-34，回答以下问题。

1. 如何根据交换机的数量配置数据干线线缆规格及数量？

2. 如何根据语音点数配置主语音干线线缆规格及数量？

第二步，请根据以上步骤计算干线线缆数量，并填写任务工单 10。

任务工单 10

小组名称	数据干线线缆规格	数据干线线缆数量	语音干线线缆规格	语音干线线缆数量

第三步，完成系统图的布置设计，并将成果上传到学习平台，填写附录中任务工单 1。

9.5　反馈评价

完成任务后请根据任务实施情况，扫码填写反馈评价表。

9.6　问题思考

1. 干线子系统穿线中什么方式是既省时又省力的？
2. 干线子系统在整个系统中起着什么样的作用？

△项目 10 设备间设计

△任务 10 设备间设计

10.1 任务描述

1. 已知某项目系统图（请扫前言中资源包二维码下载查看，对应资源 3.10.1），请补充该系统设备间部分的设计。并根据补充完整的系统图，设计出该项目的拓扑图。

2. 根据上述项目已知条件完成设备间平面图布置（平面图请扫前言中资源包二维码下载查看，对应资源 3.10.2）。

具体详见附录中任务工单 1。

10.2 学习目标

知识目标	能力目标	素质目标
1. 了解设备间对其他专业的要求。 2. 掌握设备间设计的步骤（重点、难点）	1. 能够描述设备间的设计要点。 2. 能够根据设计步骤进行设备间设计（重点、难点）	1. 培养认真、细致的工作态度。 2. 培养精益求精的工匠精神

10.3 相关知识

1. 设备间概述

3-10-1 设备间子系统

设备间子系统是建筑物中数据、语音垂直主干缆线终接的场所，建筑群的缆线由此进入建筑物。设备间内安装各种数据和语音设备及保护设施，用于网络系统的管理、控制、维护。设备间子系统由设备室的电缆、连接器和相关支撑硬件组成，通过电缆把各种公用系统设备互连起来。设备间的主要设备有数字程控交换机、计算机网络设备、服务器、楼宇自控设备主机等。当设备间与建筑内信息接入机房、信息网络机房、用户电话交换机房、智能化总控室等合设时，房屋使用空间应作分隔。如果与火灾自动报警系统消防控制室合设时，应符合《火灾自动报警系统设计规范》GB 50116—2013 的规定。

2. 拓扑图

综合布线系统应支持具有 TCP/IP 通信协议的视频安防监控系统、出入口控制系统、停车库（场）管理系统、访客对讲系统、智能卡应用系统、建筑设备管理系统、能耗计量及数据远传系统、公共广播系统、信息导引（标识）及发布系统等弱电系统的信息传输。根据项目实际情况，各个弱电子系统的设备可接入同一网络，或按功能分成多套网络，如摄像机、门禁和可视对讲等与安全防范技术相关的设备可接入安防网；物业办公室电脑、信息发布和无线 AP 等设备可接入物业办公网。

通过网络拓扑图可以清楚描述弱电设备在数据传输时所采用的路径。拓扑图通常由接入层交换机、核心交换机、防火墙以及服务器等设备组成。下图为某项目的物业办公网络拓扑图以及安防系统网络拓扑图（图 3-46）。

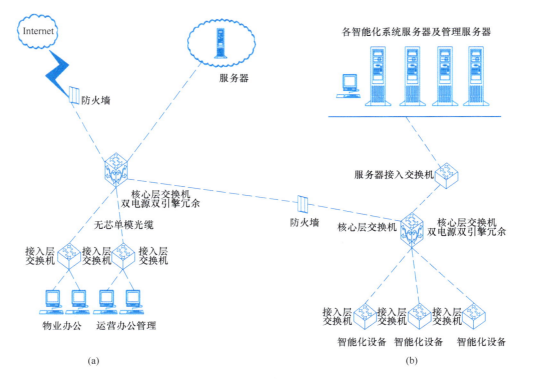

图 3-46　网络拓扑图
（a）物业办公网络拓扑图；（b）安防系统网络拓扑图

在设计设备间时，可通过拓扑图了解到前端设备与交换机的关系。例如，安防系统与办公网是采用同一交换机进行数据的传输，还是需要物理隔离采用不同的交换机进行数据传输，均在拓扑图中清楚表达。

3. 设计原则

（1）设备间系统图设计

1）容量一致原则

① 主干缆线侧的配线设备容量应与主干缆线的容量相一致。

② 设备侧的配线设备容量应与设备应用的光、电主干端口容量相一致或与干线侧配线设备容量相同。

2）外线侧的配线设备容量应满足引入缆线的容量需求。引入缆线包括进线间安装的综合布线系统入口设施的引入缆线，或不少于 3 家电信业务经营者的引入光缆，或园区弱电系统引入缆线。

（2）拓扑图设计

应针对项目相关人员进行需求调研。调研宜包括用户的业务性质与网络的应用类型及数据流量需求、用户规模及前景、环境要求和投资概算等内容。

（3）设备间平面设计

对于设备间平面设计，一般要遵循以下原则：

1）位置合适

项目 10 设备间设计

设备间的位置应考虑经济性、布线规模、设备数量以及管理方式。设备间一般设置在建筑物一层或者地下室，当地下室为多层时，也可设置在地下一层。位置宜与楼层管理间距离近，并且上下对应。设备间宜处于干线子系统的中间位置，并考虑主干缆线的传输距离与数量，设备间宜尽可能靠近建筑物竖井位置，有利于主干缆线的引入，不应设置在厕所、浴室或其他潮湿、易积水区域的正下方或毗邻场所。设备间应远离供电变压器、发动机和发电机、X射线设备、无线射频或雷达发射机等设备以及有电磁干扰源存在的场所，应远离粉尘、油烟、有害气体以及存有腐蚀性、易燃、易爆物品的场所。

2）面积合理

设备间面积大小，应该考虑安装设备的数量、维护管理方便及设备散热。机架或机柜前面的净空不应小于 1000mm，后面的净空不应小于 800mm，预留维修空间，方便维修人员操作。避免设备安装拥挤，保持空气流通，为设备散热提供有利的条件。设备间面积的确定，主要考虑以下因素：

① 设备间的面积应留有发展空间。

② 设备间内的空间应满足布线系统配线设备的安装需要，其使用面积不应小于 10m²。当设备间内需安装其他信息通信系统设备机柜或光纤到用户单元通信设施机柜时，应增加使用面积。

③ 当设备间为合用机房使用面积可按下式计算：

$$A = K\Sigma S$$

式中：A——机房使用面积（m²）；

$\quad\quad S$——每个需要分类管理的智能化子系统占用的合用机房面积（m²/个）；

$\quad\quad K$——需要系数，需分类管理的子系统数量 n。当 $n\leqslant 3$ 时，K 取 1；n 为 4～6 时，K 取 0.8；$n\geqslant 7$ 时，K 取 0.6～0.7。

对于综合布线设备间：信息点≤6000 点，$S=10m^2$，每增加 1000 点增加 $2m^2$。电话交换系统：数字程控用户交换机 $S=10m^2$；虚拟交换方 $S=6m^2$。建筑设备监控系统：$S=12m^2$。建筑能效监管系统：$S=10m^2$。安全技术防范系统：$S=20m^2$（基本型）；$S=30m^2$（提高型）；$S=50m^2$（先进型）。信息化应用系统：$S=6\sim12m^2$。其他智能化子系统：$S=6\sim10m^2$。

注：S 是 1 个子系统所需面积。当有多个子系统时，应为 S 乘以子系统的个数。

3）数量合适

每栋建筑物内应至少设置一个设备间。建筑设备管理系统中各子系统宜合并设置机房。为满足不同业务的设备安装需求或安全需求，当电话交换机与网络设备分别安装在不同的场地，也可设置两个或两个以上设备间。当综合布线系统设备间与建筑内信息接入机房、信息网络机房、用户电话交换机房、智能化总控室等合设时，房屋使用空间应做分隔。

4）配电安全

设备间的设备宜采用不间断电源供电，保证设备的供电稳定。并应设置不少于 2 个单相交流 220V/10A 检修用电源插座盒，每个电源插座的配电线路均应装设保护器。

5）环境安全

设备间室内环境温度应为 10～35℃，相对湿度应为 20%～ 80%，并应有良好的通风。设备间应有良好的防尘措施，防止有害气体侵入，设备间梁下净高不应小于2.5m，有利于空气循环。为保证防火安全，设备间应采用外开双扇防火门。房门净高不应小于2.0m，净宽不应小1.5m。并且应做好防水措施，可在设备间的水泥地面设置高出本层地面不小于100mm或设置防水门槛。

4. 设计方法

（1）设备间系统图设计

1）确定主干线的线缆类型、规格以及数量。

2）确定设备间子系统的设备种类及数量。

3）确定配线架规格及数量。

4）确定机柜规格。

5）绘制设备间系统图。

（2）拓扑图设计

1）确定功能需求。根据管理功能的需要，建筑物或建筑群的网络系统一般由以下几套网络组成：智能化专网（主要用于物业人员对建筑的管理，包括大楼的建筑设备管理、安保管理等）、办公内网（用于处理内部办公等工作）、办公外网（主要功能是连接公网）。

2）确定架构层数。

两层架构（即核心层＋接入层）：单体建筑，建议根据核心交换机的产品规格进行配置，在接入交换机数量不大于核心交换机端口的80％时，采用两层架构进行设计。

三层架构（即核心层＋汇聚层＋接入层）：当单体建筑内接入交换机数量大于核心交换机端口的80％、单体建筑面积过大或为超高层建筑时，根据实际工程情况配置三层网络架构；当工程项目为建筑群时，宜设置三层架构。

（3）设备间平面设计的步骤

1）确定设备间数量。

2）确定设备间位置。

3）确定设备间内柜子的数量。根据设备规格和数量来确定所需空间，然后再计算相应的机柜规格、数量。机柜内放置的设备有配线架、核心交换机、路由器、防火墙、管理服务器、业务服务器和硬盘等。配线架数量和规格可根据干线子系统的线缆规格、数量配置；核心交换机、路由器等设备的规格可根据建设方采用设备品牌和型号确定，如华为CloudEngine S16700-4旗舰核心交换机为9.8U，大华DH-NVS0104HDC-F网络视频服务器为1U。

4）确定面积。

5）布置设备。设备间设备的布置主要考虑以下因素：

① 应根据系统配置及管理需要分区布置，当几个系统合用机房时，应按功能分区布置。

② 需要经常监视或操作的设备间，布置应便于监视或操作。

③ 工作时可能产生尘埃或有害物质的设备，宜集中布置在靠近机房的回风口处。

④ 电子信息设备宜远离建筑物防雷引下线等主要的雷电流泄流通道。

⑤ 设备机柜的间距和通道应符合下列要求：

a. 设备机柜正面相对排列时，其净距离不宜小于1.2m；

b. 背后开门的设备机柜，背面离墙边净距离不应小于0.8m；

c. 设备机柜侧面距墙不应小于 0.5m，侧面离其他设备机柜净距不应小于 0.8m，当侧面需要维修测试时，则距墙不应小于 1.2m；

d. 并排布置的设备总长度大于 6m 时，两侧均应设置通道；

e. 通道净宽不应小于 1.2m；

f. 壁挂式设备中心距地面高度宜为 1.5m，侧面距墙应大于 0.5m；

g. 活动地板下面的线缆宜敷设在金属槽盒中。

5. 对其他专业的要求

（1）土建专业

1）室内净高（梁下或风管下）不小于 3m。

2）楼、地板等效均布活荷载取值：8～12kN/m²。

3）地面材料应采用防静电活动地板。

4）顶棚、墙面要求：饰材浅色、不反光、不起灰。

5）房门需采用外向双扇防火门，门宽 1.2～1.5m。房门净高不应小于 2.0m。

6）窗户应具有良好的防尘功能。

7）设备间的水泥地面应高出本层地面不小于 100mm 或设置防水门槛。

8）室内地面应具有防潮措施。

（2）暖通专业

1）应采取相应的措施使得设备间室内温度保持在 10～35℃，相对湿度应保持在 20%～80%，并应有良好的通风。

2）采用空调时应保持微正压。

（3）强电专业

1）设备间照度要求 500Lx。

2）设备间内应设置不少于 2 个单相交流 220V/10A 电源插座盒。

3）设备间宜设置专用配电箱。

4）设备间建议采用不间断电源。当建筑物内无发电机时蓄电池给交换机、话务台、服务器、路由器、防火墙等设备供电时间应不少于 0.25h；当建筑物内有发电机时蓄电池给电话交换机、话务台供电时间应能达到 8h，网络服务器、路由器、防火墙等网络设备应能达到 2h。

6. 案例分析

某办公建筑项目中，智能化系统主要设置了办公网系统、安全防范系统。采用两层架构，即核心层及接入层接入同一交换机实现数据传输。已知弱电间引来 9 根 8 芯光缆。

（1）设备间系统图设计

已知主干为 9 根 8 芯光缆。因此，需配置 3 个 24 口光纤配线架（共 3U 高）；1 台 96 口核心交换机（3U 高）；1 个 PDU 电源分配器（1U 高），7 个 1U 缆线管理器（共 7U 高）；以上设备共计高度 14U，因此，采用一个 20U 的 19in 机柜。

某办公建筑设备间系统网设计图纸请扫前言中资源包二维码下载获取，对应资源 3.10.3。

（2）拓扑图设计

该项目网络拓扑图如图 3-47 所示。

模块三　综合布线系统设计

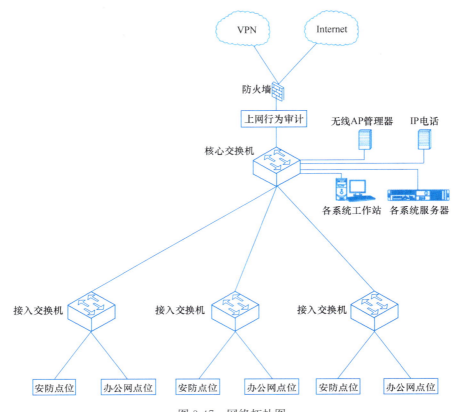

图 3-47　网络拓扑图

(3) 设备间平面设计

根据系统图和拓扑图，除了一个 20U 的 19in 机柜外，还应需预留安全防范系统机柜、网络设备机柜。其中安全防范系统机柜内主要设备有安防综合管理服务器、存储硬盘等设备；网络设备机柜主要设备有路由器、防火墙、上网行为管理等设备。设备间设备布置平面图如图 3-48 所示。

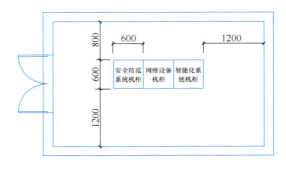

图 3-48　设备间设备布置平面图

10.4　任务实施

1. 系统图设计

(1) 根据主干线的线缆类型、规格以及数量确定配线架规格及数量。

项目 10　设备间设计

（2）确定设备类型及数量。

（3）确定机柜规格。

（4）在虚线内绘制出设备间系统图。

2. 拓扑图设计

（1）根据系统图分析该项目有几套网络。

（2）根据系统图分析该项目的架构层数。

（3）根据系统图分析该项目的网络是否采用同一交换机进行数据传输。

（4）绘制拓扑图。

3. 设备间平面设计

（1）根据系统图分析出该项目有几个系统图。

（2）分析需要多少个机柜。

（3）根据"4. 设计方法"中"5）布置设备"的第五小点要求设计机柜的间距，在设备间平面图上布置设备。

4. 完成任务后将成果上传到学习平台，填写附录中任务工单 1。

10.5　反馈评价

完成任务后请根据任务实施情况，扫码填写反馈评价表。

10.6　问题思考

1. 设备间除了综合布线系统还有哪些弱电系统？

2. 设备间有哪些设备？

129

△项目 11 进线间设计

△任务 11 进线间设计

11.1 任务描述

请扫前言中资源包二维码下载获取图纸（对应资源 3.11.1），在平面图选取进线间的位置，并进行设备布置。具体详见附录中任务工单 1。

11.2 学习目标

知识目标	能力目标	素质目标
1. 了解进线间对其他专业的要求。 2. 掌握进线间位置的选取，以及进线间内设备的布置（重点、难点）	能够根据图纸条件选择进线间位置，完成进线间内设备的布置（重点、难点）	1. 培养认真、细致工作态度。 2. 树立环保意识，培养精益求精、追求卓越的精神

3-11-1 进线间的设计与施工

11.3 相关知识

1. 概述

《综合布线系统工程设计规范》GB 50311—2016 中专门增加进线间的内容。目的是解决多家运营商业务需要，是建筑物外部通信和信息管线的入口部位，并可作为入口设施和建筑群配线设备的安装场地，工程上常称为运营商机房。

2. 设计原则

（1）进线间系统图设计

1）容量一致原则

① 综合布线系统和电信业务经营者设置的入口设施内线侧配线模块应与建筑物配线设备或建筑群配线设备之间敷设的缆线类型和容量相匹配。

② 建筑群主干电缆和光缆、公用网和专用网线缆的终接处设置的入口设施外线侧配线模块应按出入的电缆、光缆容量配置。

2）电缆、光缆等室外线缆进入建筑物时，应在进线间由器件成端转换成室内电缆、光缆。

（2）进线间平面图设计

在进线间平面图设计时，一般要遵循以下原则：

1）地下设置原则

进线间可考虑设置在地下室一层。且位置应靠近外墙及市政接入点，以便线缆的引入。

2）空间合理原则

进线间应满足室外引入线缆的敷设与成端位置及数量、线缆的盘长空间和线缆的弯曲半径等要求，并应提供安装综合布线系统及不少于 3 家电信业务经营者入口设施的使用空间。

3）满足多家运营商需求原则

靠近外墙设置的进线间内应设置线缆引入管道管孔，入口的尺寸应满足不少于3家电信业务经营者通信业务接入及建筑群布线系统和其他弱电子系统的引入管道管孔容量的需求，并应留有不少于4孔的余量。进线间的面积不宜小于10m²。

4）安全原则

进线间应设置防有害气体措施和通风装置，宜采用轴流式通风机通风，排风量应按每小时不小于5次换气次数计算。应采用相应防火级别的外开防火门，门净高不应小于2.0m，净宽不应小于0.9m。同时与进线间无关的水暖管道不宜穿过。

3. 设计方法

（1）进线间系统图设计

1）确定市政引来光缆的规格及数量。

2）确定电信间引入进线间线缆类型和容量。

3）为市政和电信间引入的线缆配置配线架、分光器、交换机、PDU电源适配器等设备。

4）根据配置设备的类型和数量确定所需机柜的规格。

5）绘制进线间系统图。

（2）进线间平面图设计

1）位置选取

进线间位置选取主要考虑以下因素：

① 宜设置在地下一层并靠近市政信息接入点的外墙位置。

② 不应设置在厕所、浴室或其他潮湿、易积水场所的正下方或与其贴邻。

③ 应远离强振动源和强噪声源的场所，当不能避免时，应采取有效的隔振、消声和隔声措施。

④ 应远离强电磁场干扰场所，当不能避免时，应采取有效的电磁屏蔽措施。

2）机柜数量

进线间内的使用者通常有移动、联动、电信、广播电视运营商和建设方等人员。由于设备归属问题，通常为每个使用方单独预约机柜位置，每个运营商预留一个机柜位置即可，建设方机柜数量可根据建筑物配线设备（BD）或建筑群配线设备（CD）之间敷设的线缆类型和容量。每个机柜规格可采用600mm宽或800mm宽的19in标准机柜预留。

3）确定面积

进线间的面积不宜小于10m²，同时还应满足室外引入线缆的敷设与成端位置及数量、缆线的盘长空间和缆线的弯曲半径等要求。

4）设备布置

当机柜单排布置时前面净空不应小于1000mm，后面及机柜侧面净空不应小于800mm；多排安装时，列间距不应小于1200mm。需要注意的是，当设备在平面布置不下时，应增加进线间的面积。

5）确定引出桥架的规格

主要考虑以下因素：

① 光纤的分光次数通常按一次分光考虑。

② 桥架的截面利用率应为 30%～50%。

③ 桥架规格与光纤数量的关系可在《综合布线系统工程设计与施工》20X101-3 中查询。

6）预留进线套管

进线间的缆线引入管道管孔数量应满足运营商线缆接入的需求，并应留有不少于 4 孔的余量。

4. 对其他专业的要求

（1）土建专业

1）室内净高即梁下或风管下不小于 3m。

2）楼、地板等效均布活荷载取值：8～12kN/m²。

3）地面材料可采用水泥板。

4）顶棚、墙面需防潮。

5）采用外向双扇防火门，门宽不少于 1m。

（2）暖通专业

1）进行间需采用轴流风机，排风按每小时不大于 5 次换风量计算，并保持负压。

2）温度需保持在 18～28℃，相对湿度在 30%～75% 之间。

（3）强电专业

1）房间照度要求 200Lx。

2）应设置不少于 2 个单相交流 220V/10A 电源插座盒。

3）为移动、联通、电信及有线电视分别预留 10kW 电量，并分别单独计量。

（4）给水排水专业

宜在进线间内设置排水地沟并与附近设有抽排水装置的集水坑相连。

5. 案例分析

某住宅项目的市政接入点在该项目地块的北面市政道路上，该项目有移动、联动、电信和广播电视运营商入驻。已知从电信间引来 10 根 48 芯光缆。

（1）某住宅进线间系统图设计

已知从电信间引来 10 根 48 芯光缆，因此，应配置 10 个 48 口光纤配线架（共 20U 高），并配置 10 个缆线管理器（共 10U 高）；根据管理需求，为建设方设置一个 33U 的 19in 标准机柜。从市政引来 4 家运营商光缆，每家光缆规格为 12 芯，数量均为 1 根，每家运营商配置 8 台 1：64 分光器（共 8U 高），因此，需配置 10 个 48 口光纤配线架（共 20U 高）和 1 个 24 口光纤配线架（1U 高），并配置 19 个线缆管理器，根据管理需求，为各家运营商设置一个 50U 的 19in 标准机柜。系统图请扫前言中资源包二维码下载获取（对应资源 3.11.2）。

（2）进线间的位置选取

结合地下室平面图和一层平面图，避开厕所、浴室或其他潮湿、易积水场所的正下方或与其贴邻，远离强振动源、强噪声源及强电磁场干扰场所的场所。确定了该项目进线间的位置。相关图纸请扫前言中资源包二维码下载获取（对应资源 3.11.3）。

（3）进线间设备布置

机柜的规格采用 800mm 宽的 19in 标准机柜。结合上述选取的进线间位置以及"3. 设计

项目 11 进线间设计

方法"中"4）设备布置"的距离要求。可得到如图 3-49 所示的进线间设备布置平面。

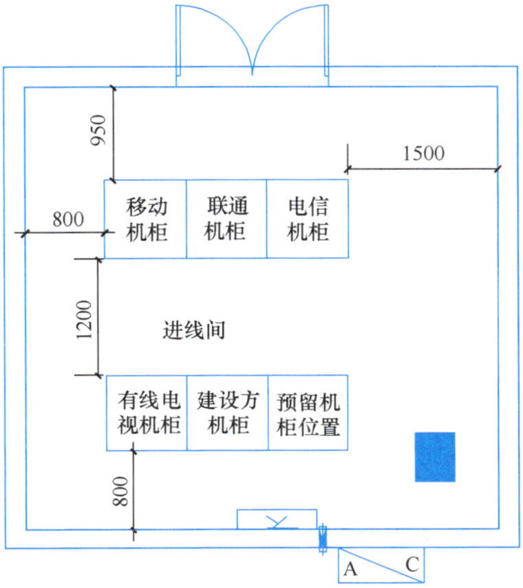

图 3-49 进线间设备布置图

11.4 任务实施

1. 进线间的位置选取

（1）在市政专业的通信平面图上找到市政接入点的位置。

（2）结合地下室建筑平面图确定，市政接入点在地下室外墙的位置。

（3）根据建筑专业的地下室建筑平面及一层平面图，并且避开设计步骤中"位置选取"提及的房间，如厕所、浴室、高低压配电房等，避免在其正下方或与其贴邻，即可确定进线间在地下室的位置。

2. 进线间设备布置

（1）确定入驻运营商和机柜规格。

（2）结合进线间平面图，根据"3. 设计方法"中"4）设备布置"要求，在进线间布置设备。

3. 完成任务后将成果上传到学习平台，填写附录中任务工单 1。

11.5 反馈评价

完成任务后请根据任务实施情况，扫码填写反馈评价表。

11.6 问题思考

1. 进线间能与设备间合并吗?

2. 进线间内都有哪些设备?

△项目 12　管理

△任务 12　管理

课前小知识

12. 网线电线杂乱无章,安全隐患巨大

12.1　任务描述

请根据图 3-50 编制电信间、工作区的配线设备、线缆的标签。具体详见附录中任务工单 1。

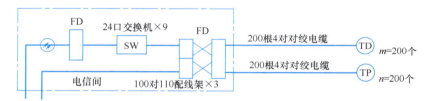

图 3-50　电信间系统图

12.2　学习目标

知识目标	能力目标	素质目标
了解管理交接方案、管理连接硬件和管理标记相关知识	1. 能选择管理交接方案、管理连接硬件。 2. 能正确编制设备标签（难点）	1. 养成科学严谨、精益求精的工作作风。 2. 培养爱岗敬业精神、团队协作精神和创业精神

12.3　相关知识

1. 管理交接方案的选择

管理应对工作区、电信间、设备间、进线间、布线路径环境中的配线设备、缆线、信息插座模块等设施按一定的模式进行标识、记录和管理。具体而言，在综合布线系统中，管理的范围包括了楼层配线间（电信间）、二级交接间、建筑物设备间的线缆、配线架及水平线缆、工作区相关接插跳线等组成，管理的范围如图 3-51 所示。管理主要包括管理交接方案、管理连接硬件和管理标记。管理交接方案提供了交连设备与水平线缆、干线线缆连接的方式，从而使综合布线及其连接的应用系统设备、器件等构成一个有机的整体，并为线路调整管理提供了方便。

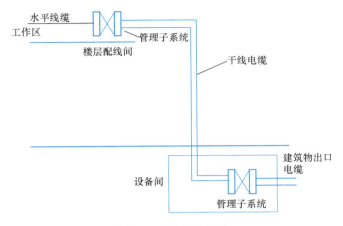

图 3-51　管理的范围

管理的交接方案有单点管理和双点管理两种。交接方案的选择与综合布线系统规模有直接关系，一般来说单点管理交接方案应用于综合布线系统规模较小的场合，而双点管理交接方案应用于综合布线系统规模较大的场合。

（1）单点管理交接方案

单点管理属于集中管理型，通常线路只在设备间进行跳线管理，其余地方不再进行跳线管理，线缆从设备间的线路管理区引出，直接连到工作区，或直接连至第二个接线交接区，如图 3-52 所示。

该方案中管理器件放置于设备间内，由它来直接调度控制线路，实现对终端用户设备的变更调控。单点管理又可分为单点管理单交接和单点管理双交接两种方式。单点管理双交接方式中（图 3-53），第二个交接区可放在楼层配线间或用户指定的墙壁上。

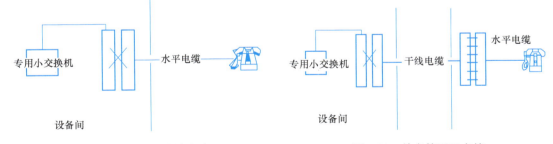

图 3-52　单点管理交接方案　　　　　　　图 3-53　单点管理双交接

（2）双点管理交接方案

双点管理属于集中、分散管理型，除在设备间设置一个线路管理点外，在楼层配线间或二级交接间内还设置第二个线路管理点，如图 3-54 所示。这种交接方案比单点管理交接方案提供了更加灵活的线路管理功能，可以方便地对终端用户设备的变动进行线路调整。

一般在管理规模比较大、复杂又有二级交接间的场合，采用双点管理双交接方案。如果建筑物的综合布线规模比较大，而且结构也较复杂，还可以采用双点管理 3 交接，甚至

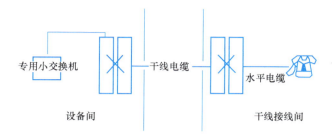

图 3-54 双点管理交接

采用双点管理 4 交接方式。综合布线中使用的电缆，一般不能超过 4 次连接。

2. 管理标签编制

管理使用色标来区分配线设备的性质，标识按性质排列的接线模块，标明端接区域、物理位置、编号、容量、规格等，以便维护人员在现场一目了然地加以识别。电缆和光缆的两端应采用不易脱落和磨损的不干胶标明相同的编号。管理标识编制，应按下列原则进行：

（1）规模较大的综合布线系统应采用计算机进行标识管理，简单的综合布线系统应按图纸资料进行管理，并应做到记录准确、及时更新、便于查阅。

（2）综合布线系统的每条电缆、光缆、配线设备、端接点、安装通道和安装空间均应给定唯一的标志。标志中可包括名称、颜色、编号、字符串或其他组合。

（3）配线设备、线缆、信息插座等硬件均应设置不易脱落和磨损的标识，并应有详细的书面记录和图纸资料。

（4）电缆和光缆的两端均应标明相同的编号。

（5）设备间、交接间的配线设备宜采用统一的色标区别各类用途的配线区。

综合布线系统应在需要管理的各个部位设置标签，分配由不同长度的编码和数字组成的标识符，以表示相关的管理信息。标识符可由数字、英文字母、汉语拼音或其他字符组成，布线系统内各同类型的器件与缆线的标识符应具有同样特征（相同数量的字母和数字等）。管理是综合布线系统的线路、设备管理区域，该区域往往安装了大量的线缆、管理器件及跳线，为了方便以后线路的管理工作，管理的线缆、管理器件及跳线都必须做好标记，以标明位置、用途等信息。完整的标记应包含以下的信息：建筑物名称、位置、区号、起始点和功能。综合布线使用三种标记，包括电缆标记、场标记和插入标记。

1）电缆标记

电缆标记主要用来标明电缆来源和去处，在电缆连接设备前电缆的起始端和终端都应做好电缆标记。电缆标记由背面为不干胶的白色材料制成，可以直接贴到各种电缆表面上，其规格尺寸和形状根据需要而定。例如，一根电缆从三楼的 311 房的第 1 个计算机网络信息点拉至楼层管理间，则该电缆的两端应标记上"311-D1"的标记，其中"D"表示数据信息点。

2）场标记

场标记又称为区域标记，一般用于设备间、配线间和二级交接间的管理器件之上，以区别管理器件连接线缆的区域范围。它也是由背面为不干胶的材料制成，可贴在设备醒目的平整表面上。

3）插入标记

插入标记一般管理器件上，如110配线架、BIX安装架等。插入标记是硬纸片，可以插在1.27cm×20.32cm的透明塑料夹里，这些塑料夹可安装在两个110接线块或两根BIX条之间。每个插入标记都用色标来指明所连接电缆的源发地，这些电缆端接于设备间和配线间的管理场。

注意不同颜色的配线设备之间应采用相应的跳线进行连接，色标的应用场合应按照下列原则：

① 橙色应使用于分界点，连接入口设施与外部网络的配线设备；
② 绿色应使用于建筑物分界点，连接入口设施与建筑群的配线设备；
③ 紫色应使用于与信息通信设施CPBX、计算机网络、传输等设备连接的配线设备；
④ 白色应使用于连接建筑物内主干缆线的配线设备（一级主干）；
⑤ 灰色应使用于连接建筑物内主干缆线的配线设备（二级主干）；
⑥ 棕色应使用于连接建筑群主干缆线的配线设备；
⑦ 蓝色应使用于连接水平缆线的配线设备；
⑧ 黄色应使用于报警、安全等其他线路；
⑨ 红色应预留备用。

色标应用位置示意图如图3-55所示。

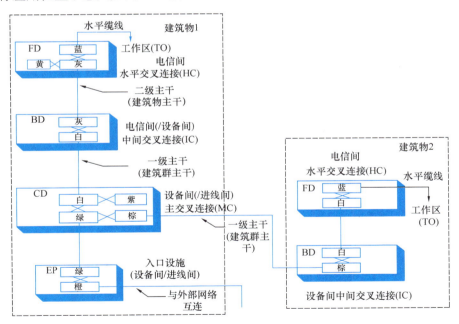

图3-55 色标应用位置示意图

系统中所使用的区分不同服务的色标应保持一致，对于不同性能缆线级别所连接的配线设备，可用加强颜色或适当的标记加以区分。

最后，标签的选用与使用应参照下列原则：

模块三 综合布线系统设计

① 选用粘贴型标签时，缆线应采用环套型标签，标签在缆线上缠绕应不少于一圈，配线设备和其他设施应采用扁平型标签；

② 标签衬底应耐用，可适应各种恶劣环境；不可将民用标签应用于综合布线工程；插入型标签应设置在明显位置、固定牢固。

12.4 任务实施

第一步，请根据图3-50，回答以下问题。

1. 请列出电信间、工作区有哪些配线设备、线缆需要进行管理？

_____

_____

2. 请根据标签编制规定对上述设备、线缆编制标签，并备注标签颜色，填写任务工单11。

任务工单11

小组名称	电信间设备及线缆标签/颜色	水平线缆标签/颜色	工作区设备标签/颜色

第三步，完成上述任务后填写附录中任务工单1。

12.5 反馈评价

完成任务后请根据任务实施情况，扫码填写反馈评价表。

12.6 问题思考

1. 管理的交接方案分别适用什么场合？

2. 管理的标签为何区分不同颜色？

△项目13 建筑群子系统设计

△任务13 建筑群子系统设计

13.1 任务描述

请扫前言中资源包二维码下载图纸（对应资源3.13.1），并对该总图平面进行主干路由绘制。具体详见附录中任务工单1。

13.2 学习目标

知识目标	能力目标	素质目标
了解建筑群子系统的设计步骤、布线方法	1. 能够根据工程情况确定建筑群子系统路由（难点）	1. 培养科学研究、认真细致的工作态度 2. 培养学以致用的能力

13.3 相关知识

1. 建筑群子系统概述

工业园区、学校及住宅小区等项目的独栋建筑可通过建筑群子系统进行通信连接。建筑群子系统由配线设备、建筑物之间的干线缆线、设备缆线、跳线等组成。设计时应考虑弱电机房的位置、布线系统周围的环境、建筑物之间的传输介质和路由等因素。

3-13-1 建筑群子系统

2. 布线方法

（1）地下室桥架布线法

建筑物之间若有地下室连接，可以在地下室布置桥架，在桥架内敷设电缆。电缆桥架是由托盘、梯架等构成，用以支撑电缆，并具有连续的刚性结构系统。按照结构型式分为梯形桥架、槽形桥架以及托盘式桥架、线槽。按照材质分类有：钢制桥架、不锈钢桥架、铝合金桥架、有机材料、阻燃防火桥架。槽形桥架是一种全封闭型电缆桥架。它最适用于铺设计算机电缆、通信电缆、弱电系统电缆、热电偶电缆及其他高灵敏系统的控制电缆等。

桥架的规格通常有：60mm×50mm、100mm×50mm、100mm×80mm、200mm×80mm、200mm×100mm、300mm×100mm、300mm×150mm、400mm×150mm、400mm×200mm（宽×高）。选择桥架的规格前应知道桥架内敷设各类型的电缆数量、类型及规格。只有一种电缆类型时可通过《建筑电气常用数据》19DX101—1直接查询。当有多种电缆类型时，应通过计算得到桥架的规格。

桥架的内截面积 $= \sum (A_1 \times N_1 + A_2 \times N_2 + \cdots + A_{n-1} \times N_{n-1} + A_n \times N_n)/A$

式中：A_n——电缆截面积，可在《建筑电气常用数据》19DX101—1中查询；

N_n——电缆对应的数量；

A——截面利用率，应为30%～50%。

在地下室布置桥架，应注意尽量布置在车位上方，避免穿越变配电房、发电机房及配电间等强电机房，避免安装在给水管道、消防水管道正下方，应与高温管道、强电桥架保持一定距离。

（2）地下管道布线法

地下管道布线是一种由管道和人孔井或手孔井组成的地下系统。通过地下管道布线法可以使得建筑群的各个建筑物进行互连。通常采用一根或多根管道，由室外人手孔井通过基础墙进入建筑物内部。地下管道可以采用钢管或混凝土包裹塑料管保护缆线或光缆。其优点是不会影响建筑物的外观及内部结构。人孔井或手孔井的类型及尺寸见表3-21。

人孔井或手孔井的类型及尺寸　　　　　　　　　　表3-21

类别	净高（mm）	长边 A（mm）	短边 B（mm）	最短边 C（mm）
大号四通型人孔井	1800	3200	1700	1400
大号三通型人孔井	1800	3200	1550	1400
大号直通型人孔井	1800	2200	1400	—
小号四通型人孔井	1800	2400	1500	1200
小号三通型人孔井	1800	2400	1350	1200
小号直通型人孔井	1800	1600	1200	—
大号手孔井	1100	1220	920	—
小号手孔井	525	500	400	—

三通型人孔井、直通型人孔井、四通型人孔井以及手孔井如图3-56～图3-59所示。

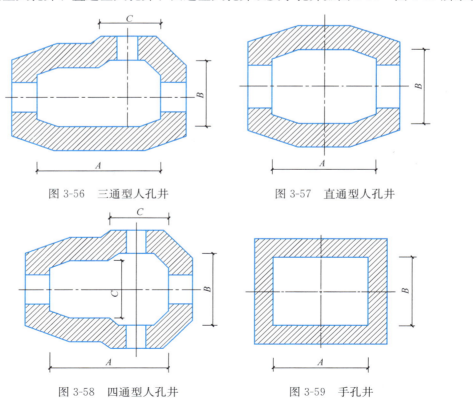

图3-56　三通型人孔井　　　　　　　图3-57　直通型人孔井

图3-58　四通型人孔井　　　　　　　图3-59　手孔井

项目 13　建筑群子系统设计

在选择人孔井或手孔井的尺寸时，应考虑管道数量。容纳管道最大孔数量见表 3-22。

容纳管道最大孔数量　　　　　　　　　　　　　表 3-22

类别	容纳管道最大孔数量（孔）	
	标准管道（孔径 90mm）	多孔管道（孔径 28～32mm）
大号人孔	24	72
小号人孔	18	54
手孔	4	12
小号手孔	2	6

管道的埋深应注意其深度，不一样的位置和采用管材不一样时其埋深要求不一样。管道的埋深见表 3-23。

管道的埋深　　　　　　　　　　　　　表 3-23

管材/位置	人行道/绿化带	机动车道
塑料管	0.7m	0.8m
钢管	0.5m	0.6m

在布置管线时应注意与其他专业管道保持间距，间距要求在《建筑电气常用数据》19DX101—1 中直接查询。另外，还需注意以下几点：

1）综合考虑设备布置及管理方便，通常地下管道直线段上的人手孔井间隔不超过100m；在线路转角位置，增设人手孔井。

2）安装时至少应预留 1 ～ 2 个备用管孔，以供扩充之用。

3）在布置人手孔井时应与其他专业进行充分的交流，避免出现与水、电井位置重合等情况。

（3）架空布线法

该布线方式造价较低，但影响环境美观且安全性和灵活性不足。架空布线法要求用电杆在建筑物之间悬空架设，一般先架设钢丝绳，然后在钢丝绳上挂放缆线。架空布线使用的主要材料和配件有缆线、钢缆、固定螺栓、固定拉攀、预留架、U 形卡、挂钩、标志管等。在架设时需要使用滑车、安全带等辅助工具。

（4）直埋布线法

直埋布线法就是在地面挖沟，然后将缆线直接埋在沟内，通常应埋在距地面 0.6m 以下的地方，或按照当地有关部门的要求去施工。直埋布线法的路由选择受到土质、公用设施、障碍物（如木、石头）等因素的影响。直埋布线法具有较好的经济性和安全性，总体优于架空布线法，但更换和维护不方便，且成本较高。在布置管线时应注意与其他专业管道保持间距，间距要求可在《建筑电气常用数据》19DX101—1 中查询。

3. 设计原则

（1）建筑群子系统布线原则

在建筑群子系统布线时，应考虑施工的难易程度、环境美观、灵活性及项目的实际情况等因素。一般优先采用地下室桥架布线，其次采用地下管道布线法等。另外一般还需遵循以下原则：

141

1）远离高温管道和强电原则

建筑群的光缆或者电缆，在地下室和室外布线时，需要与热力管道或 380V 或者 10kV 的交流强电电缆交叉或者并行，必须保持较远的距离，避免高温损坏缆线或者缩短缆线的寿命，以及强电电缆电磁辐射对信号传输的影响。

2）预留原则

建筑群子系统的地下室桥架及室外管道和缆线必须预留备份，以方便未来升级和维护。

3）管道抗压原则

建筑群子系统的地埋管道穿越园区道路时，必须使用钢管或者抗压 PVC 管，且埋深应满足相关要求。

（2）建筑群子系统图设计原则

1）容量一致原则

①各建筑物引入的建筑群主干缆线容量应与建筑群配线设备内线侧的容量一致。

②建筑群外部引入的缆线的容量应与建筑群配线设备外线侧的容量应一致。

2）电信间采用的设备缆线和各类跳线宜根据计算机网络设备的使用端口容量和电话交换系统的实装容量、业务的实际需求或信息点总数的比例进行配置，比例范围宜为 25%～50%。

4．设计方法

（1）建筑群子系统平面图设计

1）在建筑总图上标注出相关机房的位置，相关机房有进线间、主机房、设备间、电信间。

2）需与其他专业进行技术交流。与总图专业交流建筑物、沟渠、硬化道路、地下室范围等位置；与给水排水专业交流室外给水排水管道路由及水井位置；与暖通专业交流热力管道及燃气管路由；与强电交流电力电缆路由及强电井位置；与园林专业交流乔木、灌木位置。

3）确定布线的方法。根据项目实际情况，若有地下室相连的建筑物采用桥架布线法；若无地下室相连的建筑优先采用地下室埋管法；特殊场合采用直埋方式、架空方式或隧道内布线的方式。

4）首先在地下室范围内根据地下室平面图绘制出桥架路由，再在没有地下室连接的建筑物之间布置室外人手孔井，最后绘制建筑物与弱电井、弱电井与弱电井之间的管线。

（2）建筑群子系统图设计

1）确定建筑群配线设备内线侧由建筑内引来缆线的类型和容量。

2）确定建筑群配线设备外线侧由建筑外引来缆线的类型和容量。

3）缆线配置配线架、分光器、交换机、PDU 电源适配器等设备。

4）根据配置设备的类型和数量确定所需机柜的规格。

5）绘制建筑群子系统图。

5．案例分析

（1）某公寓建筑群子系统平面图设计

某公寓项目，一共有五栋单体及地下室一层，各单体之间可通过地下室一层贯通相

项目 13　建筑群子系统设计

连。该项目设置了一个进线间、两个电信间及一个消防控制室。进线间位于地下室北面设备防火分区内，两个电信间分别位于地下室 1 号塔楼和 2 号塔楼投影范围内；消防控制室位于 1 号塔楼一层。

该项目各栋塔楼有地下室相互贯通，因此，综合布线建筑群子系统干线采用地下室桥架布线法。在布线时应注意尽量布置在车位上方，避免穿越变配电房、发电机房及配电间等强电机房。相关图纸请扫前言中资源包二维码下载获取（对应资源 3.13.2）。

（2）某园区建筑群子系统图设计

某园区内的办公建筑，安防网建筑内主干为 12 根 4 芯光缆，配置 2 个 24 口光纤配线架（共 2U）；6 台 1：8 分光器（共 6U）；由建筑外引来一根 12 芯光缆，配置 1 个 24 口光纤配线架（1U），9 个 1U 缆线管理器（共 9U）；以上设备共计高度 18U，采用一个 20U 的 19in 机柜。相关图纸请扫前言中资源包二维码下载获取（对应资源 3.13.3）。

13.4　任务实施

1. 在总平面图中标注出相关机房的位置（进线间，主机房、设备间）。

2. 确定布线方法。

3. 绘制路由。

4. 完成任务后将成果上传到学习平台，填写附录中任务工单 1。

13.5　反馈评价

完成任务后请根据任务实施情况，扫码填写反馈评价表。

13.6　问题思考

请结合校园网，思考身边有哪些建筑群子系统？

143

项目14 光纤到户单元通信设计

任务14 光纤到户单元通信设计

课前小知识

13. 中国光谷，迈向世界光谷

14.1 任务描述

请扫前言中资源包二维码下载图纸（对应资源 3.14.1），并对一栋高层住宅光纤进行到户通信设施设计。具体详见附件中任务工单 1。

14.2 学习目标

知识目标	能力目标	素质目标
1. 了解光纤到户单元通信系统相关术语的概念及设施配线设备尺寸。 2. 熟悉用户接入点设置。 3. 掌握光纤到户单元通信设施的配置原则及缆线、配线设备的选择（重点、难点）	1. 能翻阅规范、图集查询光纤到户单元通信设计的相关知识。 2. 能运用规范知识配置光纤到户单元通信设施，完成缆线与配线设备选择（重点）	1. 培养精益求精、专心细致的工作作风。 2. 培养爱岗敬业、团队协作精神。 3. 培养创新意识

14.3 相关知识

1. 光纤到户单元通信系统相关术语及配置原则

（1）相关术语（表 3-24）

相关术语 表 3-24

名称	说明
光纤到户单元通信设施	光纤到用户单元工程中，建筑规划用地红线内地下通信管道、建筑内管槽及通信光缆、光配线设备、用户单元信息配线箱及预留的设备间等设备安装空间
住宅区和住宅建筑内光纤到户通信设施	住宅区和住宅建筑内光纤到户通信设施，是建筑规划用地红线内住宅区内地下通信管道、光缆交接箱、住宅建筑内管槽及通信线缆、配线设备、住户内家居配线箱、户内管线及各类通信业务信息插座，预留的设备间、电信间等设备安装空间
配线区	根据建筑物的类型、规模、用户单元的密度，以单栋或若干栋建筑物的用户单元组成的配线区域

续表

名称	说明
配线管网	由建筑物外线引入管、建筑物内的竖井、管、桥架等组成的管网
用户接入点	多家电信业务经营者的电信业务共同接入的部位,是电信业务经营者与建筑建设方的工程界面
用户单元	建筑物内占有一定空间、使用者或使用业务会发生变化的、需要直接与公用电信网互联互通的用户区域
配线光缆	用户接入点至园区或建筑群光缆的汇聚配线设备之间,或用户接入点至建筑规划用地红线范围内与公用通信管道互通的人(手)孔之间的互通光缆
用户光缆	用户接入点配线设备至建筑物内用户单元信息配线箱之间相连接的光缆
户内缆线	用户单元信息配线箱至用户区域内信息插座模块之间相连接的缆线
光缆交接箱	住宅区内设置的连接配线光缆和用户光缆的配线设备
配线设备	住宅建筑内连接通信线缆的配线机柜(架)、配线箱的统称
信息配线箱	安装于用户单元区域内的完成信息互通与通信业务接入的配线箱体
家居配线箱	安装于住户内的多功能配线箱体

光纤到户单元通信设施设置示意如图 3-60 和图 3-61。

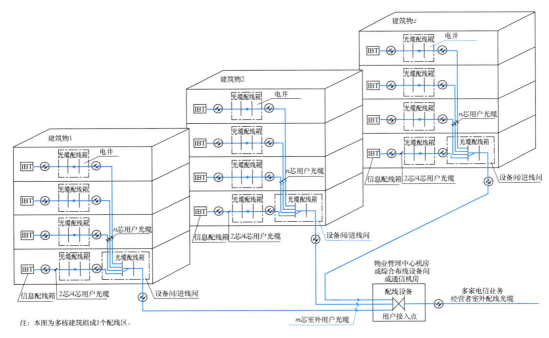

图 3-60 光纤到户通信设施设置示意 1

光纤到用户单元通信设施适用于公用建筑中商住办公楼以及一些自用办公楼将楼内部分楼层或区域出租给相关的公司或企业作为办公场所。光纤到户通信设施适用于居住建筑。

(2) 光纤到户单元通信设施配线设备尺寸,可通过查表 3-25～表 3-32 来确定。

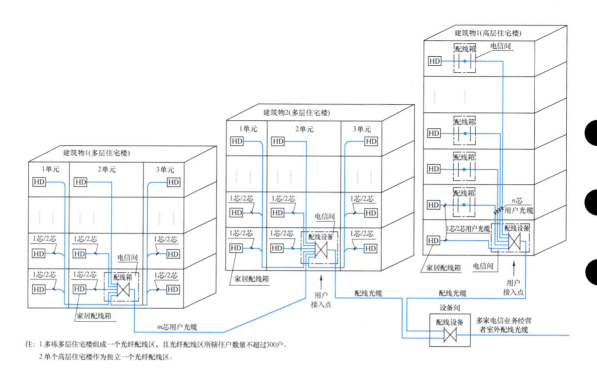

图 3-61　光纤到户通信设施设置示意 2

19in 机柜配线容量与尺寸　　　　　　　　　　表 3-25

SC/LC 端口数量	机柜规格	机柜尺寸（高×宽×深）（mm）
240/480	24U	1200×600（或 800）×800
408/816	38U	1800×600（或 800）×800
456/912	42U	2000×600（或 800）×800
504/1008	47U	2200×600（或 800）×800
552/1104	50U	2400×600（或 800）×800
600/1200	54U	2600×600（或 800）×800

光纤配线箱容量与尺寸　　　　　　　　　　表 3-26

容量	功能	箱体尺寸（高×宽×深）（mm）
12~16 芯	配线、分线	250×400×80
24~32 芯	配线、分线	300×400×80
36~48 芯	配线、分线	450×400×80
6~8 芯	分纤（墙挂、壁嵌）	247×207×50
12 芯	分纤（墙挂、壁嵌）	370×290×68
24 芯	分纤（墙挂、壁嵌）	370×290×68
32 芯	分纤（墙挂、壁嵌）	440×360×75
48 芯	分纤（墙挂、壁嵌）	440×360×75
72 芯	分纤（墙挂、壁嵌）	440×450×190
96 芯	分纤（墙挂、壁嵌）	570×490×160
144 芯	分纤（墙挂、壁嵌）	720×540×300

项目 14　光纤到户单元通信设计

光缆交接箱容量与尺寸　　　　　　　　　　　　　　　　　表 3-27

容量（芯）	功能	箱体尺寸（高×宽×深）(mm)
144	配线与分路（落地、架空、墙挂）	1220×760×360
288	配线与分路（落地、架空）	1450×760×360
576	配线与分路（落地）	1550×1360×360

注：光纤连接器宜采用 SC、LC 或 FC 类型。

用户接入点共用型光缆交接箱容量与尺寸　　　　　　　　　　表 3-28

一个电信业务经营者用户配线区域（单元）容量	电信业务经营者配线区域数量	箱体尺寸（高×宽×深）(mm)
72 芯及以下	3 个	1035×570×330
144 芯及以下（含 72 芯及以下）	3 个	1500×750×370

注：1. 共用型光缆交接箱可供多家电信业务经营者共同接入。
　　2. 电信业务经营者配线区域为共用型配线设施内安装电信业务经营者熔接盘、配线盘、光分路器的物理空间。
　　3. 光纤连接器宜采用 SC 类型。
　　4. 高度为含底座的尺寸，底座高度一般不小于 250mm。

用户接入点共用型光缆配线箱容量与尺寸　　　　　　　　　　表 3-29

一个电信业务经营者用户配线区域（单元）容量	电信业务经营者配线区域数量	箱体尺寸（高×宽×深）(mm)
48 芯及以下	3 个	800×650×150

注：1. 共用型光缆配线箱可供多家电信业务经营者共同接入。
　　2. 光纤连接器宜采用 SC 类型。
　　3. 电信业务经营者配线区域为光缆分纤箱内安装电信业务经营者配线模块的物理空间。

家居配线箱功能与尺寸　　　　　　　　　　　　　　　　　表 3-30

功能	箱体底盒尺寸（高×宽×深）(mm)	功能模块单元数（典型配置）
可安装光网络单元（ONT）、路由器/交换机、电话交换机、有源设备的直流（DC）电源，有线电视分配器模块及配线模块等弱电系统设备	400×300×120	6
可安装光网络单元（ONT）、数据配线模块、语音配线模块、有线电视分配器模块等弱电系统设备	350×300×120	3
可安装光网络单元（ONT）、有线电视分配器模块、主要用于小户型住户	300×250×120	1

模块三 综合布线系统设计

19in 机柜外形尺寸表 表 3-31

名称	规格	宽×深×高（mm）	名称	规格	宽×深×高（mm）
网络/服务器机柜	20U	600（或 800）×（600～1200）×100	标准机柜	36U	600（或 800）×600（或 800）×1750
	24U	600（或 800）×（600～1200）×1200		38U	600（或 800）×600（或 800）×1800
	29U	600（或 800）×（600～1200）×1400		42U	600（或 800）×600（或 800）×2000
	33U	600（或 800）×（600～1200）×1600		47U	600（或 800）×600（或 800）×2200
	36U	600（或 800）×（600～1200）×1750		50U	600（或 800）×600（或 800）×2400
	38U	600（或 800）×（600～1200）×1800		54U	600（或 800）×600（或 800）×2600
	42U	600（或 800）×（600～1200）×2000	壁挂机柜	6U	（500～600）×（420～550）×370
	47U	600（或 800）×（600～1200）×2000		9U	（500～600）×（420～550）×500
标准机柜	18U	600（或 800）×600（或 800）×900		12U	（500～600）×（420～550）×650
	22U	600（或 800）×600（或 800）×1150		15U	（500～600）×（420～550）×800
	24U	600（或 800）×600（或 800）×1200		18U	（500～600）×（420～550）×900
	27U	600（或 800）×600（或 800）×1400		22U	（500～600）×（420～550）×1150
	32U	600（或 800）×600（或 800）×1600		24U	（500～600）×（420～550）×1200

网络交换机、配线设备高度 表 3-32

设备名称	规格	设备高度	设备名称	规格	设备高度	设备名称	规格	设备高度	设备名称	规格	设备高度
网络交换机	24 口	1U	LC 光纤配线架	48 口双工	2U	SC 光纤配线架	48 口单工	2U	IDC 型配线架	100 对	1U
网络交换机	48 口	2U	LC 光纤配线架（高密度）	48 口双工	1U	RJ45 型配线架	24 口	1U	电源分配器（PDU）	4～8 个单相电源插座	1U
LC 光纤配线架	24 口双工	1U	SC 光纤配线架	24 口单工	1U	RJ45 型配线架	48 口	2U	缆线管理器	—	1U, 2U

注：1. 表中机柜，网络交换机，配线设备的规格、外形尺寸数据仅供参考。不同生产厂机柜的规格，外形尺寸有一定差异。

　　2. 表中机柜高度不含底轮和水平调角的高度。

　　3. 1U 的高度为 44.45mm。

（3）用户单元划分原则

根据不同建筑功能类型，一个用户单元区域面积需求一般可参照表 3-33。

用户单元区域面积划分表 表 3-33

建筑物类型及功能	一个用户单元区域面积（m²）
办公建筑、文化建筑、博物馆建筑、商店建筑、观演建筑、体育建筑、会展建筑、金融建筑、通用工业建筑等	60～120
旅馆建筑	每一间客房
医疗建筑	每一间病房、疗养区域
住宅建筑	每一户住宅

148

根据《综合布线系统工程设计规范》GB 50311—2016 规定，每个用户单元区域内应设置 1 个信息配线箱，每个住宅住户内应设置 1 个家居配线箱。

（4）用户接入点设置原则

根据《综合布线系统工程设计规范》GB 50311—2016 和《住宅区和住宅建筑内光纤到户通信设施工程设计规范》GB 50846—2012 的相关规定，每一个光纤配线区所辖用户数量宜为 70～300 个用户单元。光缆配线区所辖住户数不宜超过 300 户，光缆交接箱形成的一个配线区所辖住户数不宜超过 120 户（图 3-62 和图 3-63）。

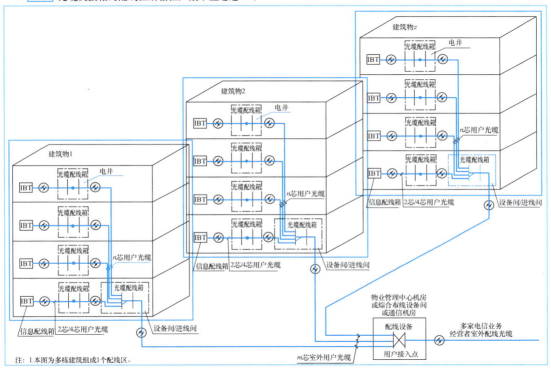

图 3-62　配线区所辖住户数示意图 1

用户接入点应是光纤到用户单元工程特定的一个逻辑点，用户光缆和配线光缆应在用户接入点进行互连、配线管理等。每一个光纤配线区应设置一个用户接入点。光纤用户接入点的设置地点应依据不同类型的建筑形成的配线区以及所辖的用户密度和数量确定：

1）当单栋建筑物（如单个高层住宅）作为 1 个独立配线区时，用户接入点应设于本建筑物综合布线系统设备间、通信机房或电信间内，但电信业务经营者应有独立的设备安装空间。

2）当大型建筑物或超高层建筑物划分为多个光纤配线区时，用户接入点应按照用户单元的分布情况均匀地设于建筑物不同区域的楼层设备间内。

3）当多栋建筑物形成的建筑群组成 1 个配线区时，用户接入点应设于建筑群物业管理中心机房、综合布线设备间或通信机房内，但电信业务经营者应有独立的设备安装空间。

模块三 综合布线系统设计

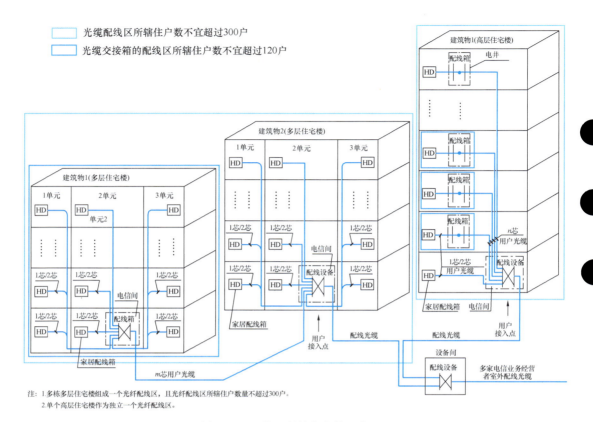

图 3-63 配线区所辖住户数示意图 2

4）每一栋建筑物形成的 1 个光纤配线区并且用户单元数量不大于 30 个（高配置）或 70 个（低配置）时，用户接入点应设于建筑物的进线间或综合布线设备间或通信机房内，用户接入点应采用设置共用光缆配线箱的方式，但电信业务经营者应有独立的设备安装空间。

（5）配置原则

根据《综合布线系统工程设计规范》GB 50311—2016 和《住宅区和住宅建筑内光纤到户通信设施工程设计规范》GB 50846—2012 规定，光纤到户单元通信系统配置原则如下：

1）建筑红线范围内敷设配线光缆所需的室外通信管道管孔与室内管槽的容量、用户接入点处预留的配线设备安装空间及设备间的面积均应满足不少于 3 家电信业务经营者通信业务接入的需要。

2）光纤到用户单元所需的室外通信管道与室内配线管网的导管与槽盒应单独设置，管槽的总容量与类型应根据光缆敷设方式及终期容量确定，并应符合下列规定：

① 地下通信管道的管孔应根据敷设的缆线种类及数量选用，可选用单孔管、单孔管内穿放子管或多孔塑料管。

② 每一条光缆应单独占用多孔管中的一个管孔或单孔管内的一个子管。

③ 地下通信管道宜预留不少于 3 个备用管孔。

④ 配线管网导管与槽盒尺寸应满足敷设的配线光缆与用户光缆数量及管槽利用率的

项目 14　光纤到户单元通信设计

要求。

3）用户光缆采用的类型与光纤芯数应根据光缆敷设的位置、方式及所辖用户数计算，并应符合下列规定：

① 用户接入点至用户单元信息配线箱/住宅家居配线箱的光缆光纤芯数应根据用户单元/户对通信业务的需求及配置等级确定，具体配置应符合表 3-34 的规定。

光纤到用户单元/户通信设施光纤与光缆配置　　　　　表 3-34

配置	光缆（根）	备注
高配置	2（2 芯）	考虑光纤与光缆的备份
低配置	1（2 芯）	考虑光纤的备份

② 楼层光缆配线箱至用户单元信息配线箱之间应采用 2 芯光缆，至住宅家居配线箱之间应采用不少于 1 芯光缆。

③ 用户接入点配线设备至楼层光缆配线箱之间应采用单根多芯光缆，光纤容量应满足用户光缆总容量需要，并应根据光缆的规格预留不少于 10％的余量。

4）用户接入点外侧光纤模块类型与容量应按引入建筑物的配线光缆的类型及光缆的光纤芯数配置。

5）用户接入点用户侧光纤模块类型与容量应按用户光缆的类型及光缆的光纤芯数的 50％或工程实际需要配置。

6）每栋建筑物内应设置不小于 1 个设备间，设备间面积不应小于 10m²。

7）每个用户单元区域内应设置 1 个信息配线箱，每个住宅住户内应设置 1 个家居配线箱，并应安装在柱子或承重墙上（不因使用需求变化而进行改造的建筑物部位）。

2. 缆线与配线设备的选择

（1）光缆光纤选择应符合下列规定：

1）用户接入点至楼层光纤配线箱（分纤箱）之间的室内用户光缆应采用 G.652 光纤。

2）楼层光缆配线箱（分纤箱）至用户单元信息配线箱、住宅住户家居配线箱之间的室内用户光缆应采用 G.657 光纤。

（2）室内外光缆选择应符合下列规定：

1）室内光缆宜采用干式、非延燃外护层结构的光缆。

2）室外管道至室内的光缆宜采用干式、防潮层、非延燃外护层结构的室内外用光缆。

（3）光纤连接器件宜采用 SC 和 LC 类型。

（4）用户接入点应采用机柜或共用光缆配线箱，配置应符合下列规定：

① 机柜宜采用 600mm 或 800mm 宽的 19in 标准机柜。用户接入点设置在设备间时，共安装 4 个 19in 标准机柜。其中 3 个机柜为电信业务经营者使用，每家电信业务经营者使用 1 个机柜，机柜满足配线光缆与光纤跳线的引入、配线光缆光纤的终接与盘留、光纤配线模块与光纤分路器的安装及理线的需要。1 个机柜由建设方提供，满足用户光缆与光纤跳线的引入、用户光缆光纤的终接与盘留、光纤配线模块的安装及理线的需要。电信业务经营者与建设方机柜的光纤配线模块之间通过光跳线互通。

② 共用光缆配线箱体应满足不少于 144 芯光纤的终接。共用配线箱则应分隔成为 4

151

个独立的空间，其中 3 个空间分别满足 3 家电信业务经营者的配线光缆的引入、配线光缆光纤的终接与盘留、光纤配线模块与光纤分路器的安装及理线的需要。1 个空间满足用户光缆的引入、用户光缆光纤的终接与盘留、光纤配线模块的安装及理线的需要。

（5）用户单元信息配线箱、住宅住户家居配线箱的配置应符合下列规定：

1）配线箱应根据用户单元区域内信息点数量、引入缆线类型、缆线数量、业务功能需求选用。

2）配线箱箱体尺寸应充分满足各种信息通信设备（包括光网络单元 ONU/光网络终端 ONT、用户电话集线器或交换机、以太网交换机、有线电视分配器）摆放、配线模块安装、光缆终接与盘留、跳线连接、电源设备和接地端子板安装以及业务应用发展的需要。

3）配线箱的选用和安装位置应满足室内用户无线信号覆盖的需求。

4）当超过 50V 的交流电压接入箱体内电源插座时，应采取强弱电安全隔离措施。

5）配线箱内应设置接地端子板，并应与楼层局部等电位端子板连接。

3. 设备间、电信间设置原则及面积估算

（1）根据《综合布线系统工程设计规范》GB 50311—2016 规定，电信间的设计应符合下列规定：

1）电信间数量应按所服务楼层面积及工作区信息点密度与数量确定。

2）同楼层信息点数量不大于 400 个时，宜设置 1 个电信间；当楼层信息点数量大于 400 个时，宜设置 2 个及以上电信间。

3）楼层信息点数量较少，且水平缆线长度在 90m 范围内时，可多个楼层合设一个电信间。

（2）根据《住宅区和住宅建筑内光纤到户通信设施工程设计规范》GB 50846—2012 规定，住宅区设备间及电信间的设置应符合下列规定：

1）每一个住宅区应设置一个设备间，设备间宜设置在物业管理中心。

2）每一个高层住宅楼宜设置一个电信间，电信间宜设置在地下一层或首层。

3）多栋低层、多层、中高层住宅楼每一个配线区宜设置一个电信间，电信间宜设置在地下一层或首层。

设备间、电信间的使用面积以及配线箱的占用空间，应根据配线设备类型、数量、容量、尺寸进行计算，不应小于 10m²，且不宜小于表 3-35～表 3-37 的要求。

设备间的机柜布置图如图 3-64 所示。

4. 缆线穿管保护、线槽规格的选择

（1）根据《综合布线系统工程设计规范》GB 50311—2016 规定，缆线布放在导管与槽盒内的管径利用率和截面利用率应符合下列规定：

1）管径利用率和截面利用率应按下列公式计算：

$$管径利用率 = d/D$$

式中：d——缆线外径；

D——管道内径。

$$截面利用率 = A_1/A$$

式中：A_1——穿在管内的缆线总截面积；

A——管径的内截面积。

2）弯导管的管径利用率应为 40%～50%。

设备间面积 表 3-35

场地 类型、分类			设备间面积（m²）	设备间尺寸（m）	备注
住宅区	组团	1 个配线区 （300 户）	10	4×2.5	可安装 4 个机柜（宽 600mm×深 600mm），按列布置①
			15	5×3	可安装 4 个机柜（宽 800mm×深 800mm），按列布置①
	小区	3 个配线区 （301～700 户）	10	4×2.5	可安装 3 个机柜（宽 600mm×深 600mm），按列布置②为 3 个配线区的光缆汇聚
		7 个配线区 （701～2000 户）	10	4×2.5	可安装 3 个机柜（宽 600mm×深 600mm），按列布置②为 7 个配线区的光缆汇聚
		14 个配线区 （2001～4000 户）	10	4×2.5	可安装 3 个机柜（宽 600mm×深 600mm），按列布置②为 14 个配线区的光缆汇聚

注：① 设备间直接作为用户接入点，4 个机柜分配给电信业务经营者及住宅建设方使用；
② 多个配线区的配线光缆汇聚于设备间，3 个机柜分配给电信业务经营者使用。

电信间面积 表 3-36

1 个配线区住户数	面积（m²）	尺寸（m）	备注
300 户	10	4×2.5	可安装 4 个机柜（宽 600mm×深 600mm），按列布置
	15	5×3	可安装 4 个机柜（宽 800mm×深 800mm），按列布置

注：4 个机柜分配给电信业务经营者及住宅建设方使用。

配线箱占用空间 表 3-37

项目	占用空间尺寸（高×宽×深）（mm）	备注
配线箱（72 芯）	450×450×200	设于单元或楼层
配线箱（144 芯）	750×550×300	设于单元或楼层
家居配线箱	450×350×150	设于住户内

3）导管内穿放大对数电缆或 4 芯以上光缆时，直线管路的管径利用率应为 50%～60%。

4）导管内穿放 4 对对绞电缆或 4 芯及以下光缆时，截面利用率应为 25%～30%。

5）槽盒内的截面利用率应为 30%～50%。

（2）根据《住宅区和住宅建筑内光纤到户通信设施工程设计规范》GB 50846—2012 对用户光缆的敷设应符合下列规定：

1）宜采用穿导管暗敷设方式。

2）用户光缆穿放 4 芯以上光缆时，直线管的管径利用率应为 50%～60%，弯曲管的管径利用率应为 40%～50%。

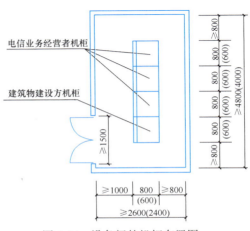

图 3-64 设备间的机柜布置图

模块三 综合布线系统设计

3）穿放 4 芯及 4 芯以下光缆或户内 4 对对绞电缆的导管截面利用率应为 25％～30％，槽盒内的截面利用率应为 30％～50％。

（3）根据《民用建筑电气设计标准》GB 51348—2019 规定，弱电缆线穿导管或在槽盒敷设时，其截面积利用率应符合下列规定：

1）单根 25 对及以上的大对数对绞电缆、12 芯及以上光缆或单根其他弱电主干缆线，当在 1 根直线导管内敷设时，其管径利用率不宜大于 50％；当在 1 根弯曲段导管内敷设时，其管径利用率不宜大于 40％。

2）同一根导管内敷设多根 4 对对绞电缆或多根 4 芯及以下配线光缆或多根其他弱电缆线时，其管径截面积利用率不应大于 30％。

3）同一根槽盒内可同时敷设多根电缆或光缆，其电缆槽盒截面积利用率不应大于 50％。

（4）光缆规格见表 3-38。

光缆规格 表 3-38

规格	参考外径（mm）	参考截面（mm²）
1、2 芯室内型	5.1	20
4 芯室内型	5.6	25
6 芯室内型	5.9	27
8 芯室内型	6.1	29
12 芯室内型	7.0	38
24 芯室内型	14.8	172
48 芯室内型	18.3	263
72/96 芯室内型	22.0	380
144 芯室内型	26.1	535
2～24 芯室外型	13.3	139
48/72 芯室外型	13.9	152
96 芯室外型	15.8	196
144 芯室外型	20.0	314

（5）光缆穿保护管最小管径和线槽内允许容纳光缆数量见表 3-39～表 3-41。

4 芯及以下光缆穿保护管最小管径 表 3-39

光缆规格	保护管种类	光缆穿保护管根数													
		1	2	3	4	5	6	7	8	9	10	11	12	13	14
		25%截面积利用率下保护管最小管径(mm)													
1、2 芯	SC		15		20			25			32				40
4 芯	SC														
2 芯	KJG		15		20		25			32			40		
4 芯	KJG														50
2 芯	JDG	16	20		25			32			40				50
4 芯	JDG														
光缆规格	保护管种类	光缆穿保护管根数													
		1	2	3	4	5	6	7	8	9	10	11	12	13	14
		30%截面积利用率下保护管最小管径(mm)													
1、2 芯	SG		15		20			25			32				40
4 芯	SG														
2 芯	KJG		15			25			32			40			
4 芯	KJG														
2 芯	JDG	16	20		25		32				40				
4 芯	JDG														50

154

项目 14　光纤到户单元通信设计

单根 4 芯及以上光缆穿保护管最小管径　　　　　表 3-40

保护管种类	管径利用率	室内型光缆							室外型光缆			
		6芯	8芯	12芯	24芯	48芯	72/96芯	144芯	2~24芯	48/72芯	96芯	144芯
		保护管最小管径(mm)							保护管最小管径(mm)			
SC	60%	15	15	15	25				20	25		
	50%	15	15	15		32		50			32	40
KJG	60%	15	15	15	25	32	40	50		25			40
	50%	15	15	15	32	40	50	65		32			
JDG	60%	16	16	16	32	40				32			40
	50%	20	20	20		40	50				32	40	50

线槽内允许容纳光缆根数　　　　　表 3-41

槽盒规格 (宽×高) (mm)	室内光缆									室外光缆			
	1、2芯	4芯	6芯	8芯	12芯	24芯	48芯	72/96芯	144芯	2~24芯	48/72芯	96芯	144芯
	各系列线槽容纳光缆数量（槽盒截面利用率30%~50%）（根）												
60×50	45~75	36~60	33~55	31~51	23~39	5~8	3~5	2~3	1~2	6~10	5~9	4~7	2~4
100×50	75~125	60~100	55~92	51~86	39~65	8~14	5~9	3~6	2~4	10~17	9~16	7~12	4~7
100×80	120~200	96~160	88~148	82~137	63~105	13~23	9~15	6~10	4~7	17~28	15~26	12~20	7~12
200×80	240~400	192~320	177~296	165~275	126~210	27~46	18~30	12~21	8~14	34~57	31~52	24~40	15~25
200×100	300~500	240~400	222~370	206~344	157~263	34~58	22~38	15~26	11~18	43~71	39~65	30~51	19~31
300×100	450~750	360~600	333~555	310~517	236~394	52~87	34~57	23~39	16~28	64~107	59~98	45~76	28~47
300×150	675~1125	540~900	500~833	465~775	355~592	78~130	51~85	35~59	25~42	97~161	88~148	68~114	42~71
400×150	900~1500	720~1200	666~1111	620~1034	473~789	104~174	68~114	47~78	33~56	129~215	118~197	91~153	57~95
400×200	1200~2000	960~1600	888~1481	827~1379	631~1052	139~232	91~152	63~105	44~74	172~287	157~263	122~204	76~127

5. 案例分析

某高层住宅小区（请扫前言中资源包二维码下载相关图纸，对应资源 3.14.2）需要进行光纤通信设计，拟采用 PON 光纤接入网技术的光纤到户方案，支持语音、数据的应用。下面就其光纤到户设计要点进行详细分析。

（1）本栋建筑地下一层和一层的商业用房：商业用房按每间房为 1 个用户单元。大开间的商业用房（建筑面积约 350m² ）可按用户单元区域面积 60~120m² 计算划分为 3~5个用户单元预留，也可按 1 个用户单元预留。每个用户单元设置 1 个信息配线箱。商业用房共计 37 个信息配线箱。用户接入点至每个信息配线箱配置 1 根 2 芯光缆。

（2）本栋高层住宅建筑二层～二十五层共计 192 户住宅，二层及以上偶数层每层 9 个住户（F、CX 户型为跃层住宅）、奇数层每层 7 个住户。每个住户设置 1 个家居配线箱，用户接入点至每个家居配线箱配置 1 根 1 芯光缆。

（3）住宅小区光纤到户工程一个配线区所辖住户数量不宜超过 300 户。每一个光纤配线区设置一个用户接入点。整栋建筑共计 229 户，1 个配线区，设置 1 个用户接入点。

（4）每一个高层住宅楼宜设置一个电信间，电信间宜设置在地下一层或首层。因此，用户接入点设在本建筑地下一层电信间内（约 25m²），电信间面积应满足至少 3 家电信业务经营者通信业务接入的需求（10～15m²）。光分路器集中设置在配线区的配线箱（柜）内。

（5）商业用房设一个光缆交接箱（37 户）。住宅按每层设一个光缆交接箱（7～9 户，方案一）或每六层设一个光缆交接箱（48 户，方案二）。光缆交接箱设于对应楼层的电井内。

（6）图纸所标出配线光缆、用户光缆及配线设备的容量为实际需要计算值，在工程设计中应预留不少于 10％的维修余量，并按光缆、配线设备的规格选用。

14.4 任务实施

第一步，结合任务中的住宅楼平面图，根据《综合布线系统工程设计规范》GB 50311—2016 中的用户单元区域面积划分表查询图纸中对应建筑类型的用户单元区域面积。

第二步，将图纸的用户区域除以用户单元区域面积，得出相应的用户单元数量。每个用户单元区域内应设置 1 个信息配线箱，每个住宅住户内应设置 1 个家居配线箱。绘制光纤到户通信设施各层平面图。

第三步，结合各层平面图，求出每层平面对应的信息配线箱及家居配线箱数量。统计整个项目的用户单元总数。

第四步，根据光纤配线区所辖住户数（不宜超过 300 户）、光缆交接箱所辖住户数（不宜超过 120 户），规划一个光缆交接箱所辖楼层数、一个光纤配线区所辖范围。每一个光纤配线区设置一个用户接入点。根据用户接入点设置原则、设备间电信间设置原则，确定用户接入点、设备间、电信间设置位置。

最后根据系统设置方案，绘制系统图。根据缆线与配线设备的配置原则，光缆穿管保护、线槽规格选择原则，完善系统图上的缆线规格、数量及敷设方式。完善平面图上的线槽规格。将成果上传到学习平台，填写附录中任务工单 1。

14.5 反馈评价

完成任务后请根据任务实施情况，扫码填写反馈评价表。

14.6 问题思考

1. 光纤到户通信设计适用哪些建筑？

2. 你对目前"三网合一"有什么认识？

△项目15 综合布线系统的保护

△任务15 综合布线系统的保护

15.1 任务描述

1. 已知某项目地下室走廊剖面图（请扫前言中资源包二维码下载，对应资源 3.15.1），请按规范要求将安防桥架（300mm×100mm）和网络桥架（400mm×100mm）在剖面图上进行布置。

2. 某项目的进线间示意图（请扫前言中资源包二维码下载，对应资源 3.15.2），进线间的每个配线机柜内有两台 48 口的交换机。请在该平面上画出进行间的接地系统示意图，并标注出接地导线的规格和数量。具体详见附录中任务工单 1。

15.2 学习目标

知识目标	能力目标	素质目标
1. 掌握综合布线系统相关管线与其他专业管线的间距要求。 2. 掌握综合布线系统接地保护的设计要点	能自行查阅规范，对综合布线系统的保护提出相关措施	1. 增强环保、安全意识。 2. 培养自主学习能力以及分析、解决实际问题的能力

15.3 相关知识

1. 综合布线系统的保护

（1）系统保护的目的

综合布线系统主要传输的是图像、数据、语音等信号，此类信号容易受到外界因素的影响。为了信号在传输过程中不易失真，在复杂的建筑环境中布置综合布线系统的路由及相关设备时，需要注意电磁干扰，电磁辐射以及接地保护。

（2）防电磁干扰

在建筑内产生电磁的干扰源主要有电力电缆、各类机房内的电动机、变配电房内的变压器、射频应用设备以及电力电缆等。射频应用设备又称为 ISM 设备，CISPR 推荐设备及我国常用的 ISM 设备见表 3-42。

当综合布线系统在上述设备附近的区域内布线时，则需要测量该区域的电磁干扰场强。当电磁干扰场强大于 3V/m 时，则需要考虑电磁干扰对系统的影响。主要有两个方面：一个方面是对路由的保护，另外一个方面是对设备的保护。

1）路由的保护

当综合布线路由上存在的干扰源为电力电缆时，应与其保持间距。综合布线电缆与电力电缆的间距见表 3-43。

当干扰源为配电箱、变电室、电梯机房、空调机房时，综合布线缆线与设备机房最小净距见表 3-44。

模块三　综合布线系统设计

CISPR 推荐设备及我国常用 ISM 设备一览表　　　　　表 3-42

序号	CISPR 推荐设备	序号	我国常见 ISM 设备
1	塑料缝焊机	1	介质加热设备，如热合机等
2	微波加热器	2	微波炉
3	超声波焊接与洗涤设备	3	超声波焊接与洗涤设备
4	非金属干燥器	4	计算机及数控设备
5	木材胶合干燥器	5	电子仪器，如信号发生器
6	塑料预热器	6	超声波探测仪器
7	微波烹饪设备	7	高频感应加热设备，如高频熔炼炉等
8	医用射频设备	8	射频溅射设备、医用射频设备
9	超声波医疗器械	9	超声波医疗器械，如超声波诊断仪等
10	电灼器械、透热疗设备	10	透热疗设备，如超短波理疗机等
11	电火花设备	11	电火花设备
12	射频引弧焊机	12	射频引弧焊机
13	火花透热疗法设备	13	高频手术刀
14	摄谱仪	14	摄谱仪用等离子电源
15	塑料表面腐蚀设备	15	高频电火花真空检漏仪

注：国际无线电干扰特别委员会，简称为 CISPR。

综合布线电缆与电力电缆的间距　　　　　表 3-43

类别	与综合布线接近状况	最小间距（mm）
380V 电力电缆 <2kV·A	与缆线平行敷设	130
	有一方在接地的金属槽盒或钢管中	70
	双方都在接地的金属槽盒或钢管中	10注
380V 电力电缆 2kV·A～5kV·A	与缆线平行敷设	300
	有一方在接地的金属槽盒或钢管中	150
	双方都在接地的金属槽盒或钢管中	80
380V 电力电缆 >5kV·A	与缆线平行敷设	600
	有一方在接地的金属槽盒或钢管中	300
	双方都在接地的金属槽盒或钢管中	150

注：双方都在接地的槽盒中，系指两个不同的线槽，也可在同一线槽中用金属板隔开，且平行长度不大于 10m。

综合布线缆线与设备机房的最小净距　　　　　表 3-44

名称	最小净距（mm）	名称	最小净距（mm）
配电箱	1000	电梯机房	2000
变电室	2000	空调机房	2000

若不能满足上述表格内最小净距时，宜采用金属导管和金属槽盒敷设，或采用屏蔽布线系统及光缆布线系统。

2）设备的保护

当机房的电磁环境不符合电子信息系统的安全运行标准，且系统故障可能造成严重的政治或经济后果时，应采取屏蔽措施。根据电磁环境情况、系统的电磁敏感度和工作频率，可选择下列屏蔽措施：

① 当对目标频段衰减度的要求小于等于 40dBm 时，可采用简易屏蔽；

② 当对目标频段衰减度的要求大于 40dBm 时，宜采用装配式屏蔽机房或焊接式屏蔽机房；

③ 对于重要的临时或移动机房，且对目标频段衰减度的要求小于等于 60dBm 时，可采用屏蔽帐篷。

3）其他要求

另外一方面需要注意远离高温、易燃易爆等其他管道，综合布线管线与其他管线的间距应符合表 3-45 的要求。

综合布线管线与其他管线的间距   表 3-45

其他管线	最小平行净距（mm）	最小垂直交叉净距（mm）
防雷专设引下线	1000	300
保护地线	50	20
给水管	150	20
压缩空气管	150	20
热力管（不包封）	500	500
热力管（包封）	300	300
燃气管	300	20

（3）防电磁辐射

综合布线系统用于高速率传输的情况下，由于对绞电缆的平衡度公差等硬件原因会造成传输信号向空间辐射。系统向外的电磁辐射，有可能会造成信息泄露导致网络不能安全运行。除了考虑抗电磁干扰外，还应该考虑防电磁辐射的要求。解决此问题可以采用光缆布线系统或屏蔽系统。

根据建筑物内信息重要程度以及设备发出的电磁干扰程度，如银行、证券交易所的市级总部办公楼、结算中心以及备份中心；在医技楼、专业实验室等特殊建筑内必须设置大型电磁辐射发射装置、核辐射装置或电磁辐射较严重的高频电子设备时，此类场景的计算机网络宜采用屏蔽布线系统。

屏蔽电缆可在 FTP、STP、SFTP 中选择，不同结构的屏蔽电缆会对高频、低频的电磁辐射产生不同的屏蔽效果。对于具有线对屏蔽结构的（如 FTP）屏蔽电缆主要可以抵御线对之间的电磁辐射干扰，但是线对屏蔽＋电缆总屏蔽结构（如 S/FTP）的屏蔽电缆则可以同时抵御线对之间和来自外部的电磁辐射干扰，也可以减少线对对外部的电磁辐射干扰。因此，屏蔽布线工程有多种形式的电缆可以选择。同时为保证良好屏蔽性能，电缆的屏蔽层与屏蔽连接器件之间必须做好 360° 的连接。除了缆线有要求外，采用的电缆、连接器件、跳线、设备电缆都应是屏蔽的，并应保持信道屏蔽层的连续性与导通性。

2. 接地保护

综合布线系统的接地保护主要有屏蔽接地保护、防雷接地保护和安全保护接地等。综合布线系统应采用建筑物共用接地系统。共用接地系统，是指将接地装置、建筑物金属构件、低压配电保护线（PE）、等电位连接端子板或连接带、设备保护接地、屏蔽体接地、防静电接地、功能性接地等连接在一起构成共用的接地系统。当必须单独设置系统接地体时,其接地电阻不应大于 4Ω。当布线系统的接地系统中存在两个不同的接地体时,其接地电位差不应大于 1Vr·m·s。

为方便设备接入共用接地系统,应在建筑物电信间、设备间、进线间及各楼层信息通信竖井内均设置局部等电位联结端子板。配线机柜接地端子板应采用两根不等长度的绝缘铜导线接至就近的等电位联结端子板。若项目采用屏蔽布线系统,配线机柜的接地端子与屏蔽模块的屏蔽罩相连通。配线机柜接地端子板则经过接地导体连至楼层局部等电位联结端子板或大楼总等电位联结端子板。为了保证全程屏蔽效果,工作区屏蔽信息插座的金属罩可通过相应的方式与 TN-S 系统的 PE 线接地。接地导体截面积的选择参考表 3-46。

接地导体截面积的选择　　　　表 3-46

名称	楼层配线设备至建筑等电位接地装置的距离	
	≤30m	≤100m
信息点的数量（个）	≤75	>75, ≤450
选用绝缘铜导线的截面（mm²）	6～16	16～50

为防止雷击瞬间产生的电流与电压通过电缆引入建筑物布线系统,对配线设备和通信设施产生损害,甚至造成火灾或人员伤亡的事件发生。当缆线从建筑物外引入建筑物时,除了电缆、光缆的金属护套或金属构件应在入口处就近与等电位联结端子板连接外,还应选用适配的信号线路浪涌保护器。

（1）位置的选择

信号线路浪涌保护器可根据雷电过电压、过电流幅值和设备端口耐冲击电压额定值,设单级浪涌保护器,也可设能量配合的多级浪涌保护器。并且,宜设置在雷电防护区界面处,信号线路浪涌保护器的设置如图 3-65 所示。

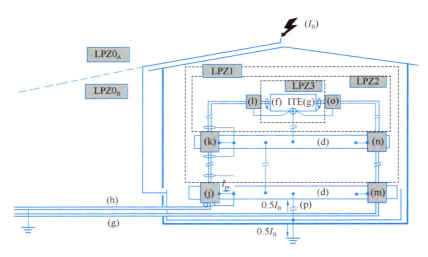

图 3-65　信号线路浪涌保护器的设置

(d)—雷电防护区边界的等电位连接端子板；(m)、(n)、(o)—符合Ⅰ、Ⅱ或Ⅲ类试验要求的电源浪涌保护器；(f)—信号接口；(p)—接地线；(g)—电源接口；LPZ—雷电防护区；(h)—信号线路或网络；I_{pc}—部分雷电流；(j)、(k)、(l)—不同防雷区边界的信号线路浪涌保护器；I_B—直击雷电流

项目 15　综合布线系统的保护

（2）参数的选择

根据信号线路的工作频率、传输速率、传输带宽、工作电压、接口形式和特性阻抗等参数，信号线路浪涌保护器的参数应选择插入损耗小、分布电容小、并与纵向平衡、近端串扰指标适配。U_c 应大于线路上的最大工作电压 1.2 倍，U_p 应低于被保护设备的耐冲击电压额定值 U_w。信号线路浪涌保护器的参数推荐值见表 3-47。

信号线路浪涌保护器的参数推荐值　　　　　　表 3-47

雷电保护区		LPZ0/1	LPZ1/2	LPZ2/3
浪涌范围	$10/350\mu s$	0.5～2.5kA	—	—
	$1.2/50\mu s$、$8/20\mu s$		0.5～10kA、0.25～5kA	0.5～1kA、0.25～0.5kA
	$10/700\mu s$、$5/300\mu s$	4kV、100A	0.5～4kA、25～100A	
浪涌保护器的要求	SPD(j)	D1、B2	—	—
	SPD(k)	—	C2、B2	—
	SPD(l)	—	—	C1

需要注意的是浪涌范围为最小的耐受要求，设备本身具备 LPZ2/3 栏标注的耐受能力。B2、C1、C2、D1 为信号线路浪涌保护器冲击试验类型。其中，B2 的试验类型为慢上升率，开路电压为：$1\sim 4kV$，$10/700\mu s$，短路电流为：$25\sim 100A$，$5/300\mu s$；C1 的试验类型为快上升率，开路电压为：$0.5\sim 2kV$，$1.2/50\mu s$，短路电流为：$0.25\sim 1kA$，$8/20\mu s$；C2 的试验类型为快上升率，开路电压为：$2\sim 10kV$，$1.2/50\mu s$，短路电流为：$1\sim 5kA$，$8/20\mu s$；D1 的试验类型为高能量，开路电压为：$\geqslant 1kV$，短路电流为：$0.5\sim 2.5kA$，$10/350\mu s$。

信息网络系统进、出建筑物的传输线路上，在 $LPZ0_A$ 或 $LPZ0_B$ 与 LPZ1 的边界处应设置适配的信号线路浪涌保护器。被保护设备的端口处宜设置适配的信号浪涌保护器。网络交换机、集线器、光电端机的配电箱内，应加装电源浪涌保护器。入户处浪涌保护器的接地线应就近接至等电位接地端子板；设备处信号浪涌保护器的接地线宜采用截面积不小于 $1mm^2$ 的多股绝缘铜导线连接到机架或机房等电位连接网络上。计算机网络的安全保护接地、信号工作地、屏蔽接地、防静电接地和浪涌保护器的接地等均应与局部等电位连接网络连接。

（3）选型举例

某项目的视频监控系统，在室外安装了摄像头，由于传输距离较远采用光纤方式进行信号传输。为保护交换机，需在机柜设置浪涌保护器。浪涌保护器的主要参数可按以下步骤进行：

1）确定保护级数。因摄像机与交换机直接相接，因此设单级浪涌保护器。

2）参数选择。摄像机一般最大工作电压为：15V，因此，U_c 大于 15V；浪涌保护器设置在 LPZ0 与 LPZ1 交界处且缆线采用光纤，因此，冲击试验推荐采用的波形和参数满足 B2 类别即可，开路电压为：$1\sim 4kV$，$10/700\mu s$，短路电流为：$25\sim 100A$，$5/300\mu s$。

3）接口选择及位置选择。由于目前没有匹配光纤接口的浪涌保护器，因此，在光纤

161

转换设备上接入的电信号线路类型来选择匹配的信号浪涌保护器,即在光纤收发器与交换机之间设置接口形式为 RJ45 的浪涌保护器即可。

综上所述,并结合产品参数,可采用的型号为:ZVS-ICS-B2 的浪涌保护器,其主要参数有 U_c:36V,冲击耐受能力 B2:4kV/100A(10/700μs、5/300μs),接口形式:RJ45。

3. 案例分析

(1) 机电管线综合剖面图

某项目标准层的走廊机电管线剖面图如图 3-66 所示。其中,"380V 电力电缆＜2kV·A 桥架(600mm×100mm)"对综合布线系统有电磁干扰,并且应与"热力管(不包封)DN150mm"保持间距。因此,在布置"网络桥架(200mm×100mm)"和"安防桥架(100mm×100mm)"时应查询与其间距距离,要求可在表 3-43 和表 3-45 中查询。

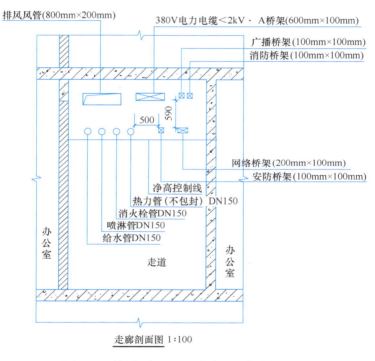

图 3-66 某项目标准层的走廊机电管线剖面图

(2) 电信间接地保护设计

某项目电信间有两个楼层配线设备,每个配线设备内有两台 48 口的交换机,并且电信间内设置了等电位联结端子板。因此,在设计接地保护时,应采用两根长度不同的接地导体连接至等电位联结端子板。接地导体的截面积应采用 16~55mm^2。如图 3-67 所示。

15.4 任务实施

1. 根据下列步骤完成地下室走廊机电管线布置剖面图

(1) 了解地下室走廊剖面图的条件,如左右两侧的房间功能、已布置的桥架类型等内容。

(2) 选取合适的位置,并根据"(2)防电磁干扰"小节中的表格,布置安防桥架和网络桥架。

2. 根据下列步骤完成进线间的接地保护设计

（1）根据"接地保护"小节的知识点，如配线机柜、电缆、光缆的金属护套或金属构件等，确定图纸内需要接地保护的设备及管线。

（2）将需保护的设备与管线与等电位联结端子板用接地导体相连。

（3）根据表 3-45 并结合图纸的条件，标注出接地导体的截面积及数量。

3. 完成任务后将成果上传到学习平台，填写附录中任务工单 1。

15.5 反馈评价

完成任务后请根据任务实施情况，扫码填写反馈评价表。

15.6 问题思考

1. 请结合你所在教学楼的设备间接地保护，谈谈你对综合布线系统保护的看法？

2. 假设你是设计师，请思考如何设计实训楼机房的防电磁干扰。

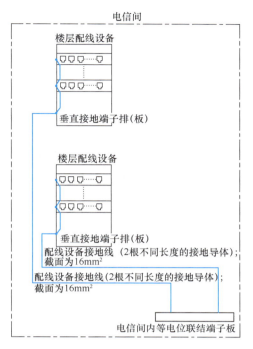

图 3-67　某项目电信间接地保护设计

模块三 综合布线系统设计

作业及测试

1. 填空题

（1）工作区跳线的长度通常不超过_____ m。

（2）工作区子系统主要的设备是_____。

（3）网管中心、呼叫中心、信息中心等终端设备较为密集的场地工作区面积应为____。

（4）电信间又称为_____、_____。

（5）水平电缆应在_____ m以内。

（6）干线子系统中，计算机网络系统通常使用_____，电话语音系统使用_____。

（7）设备间应采用外开双扇防火门，房门净高不应小于____，净宽不应小于____。

（8）管理子系统的交接方案主要有_____和_____两类。

（9）建筑群子系统采用的布线方案有_____、_____、_____。

（10）进线间应满足不少于_____家电信运营商和业务经营者相关业务接入的需要，通常设于地下一层。

2. 选择题

（1）工作区安装在墙面上的信息插座，一般要求距离地面（   ）cm以上。

A. 20   B. 30   C. 40   D. 50

（2）配线子系统中网络系统应使用的电缆是（   ）。

A. 6类非屏蔽双绞线电缆   B. 3类非屏蔽双绞线电缆

C. 75Ω同轴电缆   D. 5类屏蔽双绞线电缆

（3）已知某一楼层需要接入60个电话语音点，则端接该楼层电话系统的干线电缆的规格和数量是（   ）。

A. 1根100对大对数电缆   B. 2根100对大对数电缆

C. 1根50对大对数电缆   D. 2根25对大对数电缆

（4）设备间供电电源应满足50Hz，（   ）V。

A. 220   B. 220/380   C. 380   D. 36

（5）当缆线从建筑物外引入建筑物时，电缆、光缆的金属护套或金属构件应在入口处就近与（   ）连接。

A. 管道   B. 等电位联结端子板

C. 接地电阻测试点   D. 水平接地体

3. 简答题

（1）请简述工作区子系统设计的要点。

（2）请简述建筑群子系统的设计原则是什么。

（3）设备间子系统面积如何确定？

（4）简述电信间配置设计方法。

（5）请结合实际案例简述无源光网络的组成部分。

164

模块四　综合布线系统施工与验收

△项目 16　综合布线系统工程施工准备

△任务 16.1　认识综合布线系统工程施工的依据和基本要求

16.1.1　任务描述

根据前序课程内容，查阅相关综合布线工程标准，总结综合布线各子系统具体的施工规范要求和每类指导性文件所应包含的内容要点。具体详见附录中任务工单 1。

16.1.2　学习目标

知识目标	能力目标	素质目标
1. 了解综合布线工程施工依据和施工规范。 2. 掌握综合布线工程施工的基本要求（重点、难点）	1. 能查阅综合布线相关标准和规范文件，查询相关工作项目的具体要求。 2. 能运用标准和规范知识总结具体施工要求	1. 培养精益求精、专心细致的工作作风。 2. 培养讲原则、守规矩的意识

16.1.3　相关知识

1. 常用规范及主要依据

国内外的相关标准和规范，包含设计、施工及验收等内容。指导性文件包括工程设计文件、施工图纸、施工承包合同和施工操作规程等。常用的规范如下：

《综合布线系统工程设计规范》GB 50311—2016；

《综合布线系统工程验收规范》GB/T 50312—2016；

《住宅区和住宅建筑内光纤到户通信设施工程设计规范》GB 50846—2012；

《通信线路工程设计规范》GB 51158—2015；

《通信线路工程验收规范》GB 51171—2016；

《通信管道与通道工程设计标准》GB 50373—2019；

《通信管道工程施工及验收标准》GB/T 50374—2018；

《电气装置安装工程　电缆线路施工及验收标准》GB 50168—2018；

《建筑物电子信息系统防雷技术规范》GB 50343—2012；

《智能建筑设计标准》GB 50314—2015；

《建筑电气与智能化通用规范》GB 55024—2022；

《建筑防火通用规范》GB 55037—2022；

《综合布线系统电气特性通用测试方法》YD/T 1013—2013

165

《信息通信综合布线系统 第 1 部分：总规范》YD/T926.1—2023；

《信息通信综合布线系统 第 2 部分：光纤光缆布线及连接件通用技术要求》YD/T 926.2—2023；

《信息通信综合布线系统 第 3 部分：对称电缆布线及连接件通用技术要求》YD/T 926.3—2024；

《信息通信综合布线系统场景与要求 数据中心》YD/T 2963—2024；

《信息通信综合布线系统场景与要求 住宅》YD/T 1384—2023。

综合布线工程监理参照通信工程监理执行，主要依据如下：

（1）合同：施工承包合同，器材、设备采购合同，监理合同。

（2）设计文件：施工图设计、设计会审纪要。

（3）验收标准：企业标准、行业标准、设计标准。

（4）技术规范：设计手册、技术规定（标准）、施工操作规程。

（5）通信管道、线路技术规范与验收规定。

（6）综合布线工程相关法规、规范、规程和标准。除此之外，还有其他国家现行有关设计规范、标准，上级批准的有关文件，有关工种向本专业提供的图纸和资料等。

2. 指导性文件

指导性文件中有很多与具体工程紧密结合的重要内容，直接影响工程质量的优劣、施工进度的安排和今后运行的效果。因此指导性文件也是综合布线系统工程的重要施工依据，在综合布线系统工程施工时，必须始终以这些文件来指导和监督工程的进程实施。指导性文件主要有以下几种：

（1）由住建部批准的具有房屋建筑或住宅小区内综合布线工程设计资质的单位所编制的综合布线工程设计文件、施工图纸和设计变更或设计修正。

（2）经建设方和施工单位双方协商，共同签订的施工承包合同或有关协议。

（3）有关综合布线工程的施工操作规程和生产厂家提供的产品安装手册。

（4）若工程设计会审和施工前技术交底以及施工过程中发生客观条件变化，或建设方要求安装施工单位改变原设计方案，在这些会议或过程中的会议纪要和重要记录都应留存，作为今后查考、验证的文件。

3. 综合布线工程施工的基本要求

综合布线工程安装施工应遵循以下基本要求：

（1）新建和扩建的综合布线安装施工，必须严格按照《综合布线系统工程验收规范》GB/T 50312—2016 和有关规定进行安装施工和工程验收，在实际施工过程中，如遇上述规范中没有包括的内容时，可按照《综合布线系统工程设计规范》GB 50311—2016 的规定要求执行，也可以根据工程设计要求办理。

（2）综合布线工程包括建筑物内、外布线系统时，其安装、施工要根据具体项目内容，应符合《通信线路工程设计规范》GB 51158—2015、《通信线路工程验收规范》GB 51171—2016、《通信管道与通道工程设计标准》GB 50373—2019、《通信管道工程施工及验收标准》GB/T 50374—2018、《电气装置安装工程 电缆线路施工及验收标准》GB 50168—2018 等规定。

（3）综合布线系统工程中所用的缆线类型和性能指标、布线部件的规格以及质量等均应符合我国通信行业标准《信息通信综合布线系统》的第 1~3 部分等规范或设计文件的规定，工程施工中不得使用未经鉴定为合格的器材和设备。

（4）综合布线是一项系统工程，必须针对工程特点，建立规范的组织机构，保障施工顺利进行。施工单位要制定一套规范的人员配置方案，包括工程项目负责人，工程施工管理部门、工程技术管理部门、工程质量管理部门、工程商务管理部门等，做好项目的工程组织、工程实施、工程管理等工作。

（5）必须加强施工质量管理，施工单位必须按照《综合布线系统工程验收规范》GB/T 50312—2016 进行工程的自检、互检和随工检查。建设方和工程监理单位必须按照上述规范要求，在整个安装施工过程中进行工地技术监督及工程质量检查工作。施工现场要有技术人员监督、指导。为了确保传输线路的工作质量，在施工现场要有参与该项工程方案设计的技术人员进行监督、指导。

（6）施工过程要按照统一的管理标识对缆线、配线架和信息插座等进行标记，清晰、有序的标记会给下一步设备的安装和测试工作带来便利，以确保后续工作的正常进行。

（7）对于已敷设完毕的线路，必须进行测试检查。线路的畅通、无误是综合布线系统正常可靠运行的基础和保证，测试检查是线路敷设工作中不可缺少的一项工作。例如，待测试线路的标记是否准确无误，检查线路的敷设是否与图线一致等。

（8）高低压线须分开敷设。为保证信号、图像的正常传输和设备的安全，应避免电涌干扰，做到高低压线路分管敷设，高压线需使用铁管；高低压线应避免平行走向，如果由于现场条件只能平行时，其间隔应保证按规范的相关规定执行。

（9）综合布线工程的施工环境比较复杂，因此施工过程中必须建立完善的安全机制，提供安全的工作环境，并且为工作人员提供各项安全训练，确保施工安全。

16.1.4　任务实施

第一步，查阅综合布线工程常用的标准和规范，记录施工标准的相关内容。

第二步，根据综合布线子系统的划分，归纳各个子系统的工作内容以及各类指导性文件所对应工程施工中具体的工作环节或者工作内容。

第三步，结合施工标准，总结出各个子系统的具体施工规范要求，并将成果上传到学习平台，填写附录中任务工单 1。

16.1.5　实训评价

完成任务后，请根据任务实施情况，完成任务评分表（表 4-1）。

施工准备任务评分表　　　　　　　　　　　　　　　　表 4-1

组名或姓名	施工规范内容				总分
	工作区子系统施工要求（15 分）	配线子系统施工要求（15 分）	干线子系统施工要求（15 分）	设备间施工要求（15 分）	
	建筑群子系统施工要求（15 分）	管理施工要求（15 分）	其他施工要求（10 分）		

167

模块四　综合布线系统施工与验收

△任务 16.2　综合布线系统工程施工的准备工作

16.2.1　任务描述

对实训室综合布线工程的工具、仪器和材料进行清点，列明相关的型号、规格、数量等参数情况。具体详见附录中任务工单 1。

16.2.2　学习目标

知识目标	能力目标	素质目标
1. 了解综合布线工程施工前准备内容。 2. 掌握综合布线工程技术交底和环境检查的要求及内容。 3. 掌握综合布线工程材料和工具的检查要求和使用方法	1. 能完成工程施工技术交底。 2. 能完成综合布线工程施工前的环境检查。 3. 能完成综合布线工程施工前的材料和工具检验	1. 培养学生树立大局意识、责任意识。 2. 培养自我检测、自我调整、自我提高、自我完善的意识。 3. 培养严谨、认真、专注、一丝不苟的工匠精神

16.2.3　相关知识

综合布线工程施工前准备工作主要包括技术准备、安全准备、场地准备和环境检查、施工工具和材料检查、施工组织准备等环节。

1. 综合布线工程施工技术准备工作

（1）熟悉综合布线系统工程设计、施工、验收的规范要求，掌握综合布线各子系统的施工技术以及整个工程的施工组织技术。工程设计包括所有施工方案设计或深化设计，必须具有系统设计、平面施工设计、设备安装设计、接线设计以及其他必要的技术文件。通过熟悉设计方案、施工方案和组织方案，对工程任务情况有较详细的了解，明确施工工程中的重点部位、关键项目和困难、薄弱环节，从而做到预见性地发现问题，并采取相应的技术措施，保证施工的顺利进行，防止中途停工和质量事故的发生。

（2）熟悉并会审工程图纸。工程图纸是工程的语言、施工的依据。施工前，工程施工人员必须先熟悉工程图纸，理解图纸的设计内容及设计意图，明确整个工程中所需要使用的设备和材料，明确整个工程所提出的施工要求，明确综合布线工程和主体土建工程以及其他安装工程的交叉配合情况，以便提早采取措施，确保在施工过程中不破坏建筑物的建筑结构，不破坏建筑物的外观和强度，不与其他的安装工程和装修工程发生施工冲突。

（3）熟悉综合布线工程其他相关的技术资料，如施工及验收规范、技术规程、质量检验评定标准以及产品生产厂商提供的资料，如安装使用说明书、产品测试报告、产品合格证、试验记录数据、质量验收评定标准等内容。

（4）现场勘察和设计文件会审。施工方和监理方共同安排相关技术人员到工程施工现场进行勘察，了解和记录工程相关建筑楼宇的内容和外部环境、施工工作条件情况，确定缆线布线路由。结合勘察结果，对工程方案设计文件组织勘察会审，会审时对设计文件中不明确、有疑问或有错误的部分提出意见或建议，以便设计人员进行设计修正。

（5）编制施工组织方案。为确保工程的顺利施工，在全面熟悉施工图纸和设计方案的基础上，依据设计方案、设计文件和施工图纸并根据施工现场情况、技术力量及技术装备

168

情况，综合做出合理的施工方案，制定能直接指导施工的施工组织设计、施工方案和作业指导书，用于组织各专业施工人员，协调并明确相关专业职责，整体规划、合理布局。

（6）技术交底。技术交底包括设计单位与工程安装承包商、各分系统承包商与设备供应商、工程安装承包商与设备供应商、工程安装承包商内部负责施工的专业工程师与工程项目技术主管的技术交底工作。通常由设计单位的设计人员、工程施工单位的项目技术负责人和工程监理人员进行技术交底的工作。

其中，技术交底的主要内容包括：

1）设计要求和施工组织中的有关要求。

2）工程使用的材料、设备的性能参数。

3）工程施工条件、施工顺序、施工方法。

4）施工中采用的新技术、新设备、新材料及其操作使用方法。

5）预埋部件注意事项。

6）工程质量标准和验收评定标准。

7）施工过程的安全注意事项。

技术交底的方式有书面技术交底、会议交底、设计交底、施工组织设计交底、分部（分项）工程施工技术交底和口头交底等，可根据工程的实际情况，因地制宜地参考选用。编写技术交底应遵循针对性、可行性、完整性、及时性和科学性原则，并做好交底记录装入竣工技术档案中。综合布线施工的技术交底必须全面、细致，对工程实际情况要十分清楚，要明确各部位需注意的实际问题，分专业、分项目和分部位进行，一般把其分为设计、施工组织设计交底、分部（分项）工程施工交底、设计变更交底及安全施工交底等五类。

（7）制定施工进度方案，包括对分部（分项）工程量的计算、绘制进度图表、对进度计划的调整平衡等。制定施工进度计划和绘制施工进度表宜留有余地，以应对可能出现的意外情况。

（8）编制工程预算。工程预算主要包括工程材料清单和施工预算。

2. 综合布线工程施工安全准备

施工前应进行全面的安全隐患排查及风险评估，组织制定并实施安全生产教育和培训方案，健全、落实安全生产责任制。施工现场工作人员学习了解安全生产知识，熟悉有关的安全生产规章制度和安全操作规程，掌握本岗位的安全操作技能，了解事故应急处理措施。施工现场工作人员必须严格按照安全生产、文明施工的要求，落实施工现场的标准化管理要求，科学组织工程施工。

（1）开展安全生产教育与培训，将安全生产责任落实到每个人。

（2）按照施工总平面图设置的临时设施不得侵占现场道路及安全防护等设施。

（3）施工现场全体人员须严格执行《建筑安装工程安全技术规程》和《建筑安装工程安全技术操作规程》，正确使用劳保用品，进入施工现场须戴安全帽，高处作业必须系安全带。严格执行操作规程和施工现场的规章制度，禁止违章指挥和违章作业。

（4）施工用电、现场临时用电线路、设施的安装和使用须按《建筑与市政工程施工现场临时用电安全技术标准》JGJ/T 46—2024 的规定操作，严禁私自拉电或带电作业。使用电气设备、电动工具应有可靠保护接地，随身携带和使用的工具应搁置于顺手、稳妥的地方，以防发生事故伤人。

（5）高处作业必须设置防护措施，并符合《建筑施工高处作业安全技术规范》JGJ 80—2016 的要求。施工用的高凳、梯子、人字梯、高架车等，在使用前必须认真检查其牢固性。梯外端应采取防滑措施，并不得垫高使用。在通道处使用梯子，应有人监护或设围栏。人字梯距梯脚 40～60cm 处要设拉绳，施工中不准站在梯子最上一层工作，严禁在梯子上放置工具和材料。

（6）吊装作业时，机具、吊索必须先经严格检查，检查不合格的产品应禁用。立杆时，应有统一指挥，紧密配合，防止杆身摆动；在杆上作业时，应系好安全绳。

（7）在竖井内作业，严禁随意蹬踩电缆或电缆支架；在井道内作业，要有充分照明；安装电梯中的缆线时，若有相邻电梯，应加倍小心注意相邻电梯的状态。

（8）遇到不可抗力的因素（如暴风、雷雨）影响某些作业施工安全时，按有关规定办理停止作业手续，以保障人身、设备等安全。

3. 综合布线工程施工场地准备和环境检查

（1）施工场地准备

施工前施工现场必须安装好临时供电系统，准备好临时作业及办公场所：主要包括管槽加工制作场、仓库和现场办公室。在管槽施工阶段，需要根据布线路由的实际情况在规定场地对管槽材料进行现场切割和加工。工程用到的材料、设备需要一定的采购周期，且每天使用的施工材料和施工工具无法放到公司仓库，因此必须在现场设置一个临时仓库存放临时设备、材料和工具。现场办公室主要用于现场施工的指挥。

（2）施工前的环境检查

在施工前，要现场调查了解房屋建筑的各个部位的情况（如顶棚、地板、电缆竖井、暗敷管路、线槽以及洞孔等），从而确定施工过程中敷设缆线和安装设备方案。对于设备间、干线交接的各种工艺要求和环境条件以及预埋的管槽等都要进行检查，判断是否符合安装施工的基本条件。总之，工程现场必须具备能够顺利开展安装施工且不会影响施工进度的基本条件。一般应具备下列条件方可开工：

1）电信间、设备间和工作区的土建工程已全部竣工，室内墙壁已充分干燥。设备间门的高度和宽度应不妨碍设备的搬运，房门锁和钥匙齐全。

2）电信间、设备间和工作区等相关房间的地面应平整、光洁，预留暗管、地槽和孔洞的数量、位置、尺寸均应符合工艺设计要求。

3）电源已经接入电信间、设备间，并提供可靠的接地装置，应满足施工需要。

4）设备间的通风管道应清扫干净，空气调节设备应安装完毕，性能良好。

5）电信间和设备间的面积、温湿度、照明、防火等均应符合设计要求和相关规定。

6）在铺设活动地板的设备间内，应对活动地板进行专门检查，地板板块铺设严密坚固，符合安装要求，每平方米的水平误差应不大于 2mm，地板应接地良好，接地电阻和防静电措施应符合设计和产品说明的要求。

4. 综合布线工程施工工具准备和材料检查

（1）施工工具准备

要根据工程施工范围和施工环境的不同，准备不同类型和品种的施工工具。清点工具数量，检查工具质量，如有欠缺或质量不佳必须补齐和修复。在施工前需要准备的工具主要有室外沟槽施工工具、管槽加工工具、管槽安装工具、布线工具、缆线端接工具和检测工具等。施工工具主要有牵引器、弯管器、光纤切割刀、双绞线及同轴电缆剥线器、光纤剥线钳、压线钳、打线器、工具包等（图4-1）。

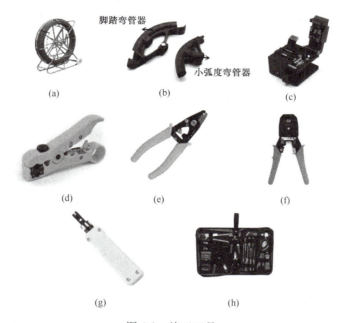

图4-1 施工工具
（a）牵引器；（b）弯管器；（c）光纤切割刀；（d）双绞线及同轴电缆剥线器；
（e）光纤剥线钳；（f）压线钳；（g）打线器；（h）工具包

检测工具主要包括温度测试仪、光功率计、电缆测试仪、线缆探测仪、网线测试仪、光时域反射仪、万用表等（图4-2）。

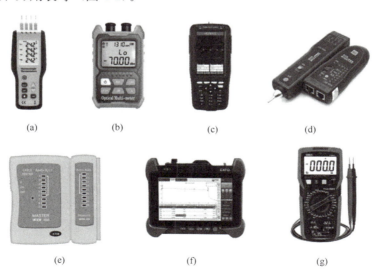

图4-2 检测工具
（a）温度测试仪；（b）光功率计；（c）电缆测试仪；（d）线缆探测仪；
（e）网线测试仪；（f）光时域反射仪；（g）万用表

模块四 综合布线系统施工与验收

（2）施工前的材料检查

1）器材检验的一般要求

工程所用的光纤、电缆等缆线与器材的品牌、型号、规格、数量、质量应符合工程设计方案的要求并具备相应的质量检测文件或合格证书，无出厂检验证明材料、质量检测文件或与不符合设计要求的产品不得在工程中使用。工程使用的进口设备和相关材料应有商品产地证明和商品检测证明。经过检验的器材应做好记录，对不合格的器件应单独存放，以备核查与下一步处理。工程中使用的缆线、器材应与采购订货合同上订购的产品在规格、型号、等级上相符。备品、备件及各类文件资料应齐全。

2）配套型材、管件与金属件的检验要求

各种型材的材质、规格、型号应符合设计规定，表面应光滑、平整，不得变形、断裂。预埋金属线槽和线管、过线盒、接线盒及桥架等表面涂覆或镀层应均匀、完整，不得变形、损坏。室内管材采用钢管或塑料管时，其管身应光滑、无伤痕，管孔无变形，孔径、壁厚应符合设计要求。金属管槽应根据工程环境要求做镀锌或其他防腐处理。塑料管槽必须采用阻燃管槽，外壁应具有阻燃标记。室外管道采用水泥管道时，应按通信管道工程验收中的相关规定进行检验。各种金属件的材质、规格应当全部符合相应的质量标准，不得有歪斜、扭曲、飞刺、断裂或破损。金属件的表面处理和镀层应均匀、完整，表面光洁，无脱落、气泡等缺陷。

（3）缆线的检验要求

工程使用的电缆、光缆的型式、规格及防火等级应符合设计方案的规定。缆线所附标志、标签内容应齐全、清晰，外包装应注明型号和规格。缆线的长度、型号和规格应与出厂质量合格证内容一致。缆线外包装和外护套须完整无损，当外包装损坏严重时，需对缆线进行相关测试，测试合格后才可在工程中使用。电缆应附有本批量的电气性能检验报告，施工前应进行链路或信道的电气性能及缆线长度的抽验，并做测试记录。光缆开盘后应先检查光缆端头封装是否良好。光缆外包装或光缆护套若有损伤，应对该盘光缆进行光纤性能指标测试。若有断纤，应进行处理，待检查合格方允许使用。光纤接插软线或跳线检验要求两端的光纤连接器件端面应装配合适的保护盖帽。光纤类型应符合设计要求，并应有明显的标记。

对进入施工现场的缆线，应进行性能抽测。抽测方法可以采用随机方式抽出某一段电缆（约100m），然后使用测试仪器进行各项性能指标参数的测试，以检验该电缆是否符合工程设计所规定的性能指标。现场尚无检测手段取得屏蔽布线系统所需的相关技术参数时，可将认证检测机构或生产厂家附有的技术报告作为检验依据。对绞电缆电气性能、机械特性、光缆传输性能及连接器件的具体技术指标和要求，应符合设计要求。

（4）连接器件的检验要求

配线模块、信息插座模块及其他连接器件的部件须完整，电气和机械性能等指标符合相应产品生产的质量标准。塑料材质应具有阻燃性能，并应满足设计要求。信号线路浪涌保护器各项指标应符合有关规定。光纤连接器件及适配器使用规格、型号和数量等都应与设计中的规定相符。光纤插座的面板应有明显标志表示发射和接收，以示区别而便于使用。光缆接续盒及其附件的规格均应符合设计要求。

项目 16　综合布线系统工程施工准备

（5）配线设备的检验要求

缆线配线设备的规格、型号和数量应符合设计要求，配线设备的编排和标签名须与设计要求相符，标志名称和标志位置应当统一、正确和清晰。配线设备上的各种零件和部件应完整、清晰，并且应该安装到位。配线设备有箱体时，要求箱体外壳应是密封防尘和防潮，箱体表面完好，箱门开启关闭灵活。配线设备的电气性能指标均应符合我国现行标准规定的要求。

（6）测试仪表和工具的检验要求

应事先对工程中需要使用的仪表和工具进行测试或检查，缆线测试仪表应附有相应检测机构的证明文件。综合布线系统的测试仪表应能测试相应类别工程的各种电气性能及传输特性，其精度符合相应要求。测试仪表的精度应按相应的鉴定规程和校准方法进行定期检查和校准，经过相应计量部门校验取得合格证后，方可在有效期内使用。

施工工具如电、光缆的接续工具：剥线器、光缆切断器、光纤熔接机、光纤磨光机、卡接工具等必须进行检查，合格后方可在工程中使用。电动工具必须详细检查和通电测试，检查有无产生漏电的隐患，只有证实确无问题时，才可在工程中使用。综合布线系统工程中一些重要且贵重的仪器或仪表，如光纤熔接机、电缆芯线接续机和切割器等，应建立保管责任制，设专人负责使用、搬运维修和保管，以保证这些仪器仪表能正常工作。

16.2.4　任务实施

第一步，整理出综合布线工程的施工工具，清点工具的型号、规格、数量并记录。

第二步，整理出综合布线工程的施工材料，清点材料的型号、规格、数量并记录。

第三步，将成果上传到学习平台，填写附录中任务工单 1。

16.2.5　实训评价

完成任务后，请根据任务实施情况，完成任务评分表（表 4-2）及实训报告。

工具、材料、清点任务评分表　　　　　　　　　　　表 4-2

组名或姓名	施工工具清点			施工材料清点			总分
	型号信息（15分）	规格信息（15分）	数量信息（20分）	型号信息（15分）	规格信息（15分）	数量信息（20分）	

173

☆项目17 工作区子系统的施工与验收

☆任务17.1 网络跳线制作和测试

课前小知识

14."一根网线"助推乡村振兴

17.1.1 任务描述

每位同学独立完成2根网络跳线的制作与测试，具体要求如下：

1. 制作1根超5类非屏蔽跳线（直通网线），线序为T568B，长度为500mm，长度误差±5mm。

2. 制作1根6类非屏蔽跳线（交叉网线），长度为500mm，长度误差±5mm。

具体详见附录中任务工单1。

17.1.2 学习目标

知识目标	能力目标	素质目标
1. 熟悉国家标准对应的条文。 2. 熟悉网线和水晶头的结构。 3. 掌握网线的色谱和线序	1. 能合理使用网络跳线制作和测试的常用工具。 2. 能根据要求制作网络跳线并测试合格（重点）	1. 培养专心细致的工作作风。 2. 提高动手操作能力，自主思考并解决问题的能力

4-17-1 网络跳线的制作与测试

17.1.3 相关知识

1. 网络跳线基本知识

网络跳线通常用于电脑、打印机、网络摄像机等终端设备与信息模块的连接。网络跳线的好坏，直接决定了综合布线系统能否稳定运行。工作区子系统，是指从信息插座延伸到终端设备的整个区域，包括了信息插座、信息模块、网卡和连接所需的跳线。根据实际应用环境和需求可分为屏蔽系统和非屏蔽系统。对绞电缆连接器件基本电气特性如下：

（1）配线设备模块工作环境的温度应为10～60℃。

（2）应具有唯一的标记或颜色。

（3）连接器件应支持0.4～0.8mm线径导体的连接。

（4）连接器件的插拔率不应小于500次。

网络跳线的做法依据为国际标准，有A、B两种端接方式，分别是T568A和T568B，网络跳线线序表见表4-3。

网络跳线线序表　　　　　　　　　　表 4-3

线序	1	2	3	4	5	6	7	8
T568A	白绿	绿	白橙	蓝	白蓝	橙	白棕	棕
T568B	白橙	橙	白绿	蓝	白蓝	绿	白棕	棕
绕对	同一绕对		与6同一绕对	同一绕对		与6同一绕对	同一绕对	

8 位模块通用插座可按 T568A 或者 T568B 的方式进行连接，如图 4-3 所示。

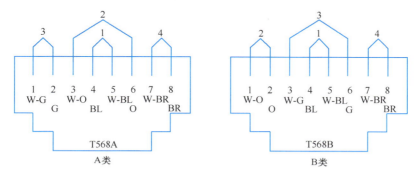

图 4-3　8 位模块通用插座连接

注：G（Green）—绿；BL（Blue）—蓝；BR（Brown）—棕；W（White）—白；O（Orange）—橙。

2．网络跳线的连接

在网络连接中，通常采用直通网线和交叉网线两种网线。

（1）直通网线：网线两端均按同一标准（T568A 或 T568B）制作，用于交换机、集线器与计算机之间的连接。在同一个工程项目中，必须确保所有的端接采用同一标准：都是 T568A 或都是 T568B，不可混用。

（2）交叉网线：网线一端按 T568A 标准制作，另一端按 T568B 标准制作，用于交换机与交换机、集线器与集线器、计算机与计算机之间的连接。

17.1.4　实训材料和工具

材料和工具有超 5 类非屏蔽水晶头、6 类非屏蔽水晶头、超 5 类非屏蔽网线、6 类非屏蔽网线、剥线器、压线钳、网络测试仪、卷尺、斜口钳，如图 4-4 所示。

17.1.5　任务实施

本次实训使用的双绞线为超 5 类和 6 类两种，这两种网络跳线的制作方法和步骤大同小异，这里以超 5 类非屏蔽网络跳线（直通网线）为例进行介绍。

1．剥线

将网线放入剥线器刀口，以网线为中心将剥线器旋转一周，剥除网线外绝缘护套，使用斜口钳剪去牵引线，外绝缘护套剥除的长度约为 30mm，如图 4-5 和图 4-6 所示。

2．拆开线对

将已剥除外绝缘护套的 4 对对绞线按照对应的颜色分别拆开，剪去牵引线，并将每根线芯捋直，按照 T568B 的线序的颜色从左至右依次排好，如图 4-7 所示。

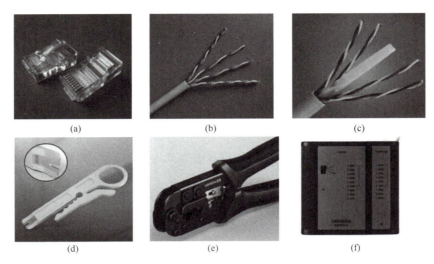

图 4-4 实训材料和工具
(a) 水晶头；(b) 超 5 类非屏蔽网线；(c) 6 类非屏蔽网线
(d) 剥线器；(e) 压线钳；(f) 网络测试仪

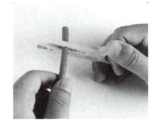  

图 4-5 剥除网线外绝缘护套　　图 4-6 剥除长度约为 30mm　　图 4-7 拆开 4 对对绞线

3．剪齐线端

把整理好线序的 8 根线芯的一端剪齐（图 4-8），线端留 13mm，如图 4-9 所示。

4．插入水晶头

水晶头有刀片的一面朝自己，将 8 根线芯对齐后插入水晶头，插入时须保证线序正确和线芯插到底，如图 4-10 所示。

特别注意：线芯须插到水晶头底部，水晶头的三角块能压住护套 2mm 位置，如图 4-11 所示。

  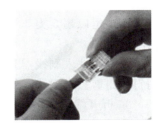

图 4-8 用压线钳的剪线口剪齐线段　　图 4-9 线端留 13mm　　图 4-10 插入水晶头

5. 压接水晶头

将水晶头放入压线钳相应的压接口，用力一次压紧，压接时，须注意观察压线钳与水晶头刀片，对齐后，再用力压紧，如图 4-12 和图 4-13 所示。

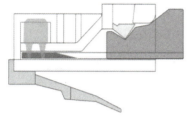  

图 4-11　水晶头压接示意图　　图 4-12　压接水晶头　　图 4-13　压线钳与水晶头刀片对齐

6. 检查

压接完毕后，仔细检查水晶头线序是否正确，水晶头是否压住护套，如图 4-14 所示。

7. 网络跳线测试

将制作好的网络跳线两端分别插入网络测试仪的对应插口中，仔细观察测试仪指示灯，如图 4-15 所示。网络测试仪主副机指示灯从 1-2-3-4-5-6-7-8，按顺序逐个闪亮，则表示网络跳线正常。

图 4-14　检查水晶头压接质量　　图 4-15　测试网络跳线

值得注意的是若指示灯未按上述顺序闪亮，说明线序出错；若是某一序号指示灯不亮，则说明该序号的线未正常导通，需重新检查线序、线芯与水晶头的连接是否正确。

6 类水晶采用线芯双层排列的方式，目的是尽可能地减少线对开绞的长度，从而降低串扰的影响。线芯上下分层排列，上排 4 根，下排 4 根，如图 4-16 所示。此外，6 类水晶头需要与 6 类双绞线搭配使用，因为 6 类双绞线比 5 类双绞线更粗，在其外绝缘护套内增加了十字骨架结构，如图 4-17 所示。因此在制作 6 类网络跳线时需要剪去十字骨架。

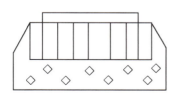 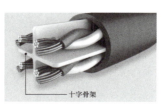

图 4-16　6 类水晶头　　　　　图 4-17　6 类双绞线

模块四　综合布线系统施工与验收

17.1.6　实训评价

本次实训过程中制作的网络跳线要求长度误差控制在±5mm，线序正确，压接护套到位，剪掉牵引线，并符合国家标准《综合布线系统工程验收规范》GB/T 50312—2016中的规定，网络跳线经测试合格。完成任务后请填写网络跳线制作和测试实训评分表（表4-4）和附录中实训报告。

网络跳线制作和测试实训评分表　　　　　　　　　　　　表4-4

名称/跳线编号		跳线 A	跳线 B
通断测试（合格 100 分，不合格 0 分）			
操作工艺评价（每项扣 5 分）	未剪牵引线		
	拆开线对＞13mm		
	未压紧护套		
	跳线长度误差＞±5mm		
	线芯未顶到底		
实训过程评价（每项扣 10 分）	未按时完成		
	未将设备和工具归位		
	未清理废弃物		
	不规范操作		
得分			
实训总分			

178

☆任务 17.2 屏蔽跳线制作和测试

课前小知识

15. 严把质量关,拒绝网络"若隐若现"

17.2.1 任务描述

每位同学独立完成 2 根屏蔽跳线的制作(直通网线),线序为 T568B,长度分别为 300mm 和 500mm,长度误差±5mm,并使用网络测试仪测试屏蔽跳线。具体详见附录中任务工单 1。

17.2.2 学习目标

知识目标	能力目标	素质目标
1. 熟悉国家标准对应的条文。 2. 掌握屏蔽跳线的制作方法	1. 能合理使用屏蔽跳线制作和测试的常用工具。 2. 能根据要求制作屏蔽跳线并测试合格(重点)	1. 培养专心细致的工作作风。 2. 培养精益求精的工匠精神。 3. 树立责任意识和质量意识

17.2.3 相关知识

当综合布线区域内存在干扰或用户对电磁兼容性有较高的要求(防电磁干扰和防信息泄露)时,适宜采用屏蔽布线系统。随着布线系统的发展,屏蔽布线系统的物理带宽已经超过了非屏蔽布线系统,非屏蔽布线系统的最高产品等级为 6_A 类,屏蔽布线系统的最高产品等级为 7_A 类,目前 8 类的屏蔽布线产品也已投入市场。如银行、证券交易所的市级总部办公楼、结算中心以及备份中心的计算机网络宜采用屏蔽布线系统。在医院、专业实验室等特殊建筑内必须设置大型电磁辐射发射装置、核辐射装置或电磁辐射较严重的高频电子设备时,计算机网络宜采用屏蔽布线系统。

《综合布线系统工程验收规范》GB/T 50312—2016 中,有关缆线终接屏蔽的规定如下:

1. 屏蔽对绞电缆的屏蔽层与连接器件终接处屏蔽罩应通过紧固器件可靠接触,缆线屏蔽层应与连接器件屏蔽罩 360°圆周接触,接触长度不宜小于 10mm。

2. 对不同的屏蔽对绞线或屏蔽电缆,屏蔽层应采用不同的端接方法。应使编织层或金属箔与汇流导线进行有效的端接。

17.2.4 实训材料和工具

6 类屏蔽双绞线、6 类屏蔽水晶头线、压线钳、剥线器、网络测试仪、卷尺、斜口钳。

17.2.5 任务实施

各类型屏蔽双绞线制作跳线的方法和步骤大同小异,这里以制作 6 类 SF/UTP 屏蔽跳线为例介绍。

1. 剥线

使用剥线器将屏蔽网线外绝缘护套剥除，剥除的长度约为 3cm，如图 4-18 所示。

2. 拆开线对

剥开外绝缘护套后，将屏蔽层卷成一圈向后拧成一团，去掉铝箔层。依照 T568B 的线序排列，方便下一步安装，如图 4-19 和图 4-20 所示。

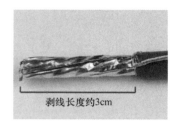
图 4-18 剥除网线外绝缘护套

图 4-19 拆开 4 对对绞线

图 4-20 排列线序

3. 剪齐线端

把排列好线序的 8 根线芯穿入排线器中，并将线的一端剪齐，留 13mm，如图 4-21 和图 4-22 所示。

4. 插入水晶头

水晶头有刀片的一面朝自己，线芯对齐后插入水晶头，线芯须推至最前端。

5. 压接水晶头

将水晶头放入压线钳相应的压接口，用力一次压紧，最后将过长的屏蔽层剪去，制作的成品屏蔽跳线如图 4-23 所示。

图 4-21 穿入排线器

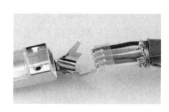
图 4-22 剪齐线段

图 4-23 成品屏蔽跳线

特别注意：压接水晶头时，须确保水晶头燕尾夹压紧双绞线的屏蔽层。

6. 网络跳线测试

将屏蔽跳线分别插入网络测试仪的对应插口中，观察测试仪指示灯。网络测试仪主副机指示灯从 1-2-3-4-5-6-7-8-G 按顺序逐个闪亮，则表示网络跳线正常，测试网络跳线如图 4-24 所示。

特别注意：若指示灯显示顺序从 1 至 8 亮起，则表示跳线通信正常，G 亮起则表示跳线屏蔽正常。

图 4-24 测试网络跳线

项目 17　工作区子系统的施工与验收

17.2.6　实训评价

本次实训过程中制作的网络跳线要求长度误差控制在±5mm，线序正确，压接护套到位，剪掉牵引线，并符合《综合布线系统工程验收规范》GB/T 50312—2016 中的规定，网络跳线经测试合格。完成任务后请填写评分表及实训报告，评分表见表 4-5。实训报告见附录。

屏蔽跳线制作和测试实训评分表　　　　　　　　　　　　　　　　　表 4-5

名称/跳线编号		跳线 A	跳线 B
通断测试（合格 100 分，不合格 0 分）			
操作工艺评价（每项扣 5 分）	测试仪 G 灯不亮		
	未剪多余屏蔽层		
	燕尾夹未压紧屏蔽层		
	跳线长度误差＞±5mm		
	线芯未顶到底		
实训过程评价（每项扣 10 分）	未按时完成		
	未将设备和工具归位		
	未清理废弃物		
	不规范操作		
得分			
实训总分			

181

☆任务 17.3　网络模块的端接和测试

17.3.1　任务描述

每位同学独立完成一根两端为超 5 类非屏蔽网络模块的跳线制作，线序按 T568B 标准，长度 500mm，长度误差±5mm。具体详见附录中任务工单 1。

17.3.2　学习目标

知识目标	能力目标	素质目标
1. 熟悉网络模块的结构和工作原理。 2. 掌握网络模块的色谱标识及模块的端接、测试方法	1. 能合理使用网络模块端接的常用工具。 2. 能根据要求熟练端接网络模块并测试合格（重点）。 3. 能合理使用仪器测试端接的网络模块	1. 培养专心细致的工作作风。 2. 培养精益求精的工匠精神。 3. 树立责任意识和质量意识

4-17-2　信息模块的端接与测试

17.3.3　相关知识

网络模块也叫信息模块，是综合布线系统中应用最普遍的中间连接器，主要用来连接设备。网络模块安装在信息插座中，使用时将一条直通双绞线直接插入网络信息模块，即可完成与网络信息模块另一端的网线的连接。网络模块一般安装在墙内或桌面上，这样既能保护模块免遭破坏，又能美化整个网络布线环境。常用的信息模块有超 5 类、6 类、6_A 类，在模块上一般有模刻。网络模块如图 4-25 所示。

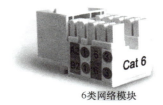

超5类网络模块　　　6类网络模块

图 4-25　网络模块

此外，网络模块根据屏蔽性能的不同，分为屏蔽网络模块和非屏蔽网络模块，如图 4-26 所示。外部结构使用镀锡铜片、锌合金压铸成型后再电镀，可以起到抵抗外界干扰，保证系统安全稳定运行的作用。其基本电气特性见《综合布线系统工程设计规范》GB 50311—2016。

图 4-26　屏蔽网络模块

信息模块的端接是利用压线钳将双绞线的每一根线芯逐一端接到网络模块的槽内，如图 4-27 所示。在压接时，网络模块中的刀片划破线芯的绝缘护套，实现刀片与铜线芯的电气连接。图 4-28 为模块刀片压线后示意图。

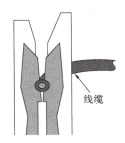

图 4-27　网络模块的结构　　　　图 4-28　模块刀片压线后示意图

在进行网络模块端接时，双绞线的各线芯需要根据模块的色谱标识逐一对应端接到模块的槽内。由于网络模块生产厂家和型号的不同，模块上色谱标识的位置各有不同，有的在模块侧面，如图 4-29 所示。有的在模块内侧，如图 4-30 所示。

图 4-29　色谱标识在侧面　　　　图 4-30　色谱标识在内侧

17.3.4　实训材料和工具

超 5 类非屏蔽网络模块、超 5 类非屏蔽网线、打线刀、剥线器、网络测试仪、卷尺、斜口钳（图 4-31）。

图 4-31　打线刀、斜口钳

17.3.5　任务实施

1. 剥线

将网线放入剥线器刀口，以网线为中心将剥线器旋转一周，剥除网线外绝缘护套，使用斜口钳剪去牵引线，外绝缘护套剥除的长度约为 30mm，同"17.1.5"。

2. 拆开线对

将已剥除外绝缘护套的 4 对对绞线按照对应的颜色分别拆开，剪去牵引线，并将每根线芯捋直。同"17.1.5"。

3. 放入线芯

将拆开的线芯按照网络模块上 T568B 接法的色谱线序放入打线柱的凹槽内，此时护套部分需伸入槽内约 2mm，如图 4-32 所示。

4. 压线和剪线

仔细检查一遍线芯顺序后，用打线刀将双绞线的 8 根线芯压到线槽底部，打线刀刀头锋利的一侧将伸出槽位的多余线头切断，若打线刀无法切断多余的线芯，则使用斜口钳或者剪刀剪去，线端长度应小于 1mm。

特别注意：压线时，打线刀需要与模块垂直，打线刀的刀口方向不可错放，锋利的一侧朝向多余线芯的一端。压线和剪线如图 4-33 和图 4-34 所示。

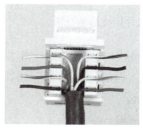

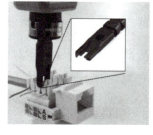

图 4-32　放入线芯　　　　图 4-33　压线　　　　图 4-34　剪线

5. 安装压盖

将压盖扣在网络模块上，缺口向内，使用双手用力将压盖压到底，如图 4-35 所示。

6. 检查

检查防尘盖是否压到底，方向是否正确，线序端接正确，测量跳线长度。

7. 通断测试

端接好双绞线两头的网络模块后，在两端的网络模块处分别插入 2 根经测试合格的 RJ45 网络跳线，并将网络跳线接入网络测试仪对应的测试端口中，如图 4-36 所示。仔细观察网络测试仪指示灯闪烁的顺序。

（1）如果网络测试仪对应的指示灯按照 1-1，2-2，3-3，4-4，5-5，6-6，7-7，8-8 顺序轮流重复闪烁，则网络模块端接的全部线序正确。

（2）如果有 1 芯或者多芯没有端接到位时，网络测试仪对应的指示灯不亮。

（3）如果有 1 芯或者多芯线序错误时，网络测试仪对应的指示灯将显示错误的线序。

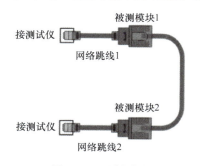

图 4-35　安装压盖　　　　图 4-36　通断测试

项目 17　工作区子系统的施工与验收

17.3.6　实训评价

本次实训过程中制作的跳线要求长度误差控制在±5mm，线序正确，网络模块的压盖压到位，线端长度小于 1mm，并符合《综合布线系统工程验收规范》GB/T 50312—2016 中的规定，网络跳线经测试合格。完成任务后请填写评分表及实训报告，评分表见表 4-6。实训报告见附录。

网络模块的端接和测试实训评分表　　　　　　　　　　　　　表 4-6

名称/跳线编号		分值
通断测试（合格 100 分，不合格 0 分）		
操作工艺评价（每项扣 5 分）	未剪牵引线	
	压盖方向错误	
	压盖未压到位	
	线端长度>1mm	
	跳线长度误差>±5mm	
实训过程评价（每项扣 10 分）	未按时完成	
	未将设备和工具归位	
	未清理废弃物	
	不规范操作	
实训总分		

185

☆任务 17.4 屏蔽模块的端接和测试

17.4.1 任务描述

每位同学独立完成一根两端为 6 类屏蔽网络模块的跳线制作，线序按 T568B 标准，长度 500mm，长度误差±5mm。具体详见附录中任务工单 1。

17.4.2 学习目标

知识目标	能力目标	素质目标
1. 熟悉屏蔽模块的结构和工作原理。 2. 掌握屏蔽模块的用途	1. 能合理使用网络屏蔽模块端接的常用工具。 2. 能根据要求熟练端接屏蔽模块并测试合格（重点）。 3. 能合理使用仪器测试端接的屏蔽模块	1. 培养专心细致的工作作风。 2. 培养精益求精的工匠精神。 3. 树立责任意识和质量意识

17.4.3 相关知识

《综合布线系统工程设计规范》GB 50311—2016 中规定，屏蔽布线系统应选用相互适应的屏蔽电缆和连接器件，采用的电缆、连接器件、跳线、设备电缆都应是屏蔽的，并应保持信道屏蔽层的连续性与导通性。因此，综合布线屏蔽系统中需使用屏蔽模块（图 4-37）。

屏蔽模块一般由屏蔽外壳、塑料压盖和网络模块构成。外部结构件一般采用镀锡铜片、锌合金压铸后再电镀两种材料。从产品的全屏蔽性能、结构可靠性和使用寿命来看，镀锌合金压铸后的屏蔽模块优于镀锡铜外壳的屏蔽模块。端接时需注意电缆的屏蔽层与屏蔽连接器件之间必须做好 360°的连接，屏蔽布线系统在检测时，应检测屏蔽层的导通性能。屏蔽模块结构及部件如图 4-38 所示。

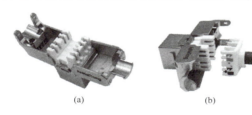

图 4-37 屏蔽模块
（a）打线式屏蔽模块；（b）免打式屏蔽模块

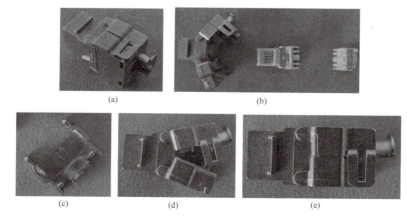

图 4-38 屏蔽模块结构及部件
（a）屏蔽模块；（b）屏蔽模块部件；（c）指向箭头；（d）屏蔽外壳微开；（e）屏蔽外壳闭合

17.4.4 实训材料和工具

6 类屏蔽网络模块、6 类屏蔽双绞线、剥线器、网络测试仪、卷尺、斜口钳。

17.4.5 任务实施

请根据以下操作步骤完成本次实训任务。

1. 剥线

剥开屏蔽网线外绝缘护套，剪掉铝箔、十字骨架和撕拉线，保留接地钢丝，将编织带和钢丝缠绕在一起，如图 4-39 和图 4-40 所示。

图 4-39　剥线　　　　　　图4-40　剪掉铝箔、十字骨架和撕拉线

2. 排线序

把模块的防尘盖套入网线中，注意穿入压盖时屏蔽层与压盖平台方向一致。按照 T568B 排列线序后，剪掉防尘盖外多余的网线，如图 4-41 所示。

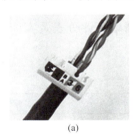 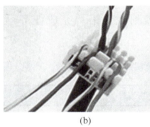 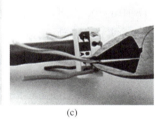

图 4-41　排线序
（a）套入防尘盖；（b）排列线序；（c）剪线

3. 安装模块

放置完防尘盖槽内的线芯后，将防尘盖按照箭头方向正确安装在模块上，将两边护套盖紧后，用线绑扎紧网线、屏蔽层和金属外壳，保证金属外壳与屏蔽层可靠连接，如图 4-42 所示。

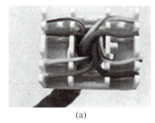 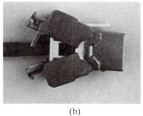 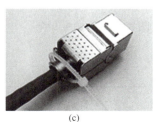

图 4-42　安装模块
（a）完成线芯放置；（b）扣紧外壳；（c）绑扎外壳

4. 通断测试

按同样方法端接好屏蔽双绞线两头的屏蔽模块后,在两端的屏蔽模块处分别插入2根经测试合格的屏蔽跳线,并接入网络测试仪对应的测试端口中,如图4-43所示。观察网络测试仪指示灯闪烁的顺序。网络测试仪主副机指示灯从1-2-3-4-5-6-7-8-G按顺序逐个闪亮,则表示网络跳线正常,如图4-44所示。

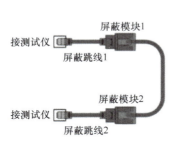

图 4-43　通断测试　　　　图 4-44　测试网线

特别注意:若指示灯显示顺序从1至8亮起,则表示跳线通信正常,G亮起则表示跳线屏蔽正常。

17.4.6　实训评价

本次实训过程中制作的屏蔽跳线要求长度误差控制在±5mm,线序正确,网络模块的压盖压到位,屏蔽层可靠连接,并符合国家标准《综合布线系统工程验收规范》GB/T 50312—2016中的规定,屏蔽跳线经测试合格。完成任务后请填写评分表及实训报告,评分表见表4-7。实训报告见附录。

屏蔽模块的端接和测试实训评分表　　　　表 4-7

名称/跳线编号		分值
通断测试(合格100分,不合格0分)		
操作工艺评价(每项扣5分)	测试仪G灯不亮	
	未剪多余屏蔽层	
	未绑扎外壳	
	跳线长度误差>±5mm	
	防尘盖安装错误	
实训过程评价(每项扣10分)	未按时完成	
	未将设备和工具归位	
	未清理废弃物	
	不规范操作	
实训总分		

☆任务 17.5　信息插座的安装

17.5.1　任务描述

2~3 名同学为一组在各工位上进行分工实训,安装信息插座(含插座底盒、信息模块和面板)要求距地面 300mm,高度误差±10mm,并完成信息插座的穿线工作。具体详见附录中任务工单 1。

17.5.2　学习目标

知识目标	能力目标	素质目标
1. 熟悉信息插座的结构。 2. 掌握工作区信息插座布置原则和安装要领(重点)	1. 能合理使用安装信息插座的工具。 2. 能根据要求准确安装信息插座,并符合相关国家标准的要求(重点)	1. 培养专心细致的工作作风。 2. 培养精益求精的工匠精神。 3. 增强民族自豪感

17.5.3　相关知识

1. 信息插座安装的基本概念:

安装在建筑物墙面或者地面的各种信息插座,在智能建筑中随处可见。信息插座的正确安装与快速维修,直接关系到各种终端设备的正常使用。

信息插座安装在墙面时有明装和暗装两种方式,配合使用底盒一般为 86 系列,插座为正方形,边长 86mm。暗装时,把插座暗装底盒暗藏在墙内,只有信息面板凸出墙面,暗装一般配套使用线管,线管也必须敷设在墙面内。明装时,插座明装底盒和面板全部明装在墙面,适合旧楼改造或者无法暗装的场合。除此之外,信息插座还可以地面安装,地面安装的插座也称为"地弹插座",一般采用 120 系列的面板和底盒,由于有抗压和防水的需要,因此面板和底盒一般均为金属材质。信息插座的安装和底盒如图 4-45 和图 4-46 所示。

　　(a)　　　　　　　　　　(b)　　　　　　　　　　(c)

图 4-45　信息插座的安装

(a) 明装信息插座;(b) 暗装信息插座;(c) 地插信息插座

工作区信息插座的安装要求如下:

(1) 暗装在地面上的信息插座盒应满足防水和抗压要求。

(2) 工业环境中的信息插座可带有保护壳体。

(3) 暗装或明装在墙体或柱子上的信息插座盒底距地高度宜为 300mm,如图 4-47 所示。这类插座一般在使用时需打开防尘盖插入跳线,不使用时,防尘盖自动关闭。

(4) 安装在工作台侧隔板面及临近墙面上的信息插座盒底距地宜为 1.0m。

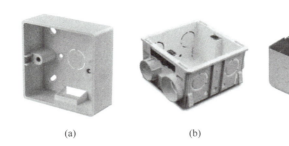

图 4-46 信息插座底盒
(a) 明装插座底盒；(b) 暗装插座底盒；(c) 地插金属底盒

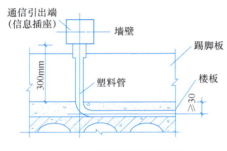

图 4-47 信息插座安装高度

（5）信息插座模块宜采用标准 86 系列面板安装，安装光纤模块的底盒深度不应小于 60mm。

安装信息插座模块要求如下：

（1）信息插座底盒、多用户信息插座及集合点配线箱、用户单元信息配线箱安装位置和高度应符合设计文件要求，一般为插座底边距地 300mm。

（2）安装在活动地板内或地面上时，应固定在接线盒内，接线盒盖可开启，并应具有防水、防尘、抗压功能。一般选用地弹插座，使用时打开盖板，不使用时盖板应该与地面高度相同。

（3）信息插座安装时要与电源插座保持一定距离。若同时安装信息插座模块和电源插座时，间距及采取的防护措施应符合设计文件要求。

（4）信息插座底盒明装的固定方法应根据施工现场条件而定。

（5）固定螺丝应拧紧，不应产生松动现象。

（6）各种插座面板应有标识，以颜色、图形、文字表示所接终端设备业务类型。

2. 信息插座的安装位置一般遵循以下原则：

（1）在教学楼、学生公寓、实验楼、住宅楼等不需要进行二次区域分割的工作区，信息插座宜设计在非承重的隔墙上，并靠近设备使用位置。

（2）写字楼、商业、大厅等需要进行二次分割和装修的区域，信息点宜设置在四周墙面上，也可以设置在中间的立柱上，但同时要考虑二次隔断和装修时的扩展方便性和美观性。

（3）学生公寓等信息点密集的隔墙，宜在隔墙两面对称设置。

（4）银行营业大厅的对公区、对私区和 ATM 自助区信息点的设置要考虑隐蔽性和安全性。特别是离行式 ATM 机的信息插座不能暴露在客户区。

（5）电子屏幕、指纹考勤机、门禁系统信息插座的高度宜参考设备的安装高度设置。

3. 信息插座中的网络模块端接与安装，要求其可靠端接、安装方向正确。

4. 信息插座中的双绞线端接时，要求留有余量以适应检测、变更、终接的需要，一般在插座底盒内为 30～60mm。

17.5.4 实训材料和工具

86型底盒、信息插座面板、超5类非屏蔽水晶头、超5类非屏蔽网线、超5类非屏蔽模块、压线钳、打线钳、剥线器、卷尺、斜口钳。

17.5.5 任务实施

1. 安装底盒。安装底盒根据安装方式的不同可以分为墙内暗装、墙面明装、地面安装,本次实训以墙面明装为例作介绍。

2. 材料检查。检查底盒的外观是否合格,是否有合格证,特别检查底盒上的螺栓孔必须正常。

3. 取掉底盒挡板。根据进出线方向和位置,取掉底盒预设孔中的挡板。

4. 固定底盒。根据设计图纸位置和安装的要求,将底盒固定在墙面。螺栓应拧紧,底盒不能出现松动的情况。

5. 信息插座内理线、穿线和标记。底盒安装完成后,将双绞线从底盒预设孔中穿入,并在底盒中预留100mm,在线端60~80mm处制作标签,缠绕好置于底盒内。

6. 信息插座内端接模块。信息插座底盒内可以安装模块,安装方法与"17.3"中网络模块的端接方法一致。

特别注意:在实际工程施工中,一般底盒安装和穿线较长时间后才安装信息模块,因此在安装模块前需要清理底盒内堆积的水泥砂浆或者其他垃圾。将双绞线取出并清理表面后重新标记。

7. 信息插座面板的安装。安装面板是信息插座安装的最后一步,一般应该在端接完模块后立即进行,以保护模块。将端接好的信息模块卡接到面板接口上。如果双口面板上有网络和电话插口标记时,按照标记口位置安装。如果双口面板上没有标记时,宜将网络模块安装在左边,电话模块安装在右边,并且在面板表面做好标记。

信息插座面板的安装如图4-48所示。

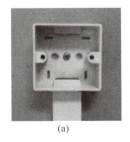 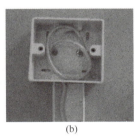 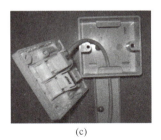

(a) (b) (c)

图4-48 信息插座面板的安装
(a) 固定底盒;(b) 理线和穿线;(c) 信息面板安装

17.5.6 实训评价

本次实训过程中制作的网络跳线要求长度误差控制在±5mm,线序正确,压接护套到位,剪掉牵引线,并符合《综合布线系统工程验收规范》GB/T 50312—2016中的规定,网络跳线经测试合格。完成任务后请填写评分表及实训报告,评分表见表4-8。实训报告见附录。

模块四　综合布线系统施工与验收

信息插座的安装实训评分表

表 4-8

名称/信息插座编号		插座 A
操作工艺评价（每项 10 分）	信息插座安装高度正确，误差＜10mm	
	底盒安装牢固	
	模块端接正确	
	模块安装正确	
	缆线预留长度合适	
	面板方向正确	
实训过程评价（每项 10 分）	按时完成实训内容	
	实训后将设备和工具归位	
	实训后清理废弃物	
	按规范进行实训操作	
实训总分		

☆任务 17.6 光纤的冷接

17.6.1 任务描述

每位同学独立使用 SC 冷接头制作 1 根长度为 500mm，±10mm 的光纤跳线，要求光纤两端的连接器均为 SC。具体详见附录中任务工单 1。

17.6.2 学习目标

知识目标	能力目标	素质目标
1. 熟悉光纤和冷接头的结构。 2. 熟练掌握光纤冷接的方法（重点）	1. 能合理使用光纤冷接的工具和接头器件。 2. 能根据要求进行光纤的冷接（重点）	1. 培养专心细致的工作作风。 2. 培养精益求精的工匠精神。 3. 树立责任意识和质量意识

17.6.3 相关知识

4-17-3 光纤的冷接与测试

在综合布线系统中设备与光纤布线链路之间需要连接，如光端机连接到终端盒，便需要光纤跳线。光纤跳线两端都装有连接器插头。若将光纤跳线一分为二，就成了两条尾纤，常用于光路的终端（如熔接盘等），或者光器件的引出（如光分路器、激光器等）。在对两根尾纤进行对接时，则需要进行光纤的冷接。

1. 基本原理。光纤冷接技术也称作机械接续，是把两根处理好端面的光纤固定在高精度的 V 形槽内，通过外径对准的方式实现两端光纤线芯的对接。这一过程完全无源，因此称作冷接。光纤的冷接作为一种低成本的接续方式，在 FTTH 光纤到户的维护工作中广泛应用。

2. 光纤连接器。光纤连接器也称作光纤耦合器，是光纤与光纤之间进行可拆卸连接的器件，可用于延长光纤链路，实现光信号分路和合路等。光纤连接器一般由 3 部分组成：两个光纤连接头和一个连接器。通常按照连接头的结构可以分为 SC、ST、FC、LC 等类型。工程中根据不同的需求选择相应的光纤连接器。本次实训以 SC 冷接头为例介绍光纤的冷接。

SC 光纤连接器外形呈矩形，紧固方式为插拔销闩式，常被使用在路由器、交换机和传输设备侧光接口处，优点是使用方便，缺点是容易脱落。SC 光纤连接器如图 4-49 所示。

(a)　　　　　　　(b)

图 4-49　SC 光纤连接器
(a) SC 接头；(b) SC-SC 连接器

17.6.4 实训材料和工具

SC冷接头、1芯皮线光缆、工业酒精、无尘纸、光纤切割刀、皮线开剥器、米勒钳、红光笔、剪刀等（图4-50）。

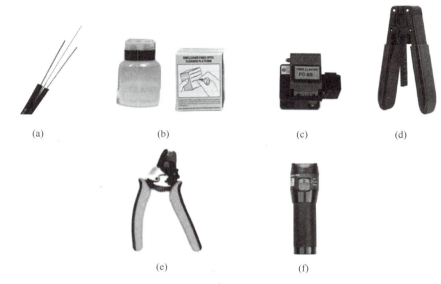

图 4-50 实训材料和工具
(a) 1芯皮线光缆；(b) 工业酒精、无尘纸；(c) 光纤切割刀；
(d) 皮线开剥器；(e) 米勒钳；(f) 红光笔

17.6.5 任务实施

1. 剥线。使用皮线剥线钳剥去皮线光缆的外护套，约50mm，再使用米勒钳剥去光纤的涂覆层，如图4-51和图4-52所示。

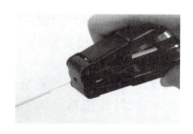  

图 4-51 剥除光缆外护套　　图 4-52 剥除光纤涂覆层　　图 4-53 擦拭光纤

2. 清洁光纤。取无尘纸蘸取适量酒精后，清洁裸纤表面3次左右，使其表面无附着物，以此降低光纤损耗（图4-53）。

3. 切割光纤。将清洁好的光纤放入导轨中定长（图4-54），再将光纤与导轨条放置于切割刀的导向槽内。依次放下切割刀的大小压板后，推一下切割刀片，完成切割，如图4-55所示。

项目 17　工作区子系统的施工与验收

图 4-54　光缆放入导轨中定长　　　图 4-55　光纤切割

4. 固定光纤。将 SC 冷接子的尾帽取出，打开尾部连接器，放入处理好的光纤。光纤从尾部连接器穿入时要注意保持光纤微微弯曲。接着上移开关套扣到顶端，闭锁夹紧裸光纤，最后套上蓝色保护套，如图 4-56 和图 4-57 所示。

图 4-56　连接器穿入光纤　　　　图 4-57　冷接好的光纤

按照上述方法对另一端的光纤进行相同的处理，即完成光纤两端的冷接。

5. 测试。将制作好的光纤插入红光笔的一端，可观察到光纤的另一端有红光闪烁，表明光纤冷接成功，测试光纤如图 4-58 所示。

17.6.6　实训评价

本次实训过程中制作的光纤冷接头要求操作规范、工艺合格。完成任务后请填写评分表及实训报告，评分表见表 4-9。实训报告见附录。

图 4-58　测试光纤

光纤的冷接实训评分表　　　　表 4-9

名称/光纤编号		分值
通断测试（合格 100 分，不合格 0 分）		
操作工艺评价（每项扣 5 分）	长度误差大于 10mm	
	未清理擦拭光纤	
	未进行光纤切割	
	光纤线芯过长	
	未锁紧冷接头护套	
实训过程评价（每项扣 10 分）	未按时完成	
	未将设备和工具归位	
	未清理废弃物	
	不规范操作	
实训总分		

195

☆项目18 配线子系统的施工与验收

△任务18.1 PVC线管的布线施工

18.1.1 任务描述

每2～3个同学组成1个实训小组，在工位上标注的位置进行PVC线管的布线安装。要求PVC线管路由正确，横平竖直，固定牢固。线管的两端切口平齐，线管缝隙≤1mm，线管和底盒之间安装杯梳，连接可靠。自制弯头的弯曲半径符合要求。具体详见附录中任务工单1。

18.1.2 学习目标

知识目标	能力目标	素质目标
1. 熟悉PVC线管安装的一般原则。 2. 熟练掌握PVC线管的施工方法（重点）。 3. 掌握线管弯头弯曲半径要求	1. 能熟练操作工具制作大拐弯弯头。 2. 能按照要求熟练安装PVC线管和穿线（重点）	1. 培养专心细致的工作作风。 2. 培养精益求精的工匠精神。 3. 培养团队协作精神

18.1.3 相关知识

配线子系统将垂直子系统线路延伸到工作区，实现信息插座和管理间子系统的连接。配线子系统的布线应采用星型拓扑结构，每个工作区的信息插座都要和管理间相连。在新建建筑物的配线子系统安装施工中，一般涉及线管暗埋和桥架安装等，有时也会涉及少量线槽。因此主要介绍线管、桥架和线槽的安装施工技术。在综合布线工程中，配线子系统的管路较多，与电气等其他管路交叉也多，综合布线施工平面图难以完全展示所有管线，因此需要在安装阶段根据现场实际情况安排管线，并设计出最优敷设管路的施工方案，满足管线路由最短，便于安装的要求。

配线子系统暗埋缆线施工程序一般如下：土建埋管→穿钢丝→安装底盒→穿线→标记→压接模块→标记。在预埋线管和穿线时一般遵守下列原则：

1. 埋管最大直径。预埋在墙体中间暗管的最大管外径不宜超过50mm，预埋在楼板中暗埋管的最大管外径不宜超过25mm，室外管道进入建筑物的最大管外径不宜超过100mm。

2. 穿线数量。不同规格的线管，根据拐弯的多少和穿线长度的不同，管内布放缆线的最大根数也不同。同一个直径的线管内如果穿线太多时则会拥挤、影响散热且拉线困难；如果穿线太少则增加布线成本。

3. 保证弯曲半径。墙内暗埋$\phi16$、$\phi20$PVC塑料布线管时，要特别注意拐弯处的弯曲半径。宜用弯管器现场制作大拐弯的弯头连接，这样既保证了缆线的弯曲半径，又方便轻松拉线，降低布线成本，保护缆线结构。若为金属管则一般使用专门的弯管器成型。管线敷设弯曲半径参照《综合布线系统工程设计规范》GB 50311—2016中的综合布线系统管线的弯曲半径表，查表3-20可知4对屏蔽、非屏蔽电缆的管线敷设的弯曲半径不小于电缆外径的4倍。

4. 横平竖直。土建预埋管一般都在隔墙和楼板中，为了垒砌隔墙方便，一般按照横

196

平竖直的方式安装线管，以保证施工进度。

5. 平行布管。由于智能建筑中信息点比较密集，楼板和隔墙中预埋有许多线管，因此同一走向的线管应遵循平行原则，不允许出现交叉或者重叠。

6. 线管连接。PVC管布线时，要保证管接头处的线管连续，管内光滑，方便穿线。如果留有较大的间隙时，管内有台阶，穿牵引钢丝和布线时较困难，如图4-59所示。

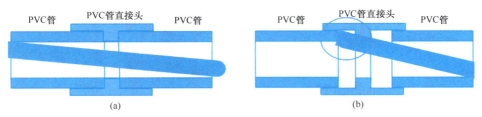

图4-59　PVC管接头
（a）PVC管连续；（b）PVC管有较大间隙

7. 拉力均匀。配线子系统路由的暗埋管比较长，一般为几十米，中间还有许多拐弯，布线时需要用较大的拉力才能把网线从插座底盒拉到管理间。因此穿线时应该采取慢速而又平稳的拉线，避免拉力太大破坏电缆对绞的结构和一致性，引起缆线传输性能下降。

8. 规避强电。在配线子系统布线施工中，必须考虑与电力电缆之间的距离，不仅要考虑墙面明装的电力电缆，更要考虑在墙内暗埋的电力电缆。

9. 穿牵引钢丝。土建埋管后，必须穿牵引钢丝，方便后续穿线。

10. 管口保护。PVC管在敷设时，应该采取措施保护管口，防止水泥砂浆或垃圾进入管口，堵塞管道，一般用塞头封住管口，并用胶布绑扎牢固。

18.1.4　实训材料和工具

超5类双绞线、PVC线管、管接头、管卡、弯管弹簧、穿线器、线管割刀、钢锯、杯梳、螺丝刀、标签纸（图4-60）。

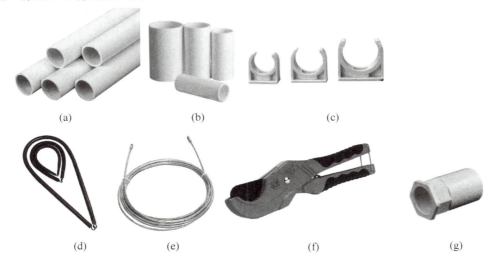

图4-60　实训材料和工具
（a）PVC线管；（b）管接头；（c）管卡；（d）弯管弹簧；（e）穿线器；（f）线管割刀；（g）杯梳

18.1.5 任务实施

1. 固定管卡。在距终端、弯头中点或柜、台、箱、盘等边缘 150~500mm 范围内应设有固定管卡,中间直线段固定管卡间的最大距离应符合表 4-10 的规定。如图 4-61 所示。

中间直线段固定管卡间的最大距离　　　　表 4-10

敷设方式	导管种类	导管直径（mm）			
^^	^^	15~20	25~32	40~50	65 以上
^^	^^	管卡间最大距离（m）			
支架或 沿墙明敷	壁厚＞2mm 刚性钢导管	1.5	2	2.5	3.5
^^	壁厚≤2mm 刚性钢导管	1	1.5	2	—
^^	刚性塑料导管	1	1.5	2	2

2. 裁剪弯管。使用线管钳裁剪合适长度的 PVC 线管,线管两端切口应保持平齐。接合处必须使用弯管器制作大拐弯的弯头连接,确定好弯曲位置和半径后,做出弯曲位置标记。插入弯管弹簧到需要弯曲的位置。如果弯曲较长时,给弯管器绑一根绳子,放到要弯曲的位置,用力弯曲,弯管如图 4-62 所示。

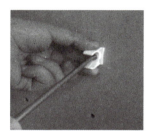

图 4-61　固定管卡　　　　图 4-62　弯管

3. 安装 PVC 管。两根 PVC 管连接处使用管接头。弯管的两头要用管卡固定好,避免移动。线管和底盒之间安装杯梳,使两者连接更牢固且不占用线盒内的空间,如图 4-63 所示。

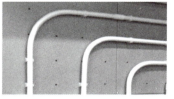

图 4-63　安装 PVC 管

4. 穿线。为缆线两端做好标签后,将缆线固定在穿线器上,从信息插座底盒穿向另一端,对绞电缆在工作区信息插座底盒内预留长度宜为 30~60mm,电信间宜为 0.5~2.0m,设备间宜为 3~5m。

项目 18 配线子系统的施工与验收

18.1.6 实训评价

本次实训过程中安装的 PVC 线管，要求线管的路由符合任务要求，横平竖直，固定稳固，线管的两端平齐，线管和底盒之间安装杯梳，信息插座底盒内电缆预留长度为30～60mm。完成任务后请填写评分表及实训报告，评分表见表 4-11。实训报告见附录。

PVC 线管的布线施工实训评分表　　　　　　　　　　　　　　表 4-11

名称/线管编号		分值
操作工艺评价（共 60 分）	布线路由正确（10 分）	
	PVC 线管安装稳固（10 分）	
	弯头弯曲半径正确（10 分）	
	缆线两端有标签（10 分）	
	安装杯梳，信息插座底盒内电缆预留长度合格（10 分）	
	线管两端平齐（5 分）	
	线管接头无缝隙（5 分）	
实训过程评价（共 40 分，每项 10 分）	按时按量完成任务	
	设备、工具完好，耗材使用未超标	
	工位清理干净、设备摆放整齐	
	安全、规范操作	
实训总分		

199

☆任务 18.2　PVC 线槽的布线施工

18.2.1　任务描述

每 2～3 个同学组成 1 个实训小组，在工位上标注的位置进行 PVC 线槽的布线安装。要求 PVC 线槽路由正确，横平竖直，固定牢固。线槽的两端切口平齐，线槽接缝≤1mm，线槽紧靠插座底盒，线槽拐弯处符合要求。具体详见附录中任务工单 1。

18.2.2　学习目标

知识目标	能力目标	思政目标
1. 熟悉 PVC 线槽安装的一般原则。 2. 通过安装线槽和穿线等操作，熟练掌握 PVC 线槽的施工方法（重点）。 3. 掌握线槽弯头的使用要求	1. 能按照要求熟练安装 PVC 线槽（重点）。 2. 能熟练在线槽内穿线	1. 培养专心细致的工作作风。 2. 培养精益求精的工匠精神。 3. 树立集体意识，培养团队协作精神

18.2.3　相关知识

配线子系统有时会用到 PVC 线槽布线，如一些老式办公楼、住宅、厂房等改造工程或临时布线。常用的 PVC 线槽规格有：20mm×10mm、39mm×18mm、50mm×25mm、60mm×30mm、80mm×50mm 等。

配线子系统明装线槽施工程序一般如下：安装底盒→钉线槽→穿线→标记→压接模块→标记→盖板。

在明装线槽和穿线时应注意：

1. 线槽弯头。线槽拐弯处一般使用成品弯头，一般有阴角、阳角、三通、堵头等配件，成品弯头如图 4-64 所示。使用这些成品配件安装施工简单，而且速度快，图 4-65 为使用配件安装示意。

 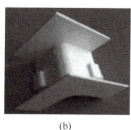 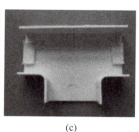 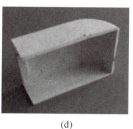

(a)　　　　　　　(b)　　　　　　　(c)　　　　　　　(d)

图 4-64　成品弯头
(a) 阳角；(b) 阴角；(c) 三通；(d) 堵头

在实际工程施工中，因为准确计算这些配件非常困难，因此一般都是现场自制弯头，不仅能够降低材料费，而且美观。现场自制弯头时，要求接缝间隙≤1mm。弯头制作示意和自制弯头实物如图 4-66 和图 4-67 所示。

2. 横平竖直。安装线槽时，保证水平安装的线槽与地面或楼板平行，垂直安装的线槽与地面或楼板垂直。

3. 保证弯曲半径。线槽拐弯处也有弯曲半径问题，图 4-68 为宽度 20mm 的 PVC 线

项目 18 配线子系统的施工与验收

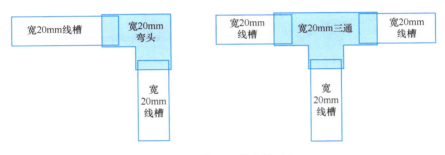

图 4-65 使用配件安装示意

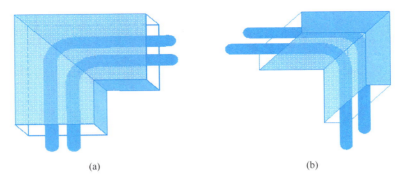

图 4-66 弯头制作示意
(a) 水平弯头制作示意；(b) 阴角弯头制作示意

图 4-67 自制弯头实物

槽 90°拐弯形成的最大弯曲半径和最小弯曲半径。

18.2.4 实训材料和工具

超 5 类双绞线、PVC 线槽、线槽盖板、阴角弯头、阳角弯头、三通、线槽剪、螺丝刀、标签纸。

18.2.5 任务实施

1. 裁剪线槽。使用线槽剪裁剪合适长度的线槽，要求两端平齐。
2. 固定线槽。使用螺栓把线槽固定在工位指定的位置，在线槽拐弯处选择使用合适的阴角弯头、阳角弯头和三通，完成指定线路路由的线槽安装。安装应做到横平竖直。
3. 制作标签。根据布线路由，裁剪缆线后在缆线两端粘贴带有相同编号的标签。
4. 穿线。在线槽内穿线，边穿边安装线槽盖板。线槽盖板之间的缝隙≤1mm。

模块四　综合布线系统施工与验收

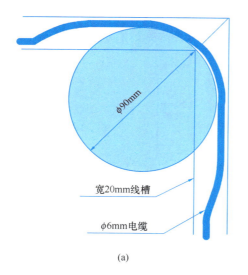
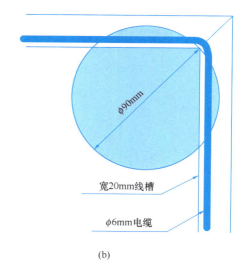

图 4-68　线槽弯曲半径
（a）最大弯曲半径；（b）最小弯曲半径

18.2.6　实训评价

本次实训过程中安装的 PVC 线槽路由应符合任务要求，横平竖直，安装稳固，线槽两端平齐，接缝≤1mm，线槽紧靠插座底盒。评分表见表 4-12。

PVC 线槽的布线施工实训评分表　　　　　　　　　　表 4-12

名称/线管编号		分值
操作工艺评价（共 60 分）	布线路由正确（10 分）	
	PVC 线槽安装稳固（10 分）	
	弯头使用正确（10 分）	
	缆线两端有标签（10 分）	
	线槽紧靠插座底盒（10 分）	
	线槽两端平齐（5 分）	
	线槽盖板接头无缝隙（5 分）	
实训过程评价（共 40 分，每项 10 分）	按时按量完成任务	
	设备、工具完好，耗材使用未超标	
	工位清理干净、设备摆放整齐	
	安全、规范操作	
实训总分		

△任务 18.3 桥架的布线施工

18.3.1 任务描述

每 2~3 个同学组成 1 个实训小组，在工位上标注的位置进行桥架的布线施工。要求施工过程符合规定，安装位置正确，横平竖直，固定牢固。具体详见附录中任务工单 1。

18.3.2 学习目标

知识目标	能力目标	素质目标
1. 掌握桥架在配线子系统的应用。 2. 掌握支架、桥架、弯头、三通的安装方法。 3. 掌握线管弯头弯曲半径要求	1. 能熟练操作工具安装支架、桥架及其部件。 2. 能按要求在桥架内布线并绑扎	1. 培养团队合作、互帮互助精神。 2. 提高动手操作能力。 3. 培养学以致用的能力

18.3.3 相关知识

桥架是建筑物综合布线不可缺少的一个部分，一般安装在建筑物的设备间、管理间、弱电竖井，或者楼道顶部、顶棚上等，用于电缆和光缆的安装。常见的桥架有几类：托盘式桥架、槽式桥架、梯式桥架和网格桥架（图 4-69）。本任务将以槽式桥架的布线施工为例。

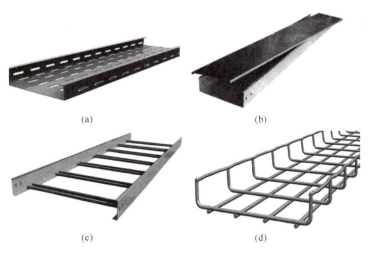

图 4-69 常见桥架
（a）托盘式桥架；（b）槽式桥架；（c）梯式桥架；（d）网格桥架

1. 位置准确。安装位置应符合施工图要求，左右偏差不应超过 50mm。

2. 安装牢固。桥架及其吊架、支架的安装应牢固，当有抗震要求时，应按抗震设计进行加固。

3. 保证弯曲半径。当缆线采用电缆桥架布放时，桥架内侧的弯曲半径不应小于 300mm。

4. 选择合适的连接部件。金属桥架敷设时，拐弯的地方使用连接部件，如图 4-70 所示。

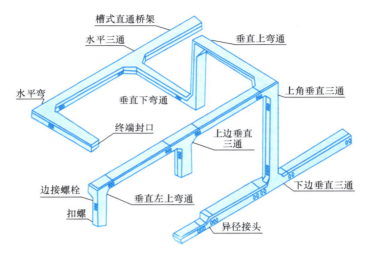

图 4-70 桥架连接部件

5. 避免腐蚀。金属桥架不宜使用在对金属材质有严重腐蚀的场所。

6. 桥架横平竖直。安装桥架及其吊架、支架时，应无歪斜现象，水平度每米偏差不应超过 2mm，垂直度偏差不应超过 3mm。

7. 端面平整。桥架截断处及拼接处应平滑、无毛刺。

8. 《综合布线系统工程验收规范》GB/T 50312—2016 中，桥架敷设缆线有以下规定：

（1）密封槽盒内缆线布放应顺直，不宜交叉，在缆线进出槽盒部位、转弯处应绑扎固定。

（2）梯架或托盘内垂直敷设缆线时，在缆线的上端和每间隔 1.5m 处应固定在梯架或托盘的支架上；水平敷设时，在缆线的首、尾、转弯及每间隔 5~10m 处应进行固定。

（3）在水平、垂直梯架或托盘中敷设缆线时，应对缆线进行绑扎。对绞电缆、光缆及其他信号电缆应根据缆线的类别、数量、缆径、缆线芯数分束绑扎。绑扎间距不宜大于 1.5m，间距应均匀，不宜绑扎过紧或使缆线受到挤压。

（4）室内光缆在梯架或托盘中敞开敷设时应在绑扎固定段加装垫套。

9. 《综合布线系统工程验收规范》GB/T 50312—2016 中，设置桥架保护应符合下列规定：

（1）桥架底部应高于地面并不应小于 2.2m，顶部距建筑物楼板不宜小于 300mm，与梁及其他障碍物交叉处的距离不宜小于 50mm。

（2）梯架、托盘水平敷设时，支撑间距宜为 1.5~3.0m。垂直敷设时固定在建筑物构件上的间距宜小于 2m，距地 1.8m 以下部分应加金属盖板保护，或采用金属走线柜包封，但门应可开启。

（3）直线段梯架、托盘每超过 15~30m 或跨越建筑物变形缝时，应设置伸缩补偿装置。

（4）缆线桥架转弯半径不应小于槽内缆线的最小允许弯曲半径，直角弯处最小弯曲半径不应小于槽内最粗缆线外径 10 倍。

（5）桥架穿过防火墙体或楼板时，缆线布放完成后应采取防火封堵措施。

18.3.4 实训材料和工具

100mm 金属槽式桥架、桥架弯头、桥架三通、三角支架、固定螺栓、网线若干、登高梯（图 4-71）。

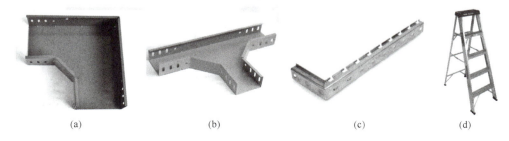

图 4-71 实训材料和工具
（a）桥架弯头；（b）桥架三通；（c）三角支架；（d）登高梯

18.3.5 任务实施

1. 固定支架安装。按照工位上的标注，确定好支架安装的位置，并标记安装高度。将三角支架固定到工位上，并检查是否牢固。

2. 桥架部件组装和安装。根据安装好的支架，标记好桥架安装的位置。将金属桥架部件逐个进行组装并固定到支架上，安装好后检查是否牢固。

3. 安装盖板。在桥架的槽内布线，边布线边装盖板。

18.3.6 实训评价

安装桥架要求线管的路由符合任务要求，横平竖直，固定稳固，桥架的两端平齐。完成任务后请填写评分表及实训报告，评分表见表 4-13。实训报告见附录。

桥架的布线施工实训评分表　　　　　　表 4-13

名称/桥架编号		分值
操作工艺评价（共 60 分）	安装位置正确（10 分）	
	安装桥架无歪斜（10 分）	
	桥架安装牢固（10 分）	
	弯曲半径正确（10 分）	
	桥架支架安装、支撑间距正确（10 分）	
	缆线布放正确（5 分）	
	绑扎缆线正确（5 分）	
实训过程评价（共 40 分，每项 10 分）	按时按量完成任务	
	设备、工具完好，耗材使用未超标	
	工位清理干净、设备摆放整齐	
	安全、规范操作	
实训总分		

☆任务 18.4 电信间机柜及配线设备的安装

课前小知识

16. 国产交换机发展史

18.4.1 任务描述

请分组完成电信间壁挂式机柜及其配线设备的安装。具体要求如下：

1. 使用实训工具和材料，完成壁挂式 9U 机柜的定位与安装。
2. 完成 1 个网络配线架（24 口）、1 个 110 配线架（100 对）及 1 台网络交换机（24 口）、3 个理线架的安装。具体详见附录中任务工单 1。

18.4.2 学习目标

知识目标	能力目标	思政目标
1. 掌握网络机柜安装方法。 2. 掌握配线设备的安装方法（重点）	1. 能够正确使用工具完成网络机柜的安装（重点）。 2. 能够正确使用工具完成配线设备的安装（重点）	1. 培养专心细致的工作作风。 2. 培养精益求精的工匠精神。 3. 培养沟通协作、勇于担当、互帮互助的团队精神

18.4.3 相关知识

1. 网络机柜安装要求安装

一般情况下，综合布线系统的配线设备和计算机网络设备采用 19in 标准机柜安装。在公共场所安装配线箱时，暗装箱体底边距地面不宜小于 1.5m，明装式箱体底面距地面不宜小于 1.8m；柜、机架、配线箱等设备的安装宜采用螺栓固定。在抗震设防地区，设备安装应采取减震措施，并应进行基础抗震加固。电信间多采用 6~12U 壁挂式机柜，机柜内可放光纤配线架、RJ45 配线模块、110 配线架、理线架、交换机等设备。具体安装方法为采取支架或者膨胀螺栓固定机柜。一般安装在建筑物竖井内、建筑物楼道中间（明装或者半嵌墙）等位置。

4-18-1 电信间机柜的安装

（1）建筑物竖井内安装

随着网络的发展和普及，信息点增多，多数建筑物预留弱电竖井并设置电信间，安装网络机柜，以便设备的维修和管理，如图 4-72 所示。

（2）建筑物楼道中间（明装或者半嵌墙）

当建筑物信息点比较集中、数量较多时，将网络机柜安装在楼道的两侧，可减少水平布线的距离，方便网络布线施工。在特殊情况下，需要将电信间机柜半嵌墙安装，以便于设备散热。建筑物楼道明装壁挂式网络机柜如图 4-73 所示。

项目 18 配线子系统的施工与验收

图 4-72 竖井内安装立式机柜　　图 4-73 建筑物楼道明装壁挂式网络机柜

2. 壁挂式网络机柜安装方法

（1）拆卸网络机柜的门，使用专用螺栓安装壁挂式网络机柜，螺栓固定牢固。

（2）安装柜体后，再将门重新安装到位。

（3）对机柜进行编号。

3. 配线设备的安装要求及方法

壁挂网络机柜内主要安装的配线设备有交换机、网络配线架、110 配线架、理线架等，在机柜内部安装配线架前，需要进行设备位置规划或按照图纸规定确定安装位置，同时考虑跳线位置，方便维护且美观。具体遵循以下原则：

（1）一般模块化配线架安装在机柜下部，交换机安装在其上方。

（2）每个模块化配线架之间、每个交换机之间宜安装一个理线架。

（3）正面的跳线从配线架中出来要全部放入理线架内，然后从机柜侧面绕到上部的交换机间的理线架中，再接插进入交换机端口。机柜内模块化配线架安装实物图如图 4-47 所示。

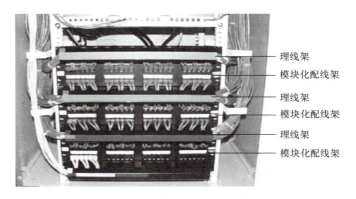

图 4-74 机柜内模块化配线架安装实物图

4. 验收标准

根据《综合布线系统工程验收规范》GB/T 50312—2016 要求，机柜、配线箱等设备的规格、容量、位置应符合设计文件要求，安装应符合下列规定：

207

（1）垂直偏差度不应大于3mm。

（2）机柜上的各种零件不得脱落或碰坏，漆面不应有脱落及划痕，各种标志应完整、清晰。

（3）在公共场所安装配线箱时，壁嵌式箱体底边距地不宜小于1.5m，墙挂式箱体底面距地不宜小于1.8m。

（4）门锁的启闭应灵活、可靠。

（5）机柜、配线箱及桥架等设备的安装应牢固，当有抗震要求时，应按抗震设计进行加固。机柜、配线箱、管槽等设施的安装方式应符合抗震设计要求。

（6）各类配线部件的安装应符合下列规定：

1）各部件应完整，安装就位，标志齐全、清晰。

2）安装螺栓应拧紧，面板应保持在一个平面上。

3）安装机柜、配线箱、配线设备屏蔽层及金属导管、桥架使用的接地体应符合设计文件要求，就近接地，并应保持良好的电气连接。

18.4.4 实训材料和工具

十字头螺丝刀、M6×16十字头螺栓、壁挂式9U网络机柜、网络配线架（24口）、110配线架（100对）、网络交换机（24口）、理线架（图4-75）。

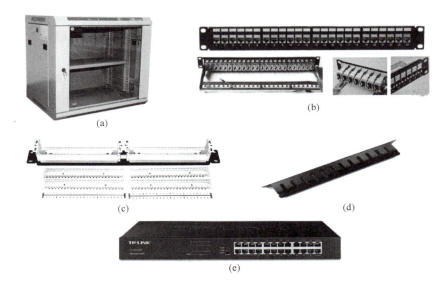

图4-75 实训材料和工具

(a) 壁挂式9U网络机柜；(b) 网络配线架；(c) 110配线架；(d) 理线架；(e) 网络交换机

18.4.5 任务实施

1. 结合缆线进线，设计好配线设备如交换机、网络配线架、110配线架及理线架的安装位置。

2. 安装网络交换机。交换机安装前首先检查产品外包装完整并开箱检查产品，收集和保存配套资料。一般包括交换机、2个支架、4个橡皮脚垫和4个螺栓、一根电源线、一个管理电缆。安装交换机的步骤如下：

项目 18　配线子系统的施工与验收

（1）从包装箱内取出交换机设备，使用安装附件中的螺栓先将支架安装到设备的两侧，安装时要注意支架的正确方向。

（2）将交换机放到指定位置，用螺栓固定到机柜立柱上，交换机四周预留空间用于空气流通及设备散热。

（3）将交换机外壳接地，接好交换机电源线。

（4）打开电源观察交换机是否出现抖动现象，若有，则检查脚垫高低或机柜上的固定螺栓松紧情况。

安装时需要注意：

（1）交换机放置在远离潮湿的地方或远离热源。拧螺栓不宜过于紧，否则会使交换机倾斜，也不能过于松垮，防止设备抖动。交换机应正确接地。安装维护过程中佩戴防静电手腕，并确保防静电手腕与皮肤良好接触。

（2）勿带电插拔交换机的接口模块及接口卡、普通型电缆终端接头。正确连接交换机的接口电缆。

（3）建议用户使用 UPS（不间断电源）。

3．安装 110 配线架。110 配线架是语音系统的配线设备，常用规格为 100 对、200 对、300 对，用于连接程控交换机与工作区语音信息点之间的连接和跳接部分，以便于管理、维护、测试。其安装步骤如下：

（1）取出 110 配线架和附带的螺栓。

（2）利用十字螺丝刀把 110 配线架用螺栓直接固定在网络机柜的立柱上。

4．安装网络配线架。当缆线采用地面出线方式时，缆线从机柜底部穿入机柜内部，配线架宜安装在机柜下部。缆线采取桥架出线方式时，缆线从机柜顶部穿入机柜内部，配线架宜安装在机柜上部。缆线采取从机柜侧面穿入机柜内部时，配线架宜安装在机柜中部。配线架应该安装在左右对应的孔中，水平误差不大于 2mm，不得错位安装。其安装步骤如下：

（1）检查配线架和配件完整，取出配套螺栓。

（2）将配线架安装在机柜设计位置的立柱上。

5．安装理线架，其步骤如下：

（1）取出理线环和所带的配件螺栓包。

（2）将理线环安装在网络机柜的立柱上。

注意：在机柜内设备之间的安装距离至少留 1U 的空间，以便于设备散热。

6．完成安装后请填写附录中任务工单 1。

18.4.6　实训评价

实训结束后，请根据任务实施情况及验收标准，填写评分表及实训报告，评分表见表 4-14。实训报告见附录。

模块四 综合布线系统施工与验收

电信间机柜及配线设备安装实训评分表 表 4-14

指标		分值
操作工艺评价 （共 60 分，每项 10 分）	垂直偏差度不应大于 3mm	
	机柜上的各种零件不得脱落或碰坏，漆面不应有脱落及划痕， 各种标志应完整、清晰	
	壁嵌式箱体底边距地不宜小于 1.5m	
	门锁的启闭应灵活、可靠	
	交换机、配线架之间应间隔 1U	
	配线设备不应出现松动	
实训过程评价 （共 40 分，每项 10 分）	按时按量完成任务	
	设备、工具完好，耗材使用未超标	
	工位清理干净、设备摆放整齐	
	安全、规范操作	
实测总分		

210

☆任务 18.5 配线设备的端接

18.5.1 任务描述

请分组完成配线子系统配线设备的安装。具体要求如下：

1. 使用实训工具和材料，完成 1 个网络配线架（24 口）的端接。
2. 完成 1 个 110 配线架（100 对）的端接。具体详见附录中任务工单 1。

18.5.2 学习目标

知识目标	能力目标	素质目标
1. 掌握网络配线架的端接方法（重点）。 2. 熟练掌握大对数电缆的色谱和线序。 3. 掌握 110 配线架的端接方法（重点）	1. 能够正确使用工具完成网络配线架的端接。 2. 能够正确使用工具完成 110 配线架的端接。 3. 熟练掌握网络模块、语音模块、网络配线架模块端接技术和关键技能（重点）	1. 提高动手操作能力，分析、解决问题的能力。 2. 培养精益求精的工匠精神。 3. 培养沟通协作、认真负责、互帮互助的团队精神

18.5.3 相关知识

1. RJ45 配线架端接方法

RJ45 配线架是综合布线配线子系统中非常重要的配线设备，主要用于电缆的端接。根据端接形式又可分为打线式配线架和模块式配线架。由于模块式配线架的端接只需要做好信息模块就可以卡入接口，而信息模块的制作前文已述，因此这里主要介绍打线式配线架的端接方法。这种配线架前面板是 RJ45 接口，分别标着端口号。后面板是打线模块，标有 T568A 和 T568B 两种线序标准的指示图，需要根据网线类型选择 T568A 或者 T568B 标准进行打线。打线式 RI45 配线架如图 4-76 所示。

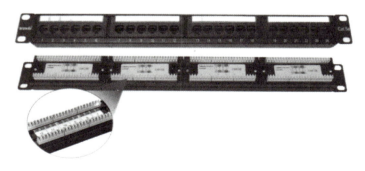

图 4-76 打线式 RI45 配线架

2. 110 配线架端接方法

110 配线架是配线子系统中对电缆进行端接和连接的配线设备。早期是网络系统的一种配线方式，如今主要作为语音系统的配线架用于电话线路的端接。与网络配线架不同的是，在进行 110 配线架端接操作之前，需要弄清楚其线序。110 配线架打线时需要按照大对数电缆的色谱进行打线。大对数电缆的色谱须符合相关的国家标准。一般由 10 种颜色组成，分别是五种主色：白、红、黑、黄、紫，五种副色：蓝、橙、绿、棕、灰。五种主色和五种副色组成了 25 种色谱。本次实训选用 25 对大对数电缆进行打线。110 配线架、大对数电缆如图 4-77 所示。

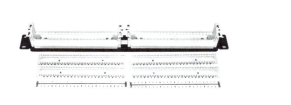

图 4-77　110 配线架、大对数电缆

18.5.4　实训材料和工具

1. RJ-45 配线架端接：RJ-45 配线架、双绞线、打线刀、剥线刀、斜口钳（图 4-78）。

图 4-78　RJ-45 配线架端接实训材料和工具
（a）打线刀；（b）剥线刀；（c）斜口钳

2. 110 配线架端接：110 配线架、25 对大对数电缆、5 对连接块、5 对打线钳（图 4-79）、打线刀、斜口钳、剥线刀。

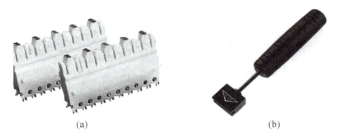

图 4-79　110 配线架端接实训材料和工具
（a）5 对连接块；（b）5 对打线钳

18.5.5　任务实施

1. 请根据要求完成 RJ-45 配线架的端接，步骤如下：

第一步，剥除双绞线。取一段 6 类双绞线，在双绞线端口 3cm 的地方放置剥线器，并选择合适的卡口，以此保证在剥除网线的外护套时，不损伤线芯。使用剥线器环切网线的外护套 2～3 圈。这里需要注意的是，环切外护套的圈数不宜过多，否则容易损伤网线线芯。然后，用手剥除外护套，剪掉

4-18-2 RJ-45 网络配线架的端接与安装

网线的牵引线。

第二步，将网线的 4 对双绞线拆开，按照网络配线架背面标识的 T568B 线序排列好 4 对线芯。然后用手将线芯压入配线架网络模块对应的 8 个线槽中，压入后，再仔细检查压接的线序是否与模块上的标识一致。

第三步，用打线刀垂直插入打线槽内，向下用力按进去，就能将线芯压接到位。注意打线刀的头部有两端，一端尖头，一端平头，尖头的一端在打线刀压线芯时，同时能剪断多余的线头。因此在使用打线刀时，需要注意打线刀的方向，避免伤到有用的线芯。若线头未打断，可使用斜口钳进行修剪。

第四步，重复以上步骤，完成 24 口 RJ45 配线架的打线。

2. 请根据要求完成 110 配线架的端接，步骤如下：

第一步，剥线。使用剥线器将 25 对大对数电缆的外护套剥除大约 50cm。在剥除的过程中，不能对线芯的绝缘层或者线芯造成损坏。接着去掉防水膜，将电缆穿过 110 语音配线架一侧的进线孔，把电缆摆放至打线处，准备打线。注意：需预留够一定长度的线缆，防止线缆过短、无法打线。

4-18-3 110语音配线架的端接

第二步，分线、压线。按照 25 对大对数电缆色谱顺序分线，从左到右排列白谱区、红谱区、黑谱区、黄谱区和紫谱区。根据色谱，将 25 对大对数电缆色谱进行排列。将对应颜色的线对，逐一压入模块槽内。以白区为例，第一对线是白蓝、第二对线是白橙、第三对线是白绿、第四对线是白棕、第五对线是白灰。将每根线芯放入线槽内，就完成白区的线芯排序了（图 4-80）。

图 4-80 分线、压接

第三步，端接。使用打线刀将每根线芯打实。这里打线刀的使用和网络配线架端接的时候一样，用打线刀垂直插入打线槽内，向下用力按下进去，就能将线芯压接到位。需要注意打线刀的方向，避免伤到有用的线芯。打线刀尖头的一侧朝外。这样在压线芯的同时还能剪断多余的线头。如果打线后多余的线头未剪断，可以使用斜口钳进行修剪。重复以上步骤，完成红区、黑区、黄区、紫区的线芯排序。

第四步，将五对连接块正面放入五对打线钳内，然后垂直用力将五对连接块压入槽内（图 4-81 和图 4-82）。后面可以依照这步的顺序，将红、黑、黄、紫剩下四个色谱区的连接块进行安装。需要注意的是，大对数电缆剥除外护套穿入 110 语音配线架时，为了避免信号干扰等影响，需要保持线芯对绞直到连接点。在转弯处施工时，要拉紧线芯。

模块四　综合布线系统施工与验收

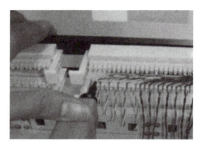 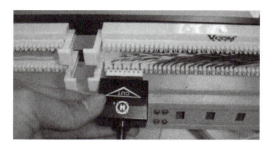

图 4-81　打线　　　　　　　　图 4-82　使用五对打线钳压接五对连接块

18.5.6　实训评价

实训结束后，请根据任务实施情况及验收标准，写评分表及实训报告，评分表见表 4-15。实训报告见附录。

配线设备的端接实训评分表　　　　　　　　　　　　　　表 4-15

指标		分值
操作工艺评价 （共 60 分，每项 10 分）	剪掉撕拉线	
	剥线长度合适	
	线序正确	
	打线对应的端口位置正确	
	大对数电缆分线正确	
	语音模块端接正确	
实训过程评价 （共 40 分，每项 10 分）	按时按量完成任务	
	设备、工具完好，耗材使用未超标	
	工位清理干净、设备摆放整齐	
	安全、规范操作	
实训总分		

☆任务 18.6　光纤的熔接

课前小知识

17. 争当世界冠军，学技能也能成才

18.6.1　任务描述

每位同学独立使用相关工具和设备进行 4 芯光纤熔接，并将光缆合理置于光纤配线架中。要求光纤熔接成功，损耗值符合要求，光纤盘纤整齐合理。具体详见附录中任务工单 1。

18.6.2　学习目标

知识目标	能力目标	素质目标
1. 熟悉掌握光纤熔接机的使用方法。 2. 熟练掌握光纤熔接的方法（重点）	1. 能合理使用光纤熔接的工具和设备。 2. 能根据要求进行光纤的熔接（重点）	1. 培养专心细致、科学严谨、精益求精的工匠精神。 2. 树立学生技能成才志向、坚定技能报国之心

18.6.3　相关知识

光缆普遍应用与综合布线干线子系统、建筑群子系统和光纤入户工程中，光纤熔接是光纤接续的主要手段，也是信息通信工程、5G 安装运维的关键技术。

光纤熔接是用熔纤机将光纤和光纤或光纤和尾纤连接，把光缆中的裸纤和光纤尾纤熔合在一起变成一个整体，而尾纤则有一个单独的光纤头。

《综合布线系统工程验收规范》GB/T 50312—2016 中对光纤终接与接续有下列规定：

1. 光纤与连接器件连接可采用尾纤熔接和机械连接方式。
2. 光纤与光纤接续可采用熔接和光连接子连接方式。
3. 光纤熔接处应加以保护和固定。
4. 光纤到用户单元工程中，用户光缆布放路由中的光纤接续与光纤终接处均应采用光纤或尾纤熔接的方式。

18.6.4　实训材料和工具

光纤熔接机、米勒钳、光纤切割刀、四芯光缆、光纤配线架、光纤热缩套管（图 4-83）、无尘纸、酒精等。

18.6.5　任务实施

1. 接入外部光缆

将光缆装入光纤配线架，并将外皮剥去 50cm 左右，剪去芳纶纱，并将

4-18-4　光纤的熔接

模块四 综合布线系统施工与验收

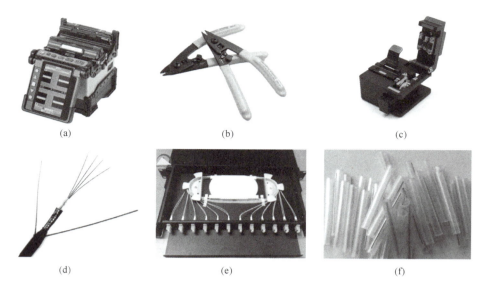

图 4-83 实训材料和工具
（a）光纤熔接机；（b）米勒钳；（c）光纤切割刀；（d）四芯光缆；（e）光纤配线架；（f）光纤热缩套管

剥除后的光纤缠绕在光纤盘上固定牢固，如图 4-84 所示。

2. 放置热缩套管

将热缩套管套至待接光纤的一端，为下一步熔接做好准备，如图 4-85 所示。

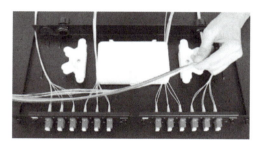

图 4-84 接入外部光缆　　　　　　图 4-85 放置热缩套管

3. 剥纤

使用剥线钳剥去光缆的外护套，使用米勒钳剥去光纤的涂覆层。取无尘纸蘸取适量酒精后，清洁裸纤表面 3 次左右，使其表面无附着物，以此降低光纤损耗。

4. 切割光纤

将清洁好的光纤放入导轨中定长，长度预留约 10～15mm，再将光纤与导轨条放置于切割刀的导向槽内。依次合上切割刀的大小压板后，推一下切割刀片，完成切割。重复以上步骤处理好待熔接光纤的两端。

5. 熔接光纤

将待熔接的光纤两端放置于光纤熔接机内的 V 形槽中，盖上夹具。点击"熔接"按钮，熔接机开始熔纤，观察熔接机屏幕，屏幕上显示熔接的实时状况和估算损耗值，如图 4-86 所示。

图 4-86 熔接光纤

注意事项：熔接过程中还应及时清洁熔接机 V 形槽、电极、物镜、熔接室等，随时观察熔接中有无气泡、过细、过粗、虚熔、分离等不良现象。熔接完成后，应观察熔纤损耗，损耗在 0.03dB 以下才算合格。

6. 加热热缩套管

按下熔纤机"加热"按键，使用光纤熔接机加热槽加热热缩套管，以加固支撑光纤熔接处。

7. 盘纤

先将热缩后的套管逐个放置于固定槽中，再处理套管两侧的余纤。每熔接和热缩完一根光纤后便盘纤一次，避免光纤之间的混乱，使之布局合理，易盘、易拆，更便于日后维护。再根据实际情况，按余纤的长度和预留盘空间大小，顺势自然盘绕（图 4-87～图 4-89）。

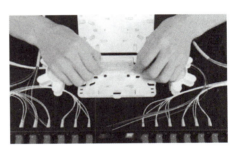

图 4-87 放置光纤

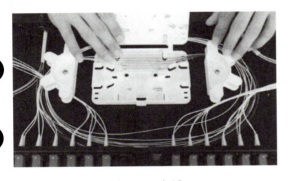

图 4-88 盘纤

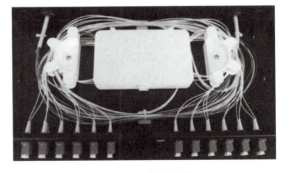

图 4-89 完成盘纤

注意事项：盘纤时，切勿生拉硬拽，尾纤盘在光纤配线架熔纤盘两边的绕线环上，注意弯曲半径大于光缆的 10 倍且不小于 30mm，尽可能最大限度利用预留盘空间和有效降低因盘纤带来的附加损耗。

18.6.6 实训评价

本次实训过程中进行光纤熔接要求操作规范、工艺合格。完成任务后请填写评分表及实训报告，评分表见表 4-16。实训报告见附录。

模块四　综合布线系统施工与验收

光纤的熔接实训评分表 表 4-16

名称/光纤编号			分值
通断测试（合格 100 分，不合格 0 分）			
操作工艺评价（每处扣 5 分）		光缆固定不牢	
		未清理擦拭光纤	
		未进行光纤切割	
		未正确使用热缩套管	
		损耗≥0.03dB	
		光纤盘纤混乱	
实训过程评价（每处扣 10 分）		未按时完成	
		未将设备和工具归位	
		未清理废弃物	
		不规范操作	
实训总分			

218

☆项目19 管理的施工与验收

☆任务19 管理的施工与验收

19.1 项目描述

请分组完成电信间壁挂式机柜及配线设备的管理。具体要求如下：

1. 完成壁挂式 9U 机柜、1 个网络配线架（24 口）、1 个 110 配线架（100 对）及 1 台交换机（24 口）标签的编制。

2. 使用实训工具和材料，为机柜、网络配线架、110 配线架及交换机、相关线缆贴好标签。具体详见附录中任务工单 1。

19.2 学习目标

知识目标	能力目标	素质目标
掌握标签编制的方法	1. 能够正确编制标签。 2. 能够完成机柜、配线设备、线缆的标签张贴	1. 培养专心细致的工作作风。 2. 培养精益求精的工匠精神。 3. 培养沟通协作、认真负责、互帮互助的团队精神

19.3 相关知识

1. 施工要求

4-19-1 电信机柜的管理

管理，即对工作区、电信间、设备间、进线间、布线路径环境中的配线设备、缆线、信息插座模块等设施按一定的模式进行标识、记录和管理。为了方便以后线路的管理工作，线缆、配线设备及跳线都必须做好标记，以标明位置、用途等信息。完整的标记应包含以下的信息：建筑物名称、位置、区号、起始点和功能。例如编制一根线缆标记：一根电缆从三楼的 311 房的第 1 个计算机网络信息点拉至楼层管理间，则该电缆的两端应标记上"311-D1"的标记，其中"D"表示数据信息点。例如对配线设备及管理器件编制标记：一台编号为 AFD3 号电信间里的一台交换机可根据实际标记上"AFD3-SW1"，其中"SW1"表示编号为 1 的交换机，其他设备以此类推。若采用不干胶标签纸做标签可贴在设备醒目的平整表面上，若是插入标记，一般直接插入设备的透明塑料夹里。每个插入标记都用色标来指明所连接电缆的源发地，这些电缆端接于设备间和电信间的设备场所。

首先，布线管理系统分级。根据《综合布线系统工程验收规范》GB/T 50312—2016 管理系统验收相关条款，布线管理系统宜按下列规定进行分级：

（1）一级管理应针对单一电信间或设备间的系统。

（2）二级管理应针对同一建筑物内多个电信间或设备间的系统。

（3）三级管理应针对同一建筑群内多栋建筑物的系统，并应包括建筑物内部及外部系统。

（4）四级管理应针对多个建筑群的系统。

模块四 综合布线系统施工与验收

而综合布线管理系统宜符合下列规定：

（1）管理系统级别的选择应符合设计要求。

（2）需要管理的每个组成部分均应设置标签，并由唯一的标识符进行表示，标识符与标签的设置应符合设计要求。

（3）管理系统的记录文档应详细完整并汉化，并应包括每个标识符相关信息、记录、报告、图纸等内容。

（4）不同级别的管理系统可采用通用电子表格、专用管理软件或智能配线系统等进行维护管理。

其次，施工与验收过程中，综合布线管理系统的标识符与标签的设置应符合下列规定：

（1）标识符应包括安装场地、缆线终端位置、缆线管道、水平缆线、主干缆线、连接器件、接地等类型的专用标识，系统中每一组件应指定一个唯一标识符。

（2）电信间、设备间、进线间所设置配线设备及信息点处均应设置标签。

（3）每根缆线应指定专用标识符，标在缆线的护套上或在距每一端护套 300mm 内设置标签，缆线的成端点应设置标签标记指定的专用标识符。

（4）接地体和接地导线应指定专用标识符，标签应设置在靠近导线和接地体的连接处的明显部位。

（5）根据设置的部位不同，可使用粘贴型、插入型或其他类型标签。标签表示内容应清晰，材质应符合工程应用环境要求，具有耐磨、抗恶劣环境、附着力强等性能。

（6）成端色标应符合缆线的布放要求，缆线两端成端点的色标颜色应一致。

最后，综合布线系统各个组成部分的管理信息记录和报告应符合下列规定：

（1）记录应包括管道、缆线、连接器件及连接位置、接地等内容，各部分记录中应包括相应的标识符、类型、状态、位置等信息。

（2）报告应包括管道、安装场地、缆线、接地系统等内容，各部分报告中应包括相应的记录。

2. 验收标准

根据规范要求，综合布线系统工程的技术管理涉及综合布线系统的工作区、电信间、设备间、进线间、入口设施、缆线管道与传输介质、配线连接器件及接地等各方面。综合布线系统应在需要管理的各个部位设置标签，分配由不同长度的编码和数字组成的标识符，以表示相关的管理信息。标识符可由数字、英文字母、汉语拼音或其他字符组成，布线系统内各同类型的器件与缆线的标识符应具有同样特征（相同数量的字母和数字等）。

首先，标签的选用与使用应参照下列原则：

（1）选用粘贴型标签时，缆线应采用环套型标签，标签在缆线上缠绕应不少于一圈，配线设备和其他设施应采用扁平型标签。

（2）标签衬底应耐用，可适应各种恶劣环境；不可将民用标签应用于综合布线工程；插入型标签应设置在明显位置、固定牢固。

其次，不同颜色的配线设备之间应采用相应的跳线进行连接，色标的应用场合应按照模块三项目 12 中"2. 管理标签编制"相关内容以及图 3-55 进行选择。

最后，系统中所使用的区分不同服务的色标应保持一致，对于不同性能缆线级别所连

220

接的配线设备，可用加强颜色或适当的标记加以区分。对于管理信息记录和报告的验收，要求如下：

（1）记录信息包括所需信息和任选信息，各部位相互间接口信息应统一。

（2）管线记录应包括管道的标识符、类型、填充率、接地等内容。

（3）缆线记录应包括缆线标识符、缆线类型、连接状态、线对连接位置、缆线占用管道类型、缆线长度、接地等内容。

（4）连接器件及连接位置记录应包括相应标识符、安装场地、连接器件类型、连接器件位置、连接方式、接地等内容。

（5）接地记录应包括接地体与接地导线标识符、接地电阻值、接地导线类型、接地体安装位置、接地体与接地导线连接状态、导线长度、接地体测量日期等内容。

（6）报告可由一组记录或多组连续信息组成，以不同格式介绍记录中的信息。报告应包括相应记录、补充信息和其他信息等内容。

综合布线系统工程当采用布线工程管理软件和电子配线设备组成的智能配线系统进行管理和维护工作时，应按专项系统工程进行验收。

19.4 实训材料和工具

标签纸、马克笔（细）、壁挂式 9U 机柜、网络配线架（24 口）、110 配线架（100对）、网络交换机（24 口），双绞线（图 4-90）。

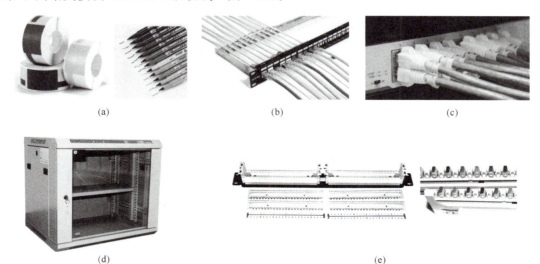

图 4-90 实训材料和工具
（a）标签纸、马克笔；（b）网络配线架；（c）交换机；（d）壁挂式 9U 机柜；（e）110 配线架

19.5 任务实施

1. 请根据施工要求及验收标准对壁挂式 9U 机柜、网络配线架、110 配线架及交换机、双绞线编制标号。

2. 根据综合布线系统对插入标记色标的统一规定编制标签。

3. 将编制好的标签依次张贴在机柜、配线设备及双绞线上。

4. 完成安装后请填写附录中任务工单 1。

模块四　综合布线系统施工与验收

19.6　实训评价

实训结束后，请根据项目实施情况及验收标准，填写评分表及实训报告，评分表见表 4-17。实训报告见附录。

管理的施工与验收实训评分表　　　　　　　　　　　　　　　　表 4-17

	指标	分值
操作工艺评价 （共 60 分，每项 10 分）	标签张贴在设备明显、平整位置	
	线缆的标识符合综合布线色标	
	每一个管理组件均有且仅有唯一的标识符	
	标在缆线的护套上或在距每一端护套 300mm 内应设置标签，缆线的成端点应设置标签标记指定的专用标识符	
	标签表示内容应清晰，材质应符合工程应用环境要求，具有耐磨、抗恶劣环境、附着力强等性能	
	缆线两端成端点的色标颜色应一致	
实训过程评价 （共 40 分，每项 10 分）	按时按量完成任务	
	设备、工具完好，耗材使用未超标	
	工位清理干净、设备摆放整齐	
	安全、规范操作	
实训总分		

222

△项目20　建筑群子系统及进线间的施工与验收

△任务20　建筑群子系统及进线间的施工与验收

20.1　任务描述

请分组完成建筑群子系统室外光缆的布线以及进线间光纤的接续。具体详见附录中任务工单1。

20.2　学习目标

知识目标	能力目标	素质目标
掌握建筑群子系统及进线间的施工、验收方法	1. 能够正确选择线缆布线方法并进行敷设。 2. 能够完成进线间光纤接续	1. 培养担当实干的工作作风。 2. 培养沟通协作、认真负责、互帮互助的团队精神

20.3　相关知识

1. 建筑群子系统及进线间的施工要求

建筑群子系统通常采用光缆作为信号传输介质实现建筑物与建筑物之间的通信连接，建筑群子系统的布线施工主要是指光缆的布线敷设技术。敷设光缆需要特别谨慎，连接每条光缆时都要熔接。光纤不能拉得太紧，也不能形成直角。较长距离的光缆敷设时要选择合适的路径。建筑群子系统示意如图4-91所示。

进线间是建筑物外部通信和信息管线的入口部位，并可作为入口设施和建筑群配线设备的安装场地。进线间一般通过地埋管线进入建筑物内部，宜在土建阶段实施。进线间主要作为室外光（电）缆

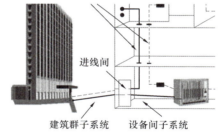

图4-91　建筑群子系统示意

引入楼内的成端与分支及光缆的盘长空间位置。室外光缆经进线间引入建筑物主要有如图4-92所示的三种方式。

当光缆引入口与设备间距高较远时，可设置进线间。由进线间敷设至设备间的光缆从地下或半地下进线间引至设备间。因引上光缆不能仅靠最上层转弯部位受力固定，所以引上光缆应进行分段固定，即要沿梯架做间距适当的绑扎。对无铠装光缆，应衬垫胶皮后扎紧，对转弯受力部位，还应套胶管保护。在进线间可将室外光缆转换为室内光缆，也可引至光配线箱（光配线架）进行转换。当室外光缆引入口位于设备间，可不设进线间，室外光缆可直接端接于光配线箱上，或经由一个光缆进线设备箱（分接箱），转换为室内光缆后再敷设至配线、网络设备机柜。光缆布放应有冗余，一般室外光缆引入时预留长度为5～10m，室内光缆在设备端预留长度为3～5m。在光配线架箱中通常都有盘纤装置。

建筑物之间的线缆敷设距离较远，敷设方法通常使用架空布线法、直埋布线法、地下

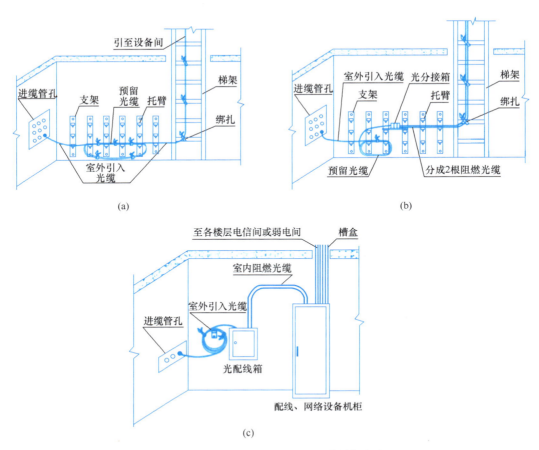

图 4-92 室外光缆经进线间引入建筑物方式
(a) 室外光缆经进线间引入到设备间；(b) 室外光缆经进线间转为室内光缆；
(c) 室外光缆引入进线间（与设备间合用）

穿管/电缆沟布线法、隧道内布线法等。

（1）架空布线法

架空布线法要求用电线杆将线缆在建筑物之间悬空架设，一般是先架设钢丝绳，然后在钢丝绳上挂放线缆，如图 4-93 所示。

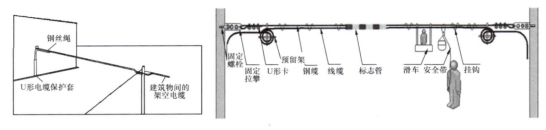

图 4-93 架空布线法

架空布线法的施工步骤如下：

1) 设电线杆。电线杆以距离 30~50m 的间隔距离为宜。

2）选择吊线。根据所挂缆线重量、杆档距离、所在地区的气象及其发展情况、所挂负荷等因素选择吊线。

3）安装吊线。在同一杆路上架设有明线和电缆时，吊线夹板至末层线担穿钉的距离不得小于 45cm，并不得在线担中间穿插。在同一电杆上装设两层吊线时，两吊线间距离为 40cm。

4）吊线终结。吊线沿架空电缆的路由布放，要形成始端、终端、交叉和分歧。

5）收紧吊线。收紧吊线的方法根据吊线张力、工作地点和工具配备等情况而定。

6）安装线缆。挂电缆挂钩时，要求距离均匀整齐，挂钩的间隔距离为 50cm，电杆两旁的挂钩应距吊线夹板中心各 25cm，挂钩必须卡紧在吊线上，托板不得脱落。

架空布线法安装过程如图 4-94 所示。

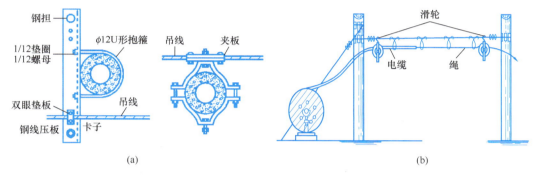

图 4-94 架空布线法安装过程
(a) 安装吊线；(b) 安装线缆

施工时需要注意：

1）安装光缆时需格外谨慎，连接每条光缆时都要熔接。光纤不能拉得太紧，也不能形成直角，长距离的光缆敷设应选择合适的路径。

2）必须要有完备的设计和施工图纸，以便施工和维护。

3）不要使光缆受到重压或被坚硬的物体扎伤。

4）光缆转弯时，其转弯半径要大于光缆自身直径的 20 倍。

5）架空时光缆引入线缆处需加导引装置进行保护，并避免光缆拖地，光缆牵引时注意减小摩擦力，每个杆上要预留伸缩的光缆。

6）要注意光缆中金属物体的可靠接地。在山区、高电压电网区和多雷电地区一般要每公里布置三个接地点。

（2）直埋布线法

直埋布线法是在地面挖沟，然后将缆线直接埋在沟内，通常应埋在距地面 0.6m 以下的地方，穿墙时通过保护管引入建筑物。保护管应有由建筑物向室外倾斜的防水坡，坡度不小于 0.4%；采用钢管时，钢管要采取防腐和防水措施；其直径由工程设计确定，如图 4-95 所示。

直埋布线法的施工步骤如下：

1）准备工作。对用于施工项目的线缆进行详细检查，其型号、电压、规格等应与施工图设计相符；线缆外观应无扭曲、坏损及漏油、渗油现象。

225

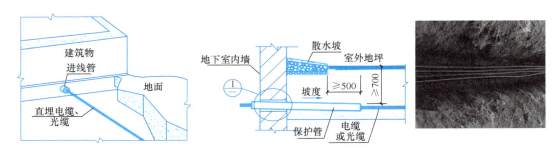

图 4-95 直埋布线法

2) 挖掘线缆沟槽。在挖掘沟槽和接头坑位时，线缆沟槽的中心线应与设计路由的中心线一致，允许有左右偏差，但不得大于 10cm。

3) 直埋电缆的敷设。在敷设直埋电缆时，应根据设计文件对已到工地的直埋线缆的型号、规格和长度，进行核查和检验，必要时应检测其电气性能等技术指标。

4) 电缆沟槽的回填。电缆敷设完毕，应请建设单位、监理单位及施工单位的质量检查部门共同进行隐蔽工程验收，验收合格后方可覆盖、填土。填土时应分层夯实，覆土要高出地面 150～200mm，以防松土沉陷。

施工时需要注意：直埋光缆沟深度要按照标准进行挖掘。不能挖沟的地方可以架空或钻孔预埋管道敷设。沟底应保证平缓坚固，需要时可预填一部分沙子、水泥或支撑物。敷设时可用人工或机械牵引，但要注意导向和润滑。敷设完成后，应尽快回土覆盖并夯实。

(3) 地下穿管/电缆沟布线法

缆线通过管/沟从基础墙进入建筑物内部以实现综合布线系统各个建筑物之间互连，如图 4-96 所示。管道深度一般为 0.8～1.2m，或符合当地规定的深度。光缆引入人（手）孔井时，应在人（手）孔井内预留 5～10m 光缆。盘成圆圈固定半径一般为 200mm。

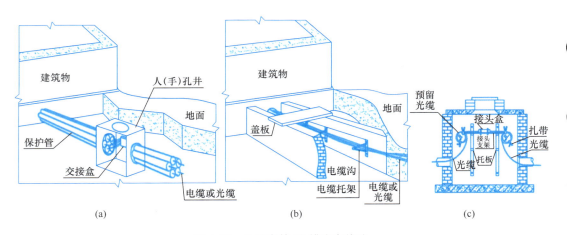

图 4-96 地下穿管/电缆沟布线法
(a) 电缆、光缆穿管引入建筑；(b) 电缆沟布线引入建筑；(c) 光缆从人（手）孔井接续引入建筑做法

地下穿管/电缆沟布线法的施工步骤如下：

1) 准备工作。施工前对运到工地的电缆进行核实：电缆型号、规格、每盘电缆的长

度等内容。

2）清刷试通选用的管孔。在敷设管道电缆前，必须根据设计规定选用管孔并进行清刷和试通。

3）缆线敷设。在管道中敷设线缆时应合理选择牵引方式，根据管道和缆线情况选择用人工或机器来牵引敷设线缆，如图 4-97 所示。

4）管道封堵：线缆在管道中敷设完毕后，要对穿线管道进行封堵。

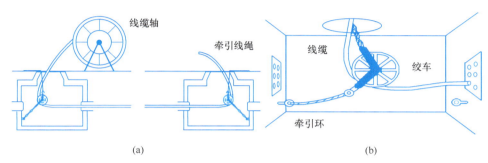

图 4-97 缆线牵引方式
（a）人工到人孔牵引；（b）人孔使用牵引绞车

施工时需注意：施工前应核对管道占用情况，清洗、安放线管，同时放入牵引线。要计算好布放长度，预留足够的长度。一次布放长度不要太长（一般 2km），布线时应从中间开始向两边牵引。布缆牵引力一般不大于 120kg，而且应牵引光缆的加强芯部分，并做好光缆头部的防水加强处理。光缆引入和引出处需加顺引装置，不可直接拖地。管道光缆也要注意可靠接地。

（4）隧道内布线法

在建筑物之间通常有地下通道，利用这些通道来敷设电缆不仅成本低，而且可以利用原有的安全设施，如图 4-98 所示。

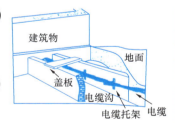  

图 4-98 隧道内布线法

隧道内布线施工步骤如下：

1）施工准备。施工前对电缆进行详细检查；规格、型号、截面、电压等级均要符合设计要求。

2）电缆布放。质检人员会同驻地监理检查隐蔽工程金属电缆支架防腐处理及安装质量。电缆采用汽车拖动放线架敷设，敷设速度控制在 15m/min，如图 4-99 所示。

3）电缆接续。电缆接续工作人员采取培训、考核，合格者上岗作业，并严格按照制

227

作工艺规程进行施工。

4）挂标志牌。沿支架、穿管敷设的电缆在其两端、保护管的进出端挂标志牌；没有封闭在电缆保护管内的多路电缆，应每隔25m提供一个标志牌。

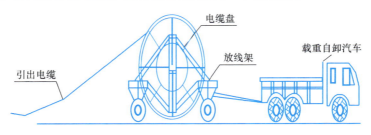

图 4-99　汽车拖动放线架敷设

施工时需注意：电缆隧道的净高不应低于1.90m，有困难时局部地段可适当降低。电缆隧道内应有照明，其电压不应超过36V，否则应采取安全措施。隧道内应采取通风措施，一般为自然通风。缆沟在进入建筑物处应设防火墙。电缆隧道进入建筑物处以及在变电所围墙处，应设带门的防火墙。此门应采用非燃烧材料或难燃烧材料制作，并应装锁。其他管线不得横穿电缆隧道。电缆隧道和其他地下管线交叉时，应尽可能避免隧道局部下降。

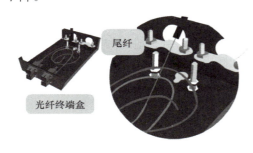

图 4-100　尾纤示意图

（5）光纤的熔接

在建筑群子系统的光缆布线施工中，因为一盘光缆的长度是有限的（2km左右），如果大于一盘光缆的长度，就需通过熔接技术延长线缆的长度。另外由于光纤很细，而光通信设备不能直接接入光纤必须要有特制，标准的接头才能接入，这就需要在光纤的最末端接一节带标准接头的光纤，这节光纤叫尾纤，如图 4-100所示。

光纤熔接的步骤及注意事项详见本模块"任务18.6 光纤的熔接"。

2. 建筑群子系统及进线间子系统施工验收要求

（1）建筑群子系统对应于建筑物间缆线通道。在建筑物内缆线通道较为拥挤的部位，综合布线系统与大楼弱电系统各子系统合用一个金属槽盒布放缆线时，各子系统的线缆间应用金属板隔开。各子系统的缆线布放在各自的金属槽盒中，金属槽盒就近可靠接地。各系统缆线间距应达到设计要求。

（2）建筑群子系统采用架空、管道、电缆沟、电缆隧道、直埋、墙壁及暗管等方式敷设缆线的施工质量检查和验收应符合《通信线路工程验收规范》GB 51171—2016 的有关规定。

（3）建筑群子系统缆线敷设保护方式应符合设计文件要求。当电缆从建筑物外面进入建筑物时，应选用适配的信号线路浪涌保护器，并应符合《综合布线系统工程设计规范》GB 50311—2016 的有关规定。

（4）建筑物进线间及入口设施的检查应符合下列规定：

1）引入管道的数量、组合排列以及与其他设施，如电气、水、燃气、下水道等的位置及间距应符合设计文件要求。

2）引入缆线采用的敷设方法应符合设计文件要求。

3）管线入口部位的处理应符合设计要求，并应采取排水及防止有害气体、水、虫等进入的措施。

4）进线间的设置、引入管道和孔洞的封堵、引入缆线的排列布放等应按照《通信管道工程施工及验收标准》GB/T 50374—2018等相关国家标准和行业规范进行检查。

5）电信间、设备间、进线间、弱电竖井应提供可靠的接地等电位联结端子板，接地电阻值及接地导线规格应符合设计要求。

20.4 实训材料和工具

室外光缆、光纤接续盒、光纤热缩套管、光纤熔纤机、米勒钳，光纤切割刀（图4-101）。

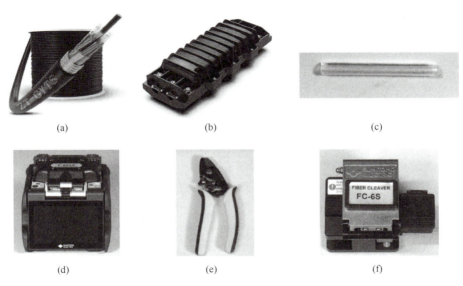

图4-101 实训材料和工具

（a）室外光缆；（b）光纤接续盒；（c）光纤热缩套管；（d）光纤熔纤机；（e）米勒钳；（f）光纤切割刀

20.5 任务实施

1. 请根据施工要求及验收标准对室外光缆进行直埋式布线。
2. 在进线间进行光纤的接续，即光纤的熔接。
3. 完成安装后请填写附录中的任务工单1。

20.6 实训评价

实训结束后，请根据任务实施情况及验收标准，填写评分表及实训报告，评分表见表4-18。实训报告见附录。

模块四 综合布线系统施工与验收

建筑群子系统及进线间子系统的施工验收实训评分表　　　　　表 4-18

指标		分值
操作工艺评价 （共 60 分，每项 10 分）	室外光缆布线合理	
	光纤熔接损耗≤0.03dB	
	普通土直埋电缆的埋深应符合 1.2m	
	直埋光缆与建筑的最小净距应满足要求：平行时不小于 0.5m	
	光缆接头盒及配件应形状完整	
	材料配附件及专用工具、产品说明书、 合格证和装箱清单应齐全、完整、有效	
实训过程评价 （共 40 分，每项 10 分）	按时按量完成任务	
	设备、工具完好，耗材使用未超标	
	工位清理干净、设备摆放整齐	
	安全、规范操作	
实训总分		

△项目 21　综合布线系统工程检验

△任务 21　综合布线系统工程检验

21.1　任务描述

请扫前言中资源包二维码下载某办公建筑综合布线图纸，并分组完成综合布线系统工程检验。具体详见附录中任务工单 1。

21.2　学习目标

知识目标	能力目标	素质目标
掌握综合布线系统工程检验项目及内容	1. 能够按照验收项目进行逐项验收（重点）。 2. 能够准确完成验收报告单填报	1. 培养专心细致的工作作风。 2. 培养实事求是精神、科学精神和爱岗敬业精神。 3. 培养兢兢业业、认真负责、严谨求实的职业素养

21.3　相关知识

综合布线系统工程检验的项目和内容如下：

1. 竣工技术文件。竣工技术文件应保证质量，做到外观整洁、内容齐全、数据准确。竣工技术文件应按下列规定进行编制：

（1）工程竣工后，施工单位应在工程验收以前，将工程竣工技术资料交给建设单位。

（2）综合布线系统工程的竣工技术资料应包括：竣工图纸；设备材料进场检验记录及开箱检验记录；系统中文检测报告及中文测试记录；工程变更记录及工程洽商记录；随工验收记录，分项工程质量验收记录；隐蔽工程验收记录及签证；培训记录及培训资料。

（3）综合布线系统工程竣工图纸应包括说明、设计系统图及反映各部分设备安装情况的施工图。竣工图纸应表示以下内容：安装场地和布线管道的位置、尺寸、标识符等；设备间、电信间、进线间等安装场地的平面图或剖面图及信息插座模块安装位置；缆线布放路径、弯曲半径、孔洞、连接方法及尺寸等。

2. 综合布线系统工程，应按《综合布线系统工程验收规范》GB/T 50312—2016 所列项目、内容进行检验。检验应作为工程竣工资料的组成部分及工程验收的依据之一，并应符合下列规定：

（1）系统工程安装质量检查，各项指标符合设计要求，被检项检查结果应为合格；被检项的合格率为 100%，工程安装质量应为合格。

（2）竣工验收需要抽验系统性能时，抽样比例不应低于 10%，抽样点应包括最远布线点。

（3）系统性能检测单项合格判定应符合下列规定：

1）一个被测项目的技术参数测试结果不合格，则该项目应为不合格。当某一被测项目的检测结果与相应规定的差值在仪表准确度范围内，则该被测项目应为合格。

231

模块四 综合布线系统施工与验收

2）按规范的指标要求，采用 4 对对绞电缆作为水平电缆或主干电缆，所组成的链路或信道有一项指标测试结果不合格，则该水平链路、信道或主干链路、信道应为不合格。

3）主干布线大对数电缆中按 4 对对绞线对测试，有一项指标不合格，则该线对应为不合格。

4）当光纤链路、信道测试结果不满足规范的指标要求时，则该光纤链路、信道应为不合格。

5）未通过检测的链路、信道的电缆线对或光纤可在修复后复检。

3. 竣工检测综合合格判定应符合下列规定：

（1）对绞电缆布线全部检测时，无法修复的链路、信道或不合格线对数量有一项超过被测总数的 1％，应为不合格。光缆布线系统检测时，当系统中有一条光纤链路、信道无法修复，则为不合格。

（2）对绞电缆布线抽样检测时，被抽样检测点（线对）不合格比例不大于被测总数的 1％，应为抽样检测通过，不合格点（线对）应予以修复并复检。被抽样检测点（线对）不合格比例如果大于 1％，应为一次抽样检测未通过，应进行加倍抽样，加倍抽样不合格比例不大于 1％，应为抽样检测通过。当不合格比例仍大于 1％，应为抽样检测不通过，应进行全部检测，并按全部检测要求进行判定。

（3）当全部检测或抽样检测的结论为合格时，则竣工检测的最后结论应为合格；当全部检测的结论为不合格时，则竣工检测的最后结论应为不合格。

4. 综合布线管理系统的验收合格判定应符合下列规定：

（1）标签和标识应按 10％抽检，系统软件功能应全部检测。检测结果符合设计要求应为合格。

（2）智能配线系统应检测电子配线架链路、信道的物理连接以及与管理软件中显示的链路、信道连接关系的一致性，对 10％进行抽检；连接关系全部一致应为合格，有一条及以上链路、信道不一致时，应整改后重新抽测。

对于光纤而言，光纤到用户单元系统工程中用户光缆的光纤链路 100％ 测试并合格，工程质量判定应为合格。

综合布线系统工程竣工验收时，检查随工测试记录报告，如被测试项目指标参数合格率达不到 100％，可由验收小组提出抽测，抽测也可以由第三方认证机构实施。具体可参照表 4-19 综合布线系统工程检验项目及内容进行验收。

综合布线系统工程检验项目及内容　　　　　　　　　　　表 4-19

阶段	验收项目	验收内容	验收方式
施工前检查	施工前准备资料	1. 已批准的施工图； 2. 施工组织计划； 3. 施工技术措施	施工前检查
	环境要求	1. 土建施工情况：地面、墙面、门、电源插座及接地装置； 2. 土建工艺：机房面积、预留孔洞； 3. 施工电源； 4. 地板铺设； 5. 建筑物入口设施检查	

232

项目 21　综合布线系统工程检验

续表

阶段	验收项目	验收内容	验收方式
施工前检查	器材检验	1. 按工程技术文件对设备、材料、软件进行进场验收； 2. 外观检查； 3. 品牌、型号、规格、数量； 4. 电缆及连接器件电气性能测试； 5. 光纤及连接器件特性测试； 6. 测试仪表和工具的检验	施工前检查
	安全、防火要求	1. 施工安全措施； 2. 消防器材； 3. 危险物的堆放； 4. 预留孔洞防火措施	
设备安装	电信间、设备间、设备机柜、机架	1. 规格、外观； 2. 安装垂直度、水平度； 3. 油漆不得脱落，标志完整齐全； 4. 各种螺栓必须紧固； 5. 抗震加固措施； 6. 接地措施及接地电阻	随工检验
	配线模块及 8 位模块式通用插座	1. 规格、位置、质量； 2. 各种螺栓必须拧紧； 3. 标志齐全； 4. 安装符合工艺要求； 5. 屏蔽层可靠连接	
缆线布放（楼内）	缆线桥架布放	1. 安装位置正确； 2. 安装符合工艺要求； 3. 符合布放缆线工艺要求； 4. 接地	随工检验或隐蔽工程签证
	缆线暗敷	1. 缆线规格、路由； 2. 符合布放缆线工艺要求； 3. 接地	隐蔽工程签证
缆线布放（楼间）	架空缆线	1. 吊线规格、架设位置、装设规格； 2. 吊线垂度； 3. 缆线规格； 4. 卡、挂间隔； 5. 缆线的引入符合工艺要求	随工检验
	管道缆线	1. 使用管孔孔位； 2. 缆线规格； 3. 缆线走向； 4. 缆线的防护设施的设置质量	隐蔽工程签证

233

模块四　综合布线系统施工与验收

续表

阶段	验收项目	验收内容		验收方式
缆线布放（楼间）	埋式缆线	1. 缆线规格； 2. 敷设位置、深度； 3. 缆线的防护设施的设置质量； 4. 回填土夯实质量		隐蔽工程签证
	通道缆线	1. 缆线规格； 2. 安装位置，路由； 3. 土建设计符合工艺要求		随工检验或隐蔽工程签证
	其他	1. 通信线路与其他设施的间距； 2. 进线间设施安装、施工质量		
缆线成端	RJ45、非 RJ45通用插座	符合工艺要求		随工检验
	光纤连接器件			
	各类跳线			
	配线模块			
系统测试	各等级的电缆布线系统工程电气性能测试内容	A、C、D、E、E_A、F、F_A	1. 连接图； 2. 长度； 3. 衰减（只为 A 级布线系统）； 4. 近端串音； 5. 传播时延； 6. 传播时延偏差； 7. 直流环路电阻	竣工检验（随工测试）
		C、D、E、E_A、F、F_A	1. 插入损耗； 2. 回波损耗	
		D、E、E_A、F、F_A	1. 近端串音功率和； 2. 衰减近端串音比； 3. 衰减近端串音比功率和； 4. 衰减远端串音比； 5. 衰减远端串音比功率和	
		E_A、F_A	1. 外部近端串音功率和； 2. 外部衰减远端串音比功率和	
		屏蔽布线系统屏蔽层的导通		
		为可选的增项测试（D、E、E_A、F、F_A）	1. TLC； 2. ELTCTL； 3. 耦合衰减； 4. 不平衡电阻	
	光纤特性测试	1. 衰减； 2. 长度； 3. 高速光纤链路 OTDR 曲线		竣工检验

项目 21　综合布线系统工程检验

续表

阶段	验收项目	验收内容	验收方式
管理系统	管理系统级别	符合设计文件要求	竣工检验
	标识符与标签设置	1. 专用标识符类型及组成； 2. 标签设置； 3. 标签材质及色标	
	记录和报告	1. 记录信息； 2. 报告； 3. 工程图纸	
	智能配线系统	作为专项工程	
工程总验收	竣工技术文件	清点，交接技术文件	
	工程验收评价	考核工程质量，确认验收结果	

注：系统测试内容的验收亦可在随工中进行检验。光纤到用户单元系统工程由建筑建设方承担的工程部分验收项目参照此表内容。

21.4　实训材料和工具

综合布线系统工程检验时需准备以下的验收文件：

1. 综合布线工程验收单及材料移交清单；
2. 综合布线工程配线一览表；
3. 综合布线工程材料验收合格书；
4. 六类四对非屏蔽双绞线缆检验合格书；
5. 六类模块式配线架检验合格书；
6. 二位信息面板检验合格书；
7. 六类信息模块检验合格书；
8. 静电地板检验合格书；
9. 六类配线架＋线卡检验合格书。

21.5　任务实施

1. 请根据工程验收标准准备验收材料。
2. 参照表 4-19 综合布线系统工程检验项目及内容逐项进行工程项目验收。
3. 完成后请填写附录中任务工单 1。

21.6　实训评价

实训结束后，请根据任务实施情况及验收标准，填写表 4-20 和表 4-21 及实训报告。实训报告见附录。

模块四　综合布线系统施工与验收

办公楼综合布线工程验收单　　　　　　　　　　　　　　　　　**表 4-20**

单位（子单位）工程名称						
分布（子分部）工程名称			综合布线工程			
施工单位				项目经理		
分包单位		无		分包项目经理		无
结构类型	框架楼		层数			

序号	子分部工程名称	分项数	施工单位检查评价	合格	不合格
1	网络线缆铺设	1	符合设计及施工质量验收规范要求		
2	面板模块打结	1	符合设计及施工质量验收规范要求		
3	垂直桥架安装	1	符合设计及施工质量验收规范要求		
4	静电地板安装		符合设计及施工质量验收规范要求		
5	配线架模块打结	1	符合设计及施工质量验收规范要求		
6	面板配线架标示	1	符合设计及施工质量验收规范要求		
观感质量验收		优秀	良好	一般	差

施工单位意见	我公司已完成该工程综合布线，经我公司初步验收，工程合格，符合设计要求，提请验收。 ×××有限公司 项目负责人： 　　年　　月　　日
验收单位意见	 验收单位（盖章）： 负责人（签字）： 　　年　　月　　日

236

项目 21　综合布线系统工程检验

办公楼综合布线工程材料移交清单

表 4-21

序号	名称	品牌	单位	数量	型号	备注
1	静电地板		平方米			
2	配线架		条			
3	理线器		条			
4	面板		块			
5	模块		个			
6	桥架		米			
7	线缆		米			
8	地插		个			
9	电源线		米			
10	底盒		个			
11	PVC 线槽		米			

观感质量验收	优秀	良好	一般	差
	□	□	□	□

与工程材料样品	相符	不相符
	□	□

施工单位意见	我公司已完成该工程的材料供货和施工工作，材料符合合同要求，施工质量符合设计要求。 ×××有限公司 负责人：（签字） 日期：　　年　　月　　日
验收单位意见	 验收单位：（盖章） 负责人：（签字） 日期：　　年　　月　　日

模块四 综合布线系统施工与验收

作 业 及 测 试

1. 填空题

（1）综合布线系统工程验收规范是＿＿＿＿＿＿＿＿＿＿＿＿＿＿＿＿＿＿＿＿＿＿＿＿。

（2）光纤熔接实训所需工具及材料分别是＿＿＿＿＿＿＿＿＿＿＿＿＿＿＿＿＿＿

＿＿＿＿＿＿＿＿＿＿＿＿＿＿＿＿＿＿＿＿＿＿＿＿＿＿＿＿＿＿＿＿＿＿＿＿＿＿。

（3）根据色标的应用场合，连接水平缆线的配线设备应采用＿＿＿＿＿色。

（4）电信间内配线架标签的颜色是＿＿＿＿＿＿＿＿＿＿＿。

（5）水晶头的制作可采用的2个标准为：＿＿＿＿＿ 和＿＿＿＿＿＿。

（6）测试光纤通断的仪器是＿＿＿＿＿＿＿＿＿＿＿＿＿＿＿。

2. 选择题

（1）信息插座安装在墙面时有明装和（　　）两种方式。

A. 不装 　　　　B. 暗装 　　　　C. 直连 　　　　D. 跳线

（2）制作的网络跳线要求长度误差控制在（　　）。

A. ±5mm 　　　　B. 5mm 　　　　C. ±5m 　　　　D. 无限制

（3）信息插座与电源插座安装时应间隔（　　）。

A. ＞20cm 　　　　B. ＞25cm 　　　　C. ＞30cm 　　　　D. ＞35cm

（4）当每个楼层信息点较多且集中的时候宜采用（　　）机柜安装。

A. 21in 　　　　B. 19in 　　　　C. 42U 　　　　D. 12U

（5）在机柜内设备之间的安装距离至少间隔（　　）的空间，便于设备的散热。

A. 1U 　　　　B. 2U 　　　　C. 3U 　　　　D. 4U

（6）大对数电缆的主色是（　　）。

A. 白红黑黄紫 　　B. 蓝橙绿棕灰 　　C. 白红黑蓝紫 　　D. 蓝橙绿棕灰白

（7）对绞电缆布线全部检测时，无法修复的链路、信道或不合格线对数量有一项超过被测总数的（　　），应为不合格。

A. 1％ 　　　　B. 10％ 　　　　C. 25％ 　　　　D. 35％

（8）竣工验收需要抽验系统性能时，抽样比例不应低于（　　）。

A. 20％ 　　　　B. 20％ 　　　　C. 10％ 　　　　D. 40％

3. 简答题

（1）简述制作双绞线（直通网线）的注意事项。

（2）简述信息模块端接操作步骤。

（3）简述光纤的熔接过程中注意事项。

（4）谈谈光纤冷接的优缺点。

模块五　综合布线系统工程测试

△项目22　双绞线测试

△任务22　双绞线测试

22.1　任务描述

（1）对100Ω双绞线电缆组成的永久链路进行认证测试。

（2）完成双绞线电缆传输信道的认证测试报告。具体详见附录中任务工单1。

22.2　学习目标

知识目标	能力目标	素质目标
了解双绞线的两种测试类型和模型	能够正确使用测试仪进行双绞线测试（重点）	1. 培养科学严谨的工作态度。 2. 树立诚信意识、质量意识

22.3　相关知识

在综合布线系统工程中，双绞线是配线子系统主要的布线产品。如何在施工后衡量布线网络施工质量，这就需要明确双绞线链路的测试类型、测试模型及测试标准。

1. 测试类型

（1）验证测试，也叫随工测试，连通性测试。技术人员边施工边检测线缆质量和安装工艺，及时发现并通过重新端接、调换线缆、修正布线路由等措施纠正问题，避免返工。验证测试可以通过验证测试仪进行测试。测试仪有简易的，也有较复杂的。简易的验证测试仪一般由基座部分和远端部分组成，测试时，基座部分放在链路的一端，远端部分放在链路的另一端。基座部分可以沿双绞线电缆的所有线对加电压，远端部分与线对相连的每一个部分都有对应的LED发光管，根据发光管的闪烁次序，就能判断双绞线8芯线的连通情况，检测开路、短路、跨接、反接等问题。当与音频探头配合使用时，测试仪内置的音频发生器可追踪到穿过墙壁、地板、顶棚的电缆。虽然使用这类连通性测试仪一个人就可以方便地完成电缆和用户跳线的测试，但通常无法确定故障点位置。复杂的测试仪还可以精确测量线缆长度并提供故障点距离信息，以便人们能够快速发现故障、排除故障，降低损失。

（2）认证测试，也叫验收测试或分析测试。该测试包括连接性能测试和电气性能测试，是最为全面和细致的一项测试。认证测试使用的是认证测试仪。认证测试仪由基座部分和远端部分组成。功能上除了能进行基本的连通性测试外，还可以进行性能测试。性能测试的参数主要有连接图、长度、回波损耗（RL）、插入损耗（IL）、近端串音

（NEXT）、近端串音功率和(PS NEXT)、衰减远端串音比（ACR-F）、衰减串音比功率和（PS ACR-N）、等电平远端串音（ELFEXT）、等电平远端串音功率和（PS ELFEXT）、传播时延、直流环路电阻、屏蔽层的导通、传播时延偏差、衰减近端串音比（ACR-N）、衰减远端串音比功率和（PS ACR-F）、衰减近端串音比功率和（PS ACR-N）、不平衡电阻等。认证测试仪将每条链路的检测数据上传到相关软件，可生成测试报告。当整个工程测试后，需要编制工程的测试报告。测试报告是测试工作的总结。在编制测试报告时应精心、细致，保证其完整性和准确性。

2．测试模型

在《综合布线系统工程验收规范》GB/T 50312—2016 中，提供了两个对绞电缆的测试模型。分别是：永久链路性能测试连接模型和信道性能测试连接模型。

（1）永久链路性能测试连接模型。该模型为工程安装人员和用户提供用于测量安装的固定链路的方法。它由最长 90m 水平电缆、两端插接件和转接连接器组成。可以包括一个 CP 链路。在使用永久链路测试时可排除跳线在测试过程中本身带来的误差，从技术上消除了测试跳线对整个链路测试结果的影响，使测试结果更准确、合理。永久链路性能测试连接模型如图 5-1 所示。

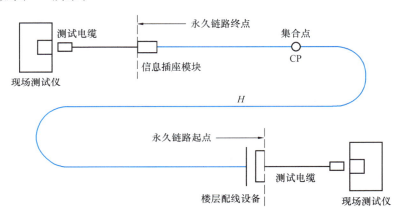

图 5-1　永久链路性能测试连接模型

（2）信道性能测试连接模型。该模型是指从网络设备跳线到工作区跳线间端到端的连接，它包括最长为 90m 的建筑物中固定的水平电缆、水平电缆两端的接插件（一端为工作区信息插座，另一端为楼层配线架）、一个靠近工作区的可选的附属转接连接器、最长为 10m 的在楼层配线架上的两处连接跳线和最长为 100m 的用户终端连接线。信道性能测试连接模型如图 5-2 所示。

其中 A 为工作区终端设备电缆长度；B 为 CP 缆线长度；C 为水平电缆长度；D 为配线设备连接跳线长度；E 为配线设备到设备连接电缆长度。要求 $B+C<90m$；$A+D+E\leqslant 10m$。

信道测试适用于设备开通前测试、故障恢复后测试、升级扩容设备前再认证测试等。进行信道测试时，由于跳线更换导致每次测得的参数不一致，因此测试的结果不宜作为永久保存的验收文本。实际上永久链路测试和跳线测试合格了，信道测试一定会合格。另外，信道验收测试应在工程完工后及时实施，否则经常会因信道的组成缺失器件而无法完

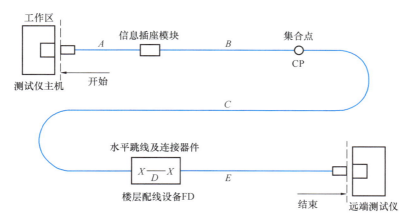

图 5-2 信道性能测试连接模型

成测试工作。所以，永久链路测试应作为首选的认证测试方式，其次选择信道方式。

3. 测试标准

应测试长度、连接图、回波损耗、插入损耗、近端串音、近端串音功率和、衰减远端串音比、衰减远端串音比功率和、衰减近端串音比、衰减近端串音比功率和、环路电阻、时延、时延偏差等，指标参数应符合《综合布线系统工程验收规范》GB/T 50312— 2016 中附录 B 规定。

4. FLUKE DSX-8000 线缆分析仪介绍

FLUKE DSX-8000 线缆分析仪可对 10Gb 以太网部署中的线缆进行测试和认证，无论是当前的 Cat 5_e、Cat 6、Cat 6_A 还是 Class FA 布线系统，均可根据所有产业标准进行测试。提供准确、完全无误的认证结果，并具有以下性能：

1）8s 即可完成 Cat 6_A 测试。
2）以图形方式显示故障源，包括串扰和屏蔽故障定位，便于故障排除。
3）以全图形的方式管理多达 12000 个测试结果。
4）电容触摸屏方便快速选择线缆类型、标准和测试参数。
5）可通过 LinkWare 管理软件出具链路报告。

设备主要由主机和远端机及适配器等设备组成，如图 5-3 所示。

图 5-3 主机和远端机及适配器

5. 常见测试结果失败类型及解决办法

（1）失败类型

1）开路：双绞线中有个别芯没有正确连接，图 5-4 显示第 5 芯断开，且中断位置分别距离测试的双绞线一端 2.4m 处。

2）反接（交叉）：双绞线中有个别芯对交叉连接，图 5-4 显示 3、6 芯交叉。

3）短路：双绞线中有个别芯对铜芯直接接触，图 5-4 显示 4、5 芯短路。

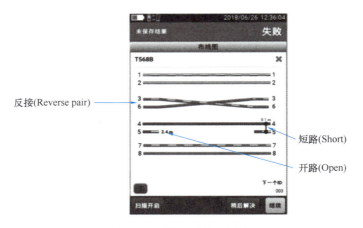

图 5-4　开路、反接、短路

4）跨接（错对）：双绞线中有个别芯对线序错接，图 5-5 显示 1 和 3、2 和 6 两对芯错对。

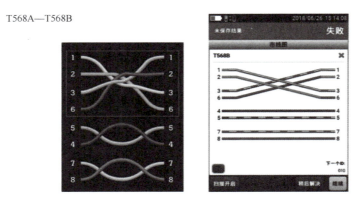

图 5-5　错对

（2）解决办法

1）错误类型为短路、开路时，需更换双绞线。

2）错误类型为跨接、错接、反接合交叉时，可在双绞线两头重新端接。

22.4　实训材料和工具

实训工具主要有 FLUKE DSX-8000 线缆分析仪的主机、远端机和永久链路适配器。

实训材料主要有：24 口交换机、网络跳线、网络模块、配线架及四对双绞线组成的永久链路。

实训材料及永久链路接线示意如图 5-6 所示。

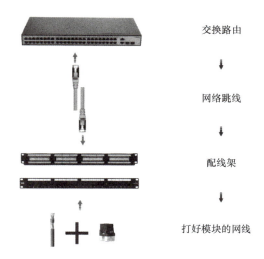

图 5-6　实训材料及永久链路接线示意

22.5　任务实施

1．双绞线测试

（1）准备阶段

1）连接设备

① 永久适配器插到主机链路接口适配器接头位置。

② 信道适配器插到远端机链路接口适配器接头位置。

连接设备示意图如图 5-7 所示。

图 5-7　连接设备示意图

2）检查软件版本

在主屏幕上，轻触"工具""版本信息"。若不是最新版本，可用笔记本对设备进行版本更新。

3）设置基准

① 在启动测试仪和远程设备至少 5min 后设置基准。

② 在主屏幕上，轻触"工具""设置基准"。在"设置基准"屏幕上轻触"测试"。

4）建立项目

① 在主屏幕上，轻触"项目"面板，轻触"更改项目""新增项目"。

② 在"新增项目"屏幕上，输入项目名称（小组组号），然后轻触完成。

③ 在"项目"屏幕上，轻触"操作员"面板，输入项目的操作员姓名。

④ 在"项目"屏幕上，轻触"新增测试"按钮，输入项目必要的测试和测试设置。

⑤ 在"项目"屏幕上，轻触"新增 ID 集合"按钮，为项目设置一个或多个电缆 ID 集合。在"项目"屏幕上，轻触完成。

5）双绞线测试设置

① 在主屏幕上，轻触测试设置面板。

② 在"更改测试"屏幕上，选择要更改的双绞线测试，然后轻触"编辑"。如要设置新的双绞线测试，轻触"新测试"。如未安装模块，则会显示"模块"屏幕。轻触正确的铜缆模块。

③ 在"测试设置"屏幕上，轻触相应的面板以更改测试设置。

④ 完成测试设置后，在"测试设置"屏幕上轻触保存。

⑤ 在更改测试屏幕上，确保选择了测试旁边的按钮，然后轻触"使用所选项"。

（2）测试阶段

1）将永久链路适配器连接至主测试仪和远端测试仪。

2）将主机、远端机与适配器按如图 5-8 所示连接。

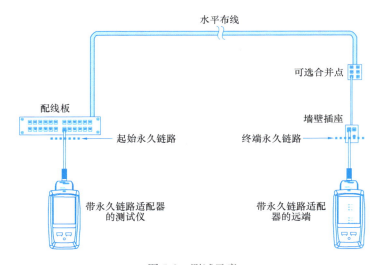

图 5-8 测试示意

轻触主测试仪上的"测试"，或按下主测试仪或远端测试仪上的 ✓TEST 。

（3）结果查询及保存

1）布线图：显示测试时电缆两端的连接，如图 5-9 所示。

2）性能：显示所选测试限制所需的每个测试的总体结果。轻触面板查看详细的测试结果，如图 5-10 所示。

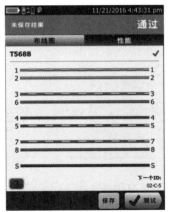

图 5-9 测试结果示意——布线图　　图 5-10 测试结果示意——性能

3）如果通过测试，轻触"保存"；如果测试失败，轻触"稍后修复"。

（4）使用 LinkWare 导出测试结果

测试出的数据可以导入 LinkWare 软件中生成测试报告。操作步骤如下：

1）打开 LinkWare 软件后，如果是英文界面，可以在"Option"→"Language"菜单里选择合适的语言。

2）仪表开机，用 USB 数据线将仪表和电脑连接起来，点击"文件"选择"从文件导入"，选择"DTX/DSX CableAnalyzer"，如果仪表和电脑正常连接了，没有找到仪表，确认仪表已经开机，重新插拔 USB 线，换线，或者重启电脑，或者重新安装软件，安装 LinkWare 时最好把杀毒软件等关闭，过程中会提示安装驱动，一定要选择"是"。

3）导入数据：点击向下的红色图片，选择"DSX CableAnalyzer"。选择你要导入的记录，如果要导入所有记录，请选择导入所有记录（图 5-11）。

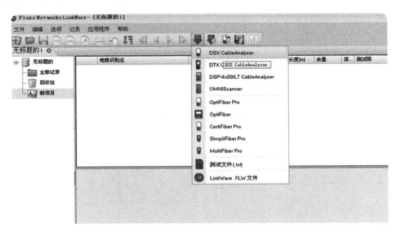

图 5-11　软件界面导入示意

4）导出 PDF 格式报告、打印报告（图 5-12）。

5）报告样板如图 5-13 所示。

模块五　综合布线系统工程测试

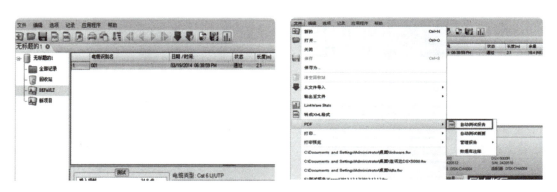

图 5-12　导出 PDF 格式报告、打印报告

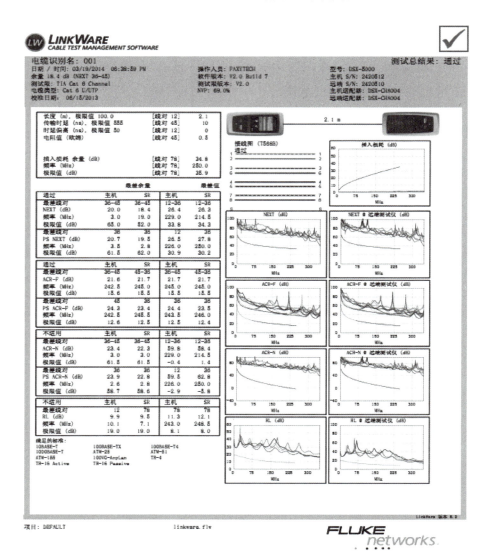

图 5-13　报告样板

项目 22　双绞线测试

2. 测试记录。请将测试数据填至测试记录表中（表 5-1）。

永久链路测试记录表　　　　　　　　　　　　　　　　　　　表 5-1

测试序号	布线图是否通过（是/否）	链路长度（m）	回波损耗（RL）	插入损耗（IL）	近端串音（NEXT）	近端串音功率和（PS NEXT）	衰减近端串音比（ACR-N）	衰减远端串音比（ACR-F）	衰减远端串音比功率和（PS ACR-F）	衰减近端串音比功率和（PS ACR-N）
永久链路 1										
永久链路 2										
永久链路 3										

22.6　实训评价

完成任务后，请根据任务实施情况，完成双绞线测试实训评分表（表 5-2）及实训报告（详见附录）。

双绞线测试实训评分表　　　　　　　　　　　　　　　　　　表 5-2

指标		分值
操作工艺评价（共 60 分，每项 10 分）	软件版本信息为最新版本	
	成功新建项目	
	线缆类型选择正确	
	主机及远端机接入永久链路的位置正确	
	测试结果保存完整并生成报告	
	熟练使用测试仪进行测试，能够分析、解决测试问题	
实训过程评价（共 40 分，每项 10 分）	按时按量完成任务	
	设备、工具完好，耗材使用未超标	
	工位清理干净、设备摆放整齐	
	安全、规范操作	
实训总分		

247

△项目 23　大对数电缆的测试

△任务 23　大对数电缆的测试

23.1　任务描述

使用大对数电缆测试专用设备对 1 根 25 对大对数电缆进行测试，并记录相关数据。具体详见附录中任务工单 1。

23.2　学习目标

知识目标	能力目标	素质目标
1. 掌握大对数电缆测试的原理和方法。 2. 掌握大对数电缆测试的标准	能熟练操作 TEXT-ALL25 测试仪对大对数电缆进行测试（重点）	1. 培养科学严谨的工作态度。 2. 树立诚信意识、质量意识

23.3　相关知识

在综合布线系统的干线子系统中，大对数电缆经常用作数据和语音的主干电缆，其线对数量比 4 对双绞线电缆要多，如 25 对、50 对、100 对、300 对等。大对数电缆可采用 4 对双绞线电缆进行测试，也可以使用专用的大对数电缆测试仪进行测试，如 TEXT-ALL25。

1. 测试方法

对于常用的 25 对大对数电缆可以采用两种方法进行测试：

（1）用 25 对线测试仪进行测试；

（2）分组用双绞线测试仪测试。

大对数线的测试用测试双绞线的测试仪来分组测试时，可每 4 对一组，当测到第 25 对时，向前错位 3 对线即可。这种测试方法是较为常用的。本文着重介绍 25 对线测试仪 TEXT-ALL25 用于测试大对数电缆的方法。

2. 测试标准

《综合布线系统工程验收规范》GB/T 50312—2016 中，主干布线大对数测试时应符合下列规定：

（1）电缆应附有本批量的电气性能检验报告，施工前对盘、箱的电缆长度、指标参数应按电缆产品标准进行抽验，提供的设备电缆及跳线也应抽验，并做测试记录。

（2）主干布线大对数电缆中按 4 对对绞线对测试，有一项指标不合格，则该线对应为不合格。

3. 25 对线测试仪 TEXT-ALL25 介绍

（1）显示屏

TEXT-ALL25 测试仪设有一个大屏幕（彩色液晶显示屏），该显示屏主要用于显示用户工作方式以及测试的结果。液晶显示屏从 1～25 计数指示电缆线对，在每个数字的左边有一个绿色符号表示其正常，而在每个数字的右边有一个红色符号表示该电缆线对的坏路。TEXT-ALL25 液晶显示屏示意，如图 5-14 所示。

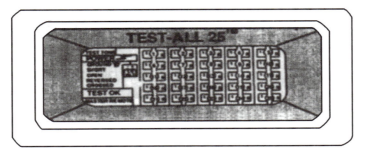

图 5-14　TEXT-ALL25 液晶显示屏示意

（2）控制按钮开关

在该测试器面板上有 5 个控制按钮，在其右边板上有 5 个连接插座。控制按钮开关示意如图 5-15 所示。具体按钮含义如下：

1）POWER——在测试仪右上角的电源开关。当整个测试系统安装完毕，打开测试器电源开关，该仪器就开始进行自动测试。进行自动测试时需要先要连接电缆，然后打开测试器的电源，这样可以防止测试仪将测出的电缆故障作为测试设备内部故障来显示。

2）PAIR——线对选择开关，位于测试仪的右下角。用户可以选择一次测试 25 对……4 对、3 对、2 对、1 对。测试仪一打开电源总是工作在 25 对方式，除非用户选择另一种方式。

3）TONE——声波按钮，按下时测试仪具有声波功能。当 TONE 按钮处于工作状态时，TONE 出现显示屏上，光源照亮线对的绿色或红色字符。在线对需要时 TONE 能使用推进式按钮。

4）TEST——测试按钮。按下 TEST 按钮，仪器开始顺序测试。这是 TEXT-ALL25 测试仪在双端测试中最基本的装置。

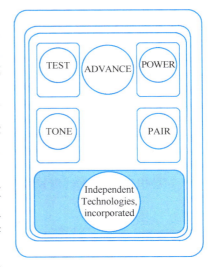

图 5-15　控制按钮开关示意

5）ADVANCE——该按钮用于选择发出声音的电缆对，或选择用户所希望查看的故障指示。当测试完成时，测试仪同时显示所有发现的故障。当发现的故障是在一个以上时，很难通过闪光显示的部分看懂故障原因。通过操作 ADVANCE 按钮，测试再次开始循环，并停在第一个故障情况的显示上，再次推动 ADVANCE 按钮，出现下一个故障情况，这样有助于排查故障原因。因此，该特性可用于处理多故障现象。

（3）测试连接插座

测试仪上的测试插座如图 5-16 所示，其中：

1）右上角的 GROUND 插座提供接地插座并使设备正确接地，这样做的目的是保证测试结果准确。

2）中间的 25 PAIR CONNECTOR 插座允许连接的 25 对大对数电缆直接插入测试仪

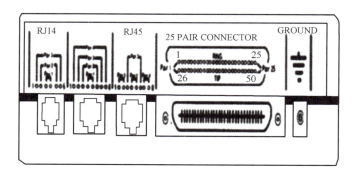

图 5-16 TEXT-ALL25 测试仪上的测试插座

中进行测试。它也可应用于 25 对测试软件和 25 对 110 配线架硬件适配器，便于测试中访问 110 语音系统。

3) RJ45 插座允许带有 RJ45 插头的测试软线直接插入测试仪中进行测试。

4) RJ14 插座允许 RJ14 和 FJ11 直接插入 TEXT-ALL25 进行测试。因此在满足接口要求时，TEXT-ALL25 测试仪不仅可以测试 25 对大对数线缆，还能够测试 4 对、3 对、2 对、1 对线缆。

4. 测试模型

25 对线测试仪测试可在无源电缆上完成测试任务。它可以同时测 25 对线的连续性、短路、开路、交叉、有故障的终端、外来的电磁干扰和接地中出现的问题。将待测试的 25 对大对数电缆的两端各接一个 25 对线测试仪的测试器，用这两个测试器共同完成测试工作，在它们之间形成一条通信链路，如图 5-17 所示。

23.4 实训材料和工具

大对数电缆、25 对线测试仪 TEXT-ALL25（图 5-18）。

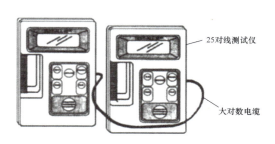

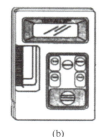

(a)　　　　　　　　(b)

图 5-17 大对数电缆测试链路　　　　图 5-18 实训材料和工具
　　　　　　　　　　　　　　　　（a）大对数电缆；（b）25 对线测试仪 TEXT-ALL25

23.5 任务实施

1. 大对数电缆测试

（1）自检

把要测试的 25 对大对数电缆连接到测试仪插座上，打开 TEXT-ALL25 测试仪电源开关。测试仪自动完成自检程序，以保证整个系统测试精确。此时操作者在显示屏上能观察到以下信息：

1) 当测试仪检查它的内部电路时，在彩色屏幕上显示文字、数字和符号，用时大约 1s。

2) 接着，如果测试仪整个系统正常，屏幕先变黑，然后明显地显示 "TEXT OK"，用时大约 1s。

3) 然后 MASTER 闪光、屏幕右边显示出数字，表明该测试仪器已经准备好，可以正常使用。

（2）通信

1) 自检程序完成之后，将大对数电缆连接到测试仪器上，确保 2 个测试仪已经分别连接到电缆的两端，并着手进行与远端通信。通信链路通常为被测电缆中的第一个电缆对。按下测试按钮进行测试，若通信链路已经成功建立，MASTER 将会闪光并出现在第一个测试仪的显示窗口上，而 REMOTE（远程）则闪光并出现在远端的第二个测试仪上。

2) 若在使用过程中，另一个测试仪的 MASTER 闪烁，表明通信失败。在不能正常通信的情况下需要进行再次尝试按下 "TEST" 按钮，重新开始通信。

（3）电源故障测试

TEXT-ALL25 的 POWERFAULT 用于电源故障测试，它能检查通交流或直流电的 50 根导线是否存在电源故障。如果所测电压（交流或直流）等于或高于 15V，则该电压在两端测试仪的显示屏上闪烁，并终止测试程序。此时需要确认是否存在电源故障，当确实有电源故障存在时，常常需要重新测试。因为有时电缆上的静电会造成电源故障指示错误。

（4）接地故障测试

屏幕显示 "GROUNDFAULT" 时，表示仪器正在进行接地故障测试。该测试需要在两端的测试仪上连接一根外部接地导线。首先需要测试地线的连续性：即确保地线已连到两个测试仪上，电缆的两端及其他电位相同。因为不同电位的电压常常在建筑物接地线上形成噪声，从而影响传输质量。而该地线连续性测试主要目的是检查地线连接的正确性。

已接地的导线用 TEXT-ALL25 测试仪完成端到端的地线性能测试时，可能造成噪声或电缆故障（测试参考值为 "75000" 或小于地线与导线之间的阻值，均被认为是存在接地故障）。

（5）连续性测试

下面的测试是完成端到端线对的测试。

1) Shorts（短路）——所测试的导线与其他导体短路（"60000" 或小于导线之间的电阻，称为短路）。

2) Open（开路）——测试的导线为开路的导线（测试仪之间端到端大于 "2600" 称为开路导线）。

3) Reversed（反接）——为了测试端到端线对的正确性，当进行连续性测试时，要保证每一个被测导线连接到其他测试仪。

4) Crossed（交叉）——为了测试所有的导线是否端到端正确连接，还应检查所测电缆组中是否有与其他导线交叉连接的情况（这就是常说的易位）。

模块五　综合布线系统工程测试

当完成所有测试且测试过程中没有发现任何故障，这时屏幕上出现照亮的"TEST OK"，表明测试成功。

2. 测试记录。请将测试数据填至大对数电缆测试记录表中（表 5-3）。

大对数电缆测试记录表　　　　　　　　　　　　　　　　　表 5-3

大对数电缆编号	自检（是/否）	通信是否成功（是/否）	电源故障情况	接地故障情况	连续性测试情况

23.6　实训评价

完成任务后，请根据任务实施情况，完成大对数电缆测试实训评分表（表 5-4）及实训报告（详见附录）。

大对数电缆测试实训评分表　　　　　　　　　　　　　　　表 5-4

指标		分值
操作工艺评价 （共 60 分，每项 10 分）	通信成功	
	完成电源故障测试	
	外部接地导线连接正确	
	完成接地故障测试	
	完成短路、开路测试	
	完成反接、交叉测试	
实训过程评价 （共 40 分，每项 10 分）	按时按量完成任务	
	设备、工具完好，耗材使用未超标	
	工位清理干净、设备摆放整齐	
	安全、规范操作	
实训总分		

△项目 24　光纤的测试

△任务 24　光纤的测试

24.1　任务描述

使用相应设备对 2 组待测光纤进行测试，并记录相关数据。具体详见附录中任务工单 1。

24.2　学习目标

知识目标	能力目标	素质目标
1. 掌握光缆测试的原理和步骤。 2. 掌握光缆测试的标准	能熟练操作 OTDR 光时域反射仪对光缆进行测试（重点）	1. 培养科学严谨的工作态度。 2. 树立诚信意识、质量意识

24.3　相关知识

为保证综合布线系统连接的质量，减少故障，光缆在使用前须进行测试。光纤检测的基本内容有光纤连通性检测、光纤衰减检测、光纤污染检测以及光纤故障定位检测。其中光纤衰减检测，即光功率损耗检测，是光纤检测中的重要指标，它与光纤链路的长度、传导特性、连接器数量以及接头的数量均有关系。本任务主要以光纤连通性和损耗测试为例。

1. 测试标准

《综合布线系统工程验收规范》GB/T 50312—2016 中，光纤信道和链路测试时应符合下列规定：

（1）在施工前进行光器材检验时，应检查光纤的连通性。

（2）当对光纤信道或链路的衰减进行测试时，可测试光跳线的衰减值作为设备光缆的衰减参考值，整个光纤信道或链路的衰减值应符合设计要求。

2. 测试方法

在具体的工程中通常对光缆的测试采用连通性测试、收发功率测试和反射损耗测试等方法。

（1）连通性测试

连通性测试是最简单的测试方法，只需在光纤一端导入光线（如红光笔），最远可达大约 5000km 的距离，通过发送可见光，技术人员在光纤的另外一端查看是否有红光即可，有光闪表示连通，看不到光即可判定光缆中有断裂与弯曲。此测试方式成为尾纤、跳线或者光纤段连续性测试非常有用的工具。在对使用要求不高的项目中经常被采用作为验收标准。

（2）收发功率测试（光损耗测试）

收发功率测试是测定布线系统光纤链路的有效方法，使用的设备主要是光纤功率测试仪。在实际应用中，链路的两端可能相距很远，但只要测得发送端和接收端的光功率，即可判定光纤链路的状况。

253

（3）反射损耗测试

反射损耗测试主要用于检测光纤链路中的反射现象，即光信号在光纤接口或连接点处发生反射而产生的损耗。测试时使用光时域反射计（OTDR）向光纤链路中注入光脉冲，并收集反射回来的光信号进行分析。OTDR 能够精确定位反射点，并测量反射损耗的大小，对于诊断光纤链路中的故障点非常有效。

3. 测试模型

光纤链路测试连接模型应包括两端的测试仪器所连接的光纤和连接器件，如图 5-19 所示。工程检测中应对下述光链路采用 1310nm 波长进行衰减指标测试。

图 5-19　光纤链路衰减测试连接方式

24.4　实训材料和工具

光纤跳线、光功率计、红光笔、光源（图 5-20）。

图 5-20　实训材料和工具
（a）光功率计；（b）红光笔；（c）手持式光源

24.5　任务实施

1. 光纤的测试

（1）测试前应对综合布线系统工程所有的光连接器件进行清洁，并应将测试接收器校准至零位。

（2）测试通断：

1）将红光笔防尘盖打开，将被测的光纤插入红光笔的顶部插头中。红光笔开关推至"CW"选项表示红光笔常开工作，开关推至"GLINT"选项表示闪烁循环工作。

2）观察光纤另一端，若未出现红光，则说明光纤纤芯有断点。

注意事项：红光笔打开后，切勿对着人眼睛，以免高亮度的红光对眼睛造成伤害。

红光笔测试通断如图 5-21 所示。

（3）收发功率测试

项目 24 光纤的测试

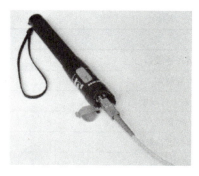 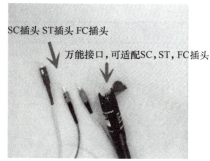

图 5-21 红光笔测试通断

1）光源准备。测试前，需准备提供光源的设备，如光纤收发器、光端机、光模块、稳定光源等可以提供 850nm、960nm、1300nm、1310nm、1490nm、1550nm 中的一种发光波长的光源设备。

2）调整波长。将光功率计的波长设定成与光源一致的波长，如光源为 1310nm，光功率计设定为 1310nm。

3）校准。打开防尘帽，将光纤跳线的两端接到光源与光功率计两端，开机读取跳线和接头两端的衰减值，并记录。

4）连接光纤。打开防尘帽后，用光耦合器将待测光纤接头和光纤跳线连接，再插入光功率计处。

5）测损耗。在光功率计屏幕上即可读取光纤的损耗，并记录（图 5-22）。使用"步骤5）"所测的数值减去"步骤3）"所测数值，即为待测光纤损耗值。

图 5-22 光功率计读数

2. 测试记录

请将测试数据填至光纤测试记录表（表 5-5）中。

光纤测试记录表　　　　　　　　　　　　　　　　表 5-5

光纤编号	通断测试（是/否）	波长 λ（nm）	跳线衰减值	测得衰减值	损耗值（测得衰减值－跳线衰减值）
光纤 A					
光纤 B					

24.6 实训评价

完成任务后，请根据任务实施情况，完成光纤测试实训评分表（表 5-6）及实训报告（详见附录）。

模块五　综合布线系统工程测试

光纤测试实训评分表　　　　　　　　　　表 5-6

指标		分值
操作工艺评价 （共 60 分，每项 10 分）	测试前清洁光连接器件	
	仪表校准调零	
	正确使用红光笔进行通断测试	
	波长选择正确	
	正确测量跳线衰减值	
	正确计算损耗值	
实训过程评价 （共 40 分，每项 10 分）	按时按量完成任务	
	设备、工具完好，耗材使用未超标	
	工位清理干净、设备摆放整齐	
	安全、规范操作	
实训总分		

256

△项目 25　常用测试仪的使用

任务 25　常用测试仪的使用

25.1　任务描述

使用 Fluke DSP-4000 系列测试仪测试综合布线工程的 1 条链路（TIA Cat5e Basic Link），并记录相关数据。具体详见附录中任务工单 1。

25.2　学习目标

知识目标	能力目标	思政目标
了解综合布线工程测试中常用测试仪器的型号及功能	能根据综合布线工程测试项目选择适合的测试仪器	1. 培养科学严谨的工作态度。 2. 树立诚信意识、质量意识

25.3　相关知识

在综合布线工程测试中，经常使用的测试仪器有 Fluke DSP-100 测试仪、Fluke DSP-4000 系列测试仪。Fluke DSP-100 测试仪可以满足 5 类线缆系统的测试的要求。Fluke DSP-4000 系列测试仪功能强大，可以满足 5 类、6 类线缆系统的测试，配置相应的适配器还可用于光纤系统的性能测试。

1. Fluke DSP-100 测试仪功能介绍及使用方法

（1）Fluke DSP-100 功能及特点

Fluke DSP-100 是美国 Fluke 公司生产的数字式 5 类线缆测试仪，它具有精度高、故障定位准确等特点，可以满足 5 类电缆和光缆的测试要求，如图 5-23 所示。Fluke DSP-100 采用了专门的数字技术测试电缆，不仅完全满足 TSB-67 所要求的二级精度标准，而且还具有强大的测试和诊断功能。它运用其专利——"时域串扰分析"功能可以快速指出有不良的连接、劣质的安装工艺和不正确的电缆类型等缺陷的位置。测试电缆时 Fluke DSP-100 发送一个和网络实际传输的信号一致的脉冲信号，然后 Fluke DSP-100 再对所采集的时域响应信号进行数字信号处理（DSP），从而得到频域响应。这样，一次测试就可替代上千次的模拟信号。Fluke DSP-100 具有以下特点：

1）测量速度快。17s 内即可完成一条电缆的测试，包括双向的 NEXT 测试。

图 5-23　Fluke DSP-100 线缆测试仪

2）测量精度高。数字信号的一致性、可重复性、抗干扰性都优于模拟信号。Fluke DSP-100 是第一个达到二级精度的电缆测试仪。

3）故障定位准确。由于 Fluke DSP-100 可以获得时域和频域两个测试结果，从而能对故障进行准确定位。如一段 UTP 5 类线连接中误用了 3 类插头和连线，插头接触不良和通信电缆特性异常等问题都可以准确地判断出来。

4）方便存储和数据下载功能。Fluke DSP-100 可存储 1000 多个 TSB-67 的测试结果或 600 个 ISO 的测试结果，而且能够在 2min 之内下载到 PC 机中。

5）完善的供电系统。测试仪的电池供电时间为 12h（或 1800 次自动测试）。

6）具有光纤测试能力。配置光缆测试选件 FTK 后，可以完成 850/1300nm 多模光纤的光功率损耗的测试，并可根据通用的光缆测量标准给出通过和不通过的测试结果。还可以使用另外的 1310nm 和 1550nm 激光光源来测量单模光缆的光功率损耗。

（2）Fluke DSP-100 的组件

1）1 个主机标准远端单元。

2）中英文用户手册。

3）CMS 电缆数据管理软件（CD-ROM）。

4）1 条 100Ω RJ45 校准电缆（15cm）。

5）1 条 100Ω 5 类测试电缆（2m）。

6）1 条 50Ω BNC 同轴电缆。

7）AC 适配器/电池充电器。

8）充电电池（装在 Fluke DSP-100 主机内）。

9）1 条 RS-232 接口电缆（用于连接测试仪和 PC，以便下载测试数据）。

10）1 条背带。

11）1 个软包。

（3）Fluke DSP-100 测试仪简要的操作方法

1）将 Fluke DSP-100 测试仪的主机和远端分别连接被测试链路的两端。

2）将测试仪旋钮转至 "SETUP"。

3）根据屏幕显示选择测试参数，选择后的参数将自动保存到测试仪中，直至下次修改。

4）将旋转钮转至 "AUTOTEST"，按下 "TEST" 键，测试仪自动完成全部测试。

5）按下 "SAV" 键，输入被测链路编号、存储结果。

6）如果在测试中发现某项指标未通过，将旋钮转至 "SINGLE TEST"，根据中文速查表进行相应的故障诊断测试。

7）排除故障，重新进行测试直至指标全部通过为止。

8）所有信息点测试完毕后，将测试仪与 PC 连接起来，通过随机附送的管理软件导入测试数据，成生测试报告，打印测试结果。

2. Fluke DSP-4000 系列测试仪功能介绍及使用方法

综合布线工程测试中，最常使用的测试仪器是 Fluke DSP-4000 系列的测试仪，它具功能强大、精确度高、故障定位准确等优点。Fluke DSP-4000 系列的测试仪包括 DSP-4000、DSP4300、DSP4000PL 三类型号的产品。这三类型号的测试仪基本配置完全相同，但支持的适配器及内部存储器有所区别。下面以 Fluke DSP-4300 为例，介绍 Fluke DSP-4000 系列的测试仪的功能及基本操作方法。

（1）DSP-4300 电缆测试仪的功能及特点

DSP-4300 是 DSP-4000 系列的最新型号，它为高速铜缆和光纤网络提供更为综合的电缆认证测试解决方案。使用其标准的适配器就可以满足超 5 类、6 类基本链路、通道链路、永久链路的测试要求。通过其选配的选件，可以完全满足多模光纤和单模光纤的光功

258

率损耗测试要求。它在原有 DSP-4000 基础之上，扩展了测试仪内部存储器，电缆编号下载功能更是提高了测试的准确性和效率。

DSP-4300 测试仪具有以下特点：

1）测量精度高。它具有超过了 5 类、超 5 类和 6 类标准规范的三级精度要求并由 UL 和 ETL SEMKO 机构独立进行了认证。

2）使用新型永久链路适配器获得更准确、更真实的测试结果，该适配器是 DSP-4300 测试仪的标准配件。

3）标配的 6 类通道适配器使用 DSP 技术精确测试 6 类通道链路，包含的通道/流量适配器提供了网络流量监视功能可以用于网络故障诊断和修复。

4）能够自动诊断电缆故障并显示准确位置。

5）仪器内部存储器扩展至 16MB，可以存储全天的测试结果。

6）允许将符合 TIA-606A 标准的电缆编号下载到 DSP-4300，确保数据准确且节省时间。

7）内含先进的电缆测试管理软件包，可以生成和打印完整的测试文档。

（2）DSP-4300 电缆测试仪的组件

DSP-4300 测试仪的组件包括如下内容：

1）DSP-4300 主机和智能远端。

2）Cable Manger 软件。

3）16MB 内部存储器。

4）16MB 多媒体卡。

5）PC 卡读取器。

6）Cat 6/5e 永久链路适配器。

7）Cat 6/5e 通道适配器。

8）Cat 6/5e 通道/流量监视适配器。

9）语音对讲耳机。

10）AC 适配器/电池充电器。

11）便携软包。

12）用户手册和快速参考卡。

13）仪器背带。

14）同轴电缆（BNC）。

15）校准模块。

16）RS-232 串行电缆。

17）RJ45 到 BNC 的转换电缆。

（3）DSP-4300 测试仪常用选配件

根据光纤的测试要求，DSP-4300 测试仪还可以使用以下常用选配件：

1）DSP-FTA440S 多模光缆测试选件，包括使用波长为 850nm 和 1300nm 的 VCSEL 光源、光缆测试适配器、用户手册、SC/ST $50\mu m$ 多模测试光缆、ST/ST $50\mu m$ 多模测试光缆，ST/ST 适配器。

2）DSP-FTA430S 单模光缆测试选件，包括使用波长为 1310nm 和 1550nm 的激光光源、光缆测试适配器、用户手册、SC/ST 单模测试光缆、ST/ST 单模测试光缆、ST/ST 适配器。

3）DSP-FTA420S 多模光缆测试选件，包括使用波长为 850nm 和 1300nm 的 LED 光源、光缆测试适配器、用户手册、SC/ST 62.5μm 多模测试光缆、ST/ST 62.5μm 多模测试光缆、ST/ST 适配器。

4）DSP-FTK 光缆测试包，包括一个光功率计 DSP-FOM、一个 850/1300nm LED 光源 FOS-850/1300、2 条多模 ST-ST 测试光纤、一个多模 ST-ST 适配器、说明书和包装盒。

（4）操作方法

1）充电：将 Fluke DSP 系列产品主机、辅机分别用变压器充电，直至电池显示灯转为绿色。

2）自校准：

取校准模块（上有"DSP-4000 CAL MODULE"字样），用校准模块将主机及辅机连接好。打开辅机电源，辅机自检后，"PASS"灯亮后熄灭，显示辅机正常。将旋钮开关转到任何模式即可打开主机电源，显示主机、辅机软件、硬件和测试标准的版本（辅机信息只有当辅机开机并和主机连接时才显示），自测后显示操作界面，将旋钮转至"SPECIAL FUNCTIONS"档位，用"↑↓"箭头选择第七项"SELF CALIBRATION"后（如选错用"EXIT"退出重复），按"ENTER"键和"TEST"键开始自校准，显示"SELF CALIBRATION COMPLETE"说明自校准成功完成。

3）设置参数：

将旋钮转至"SET UP"档位，在第一个黑块处按"ENTER"进入测试标准和电缆类型选择，常用的是"TIA Cat 5e Channel"（超五类通道标准，使用通道适配器）；"TIA Cat 6 Channel"（六类通道标准，使用通道适配器），"TIA Cat 6 Perm Link"（六类永久链路测试标准，使用永久链路适配器），其他不常用，用"↑↓"和"PAGE UP（3 号按键）、PAGE DOWN（4 号按键）"选择所需的标准，按"ENTER"确认，回到主菜单。

首先，新机第一次使用需要修改，以后不需更改的参数如下：

① "REPORT IDENTIFICATION"（报告标识，键入公司名称、操作员姓名、用户名称，这些将出现在储存的自动测试报告中）。

② "AUTO INCREMENT"（自动递增，会使电缆标识的最后一个字符在每一次保存测试时递增，一般不用更改）。

③ "STORE PLOT DATA"（图形数据存储 ENABLE（是）DISABLE（否））：通常情况下选择"Enable"。

④ "BACKLICHI TIME-OUT"（不使用时进入黑屏，省电模式等待时间）：默认是 1 Minute，一般不做改动。

⑤ "POWER DOWN TIME-OUT"（不使用自动关机等待时间）：默认是 10 Minute，一般不做改动。

⑥ "AUDIBLE TONE"（声音提示）：默认是"Enable"，一般不做改动。

⑦ "DATE"（日期）：需要输入现在日期。

⑧ "DATE FORMAT"（日期格式）：默认是日/月/年，一般不做改动。

⑨ "TIME"（时间）：输入当时的时间。

项目 25　常用测试仪的使用

⑩ "TIME FORMAT"（时间格式）：默认是时/分/秒，一般不做改动。

⑪ "LENGTH UNITS"　（长度单位：英尺或米）：默认是 "Feet（ft）"，通常改为 "Meters（m）"。

⑫ "PRINTER TYPE"（储存图形数据，可把图形数据如衰减、回程损耗和 NEXT 保存，"H. P."是全部，"Epson"是仅图形，"Text only"是仅文本）；一般选择 "H. P."，全部保存。

其次，新机不需设置，采用原机器默认值的参数有：

① "SERIAL PORT BAUD RATE"（串口通信波特率）：默认值是 "115200"，一般不做改动。

② "FLOW CONTROL"（流量控制）：默认值是 "Xon/Xoff"。

③ "NUMERIC FORMAT"（数据格式可选择 "0.00" 或 "0，00" 作为数据显示格式）：默认是 "0.00"。

④ "LANGUAGE"（语言选择）：默认是 "English"。

⑤ "POWER LINE FREQUENCY"（市电频率，选 "50Hz" 或 "60Hz"）：默认值是 "60Hz"。

⑥ "IMPULSE NOISE THRESHOLD"（更改噪声控制）：默认值是 "270mV"。

⑦ "TOP LEVEL PASS * INDICATION"（高层次通过 * 指示）：默认值是 "Disable"。

⑧ "HEADROOM"：默认值是 "NEXT"。

⑨ "CONFIGURE CUSTOM TEST"（配置定制的测试）：自己设定测试标准，一般不用。

最后，使用过程中经常需要改动的参数有：

"TEST STANDARD, CABLE TYPE"（测试标准电缆类型）："TIA Cat 5e Channel"（超五类通道标准，使用通道适配器）；"TIA Cat 6 Channel"（六类通道标准，使用通道适配器），"TIA Cat 6 Perm Link"（六类永久链路测试标准，使用永久链路适配器），其他不常用。可用 "↑↓" 和 "Page Up（3 号按键）、Page Down（4 号按键）" 选择你所需的其他标准，按 "ENTER" 确认，回到主菜单。

（5）测试过程：

1）根据需求确定测试标准和电缆类型如通道测试还是永久链路测试，是 Cat5e、Cat6 还是其他？

2）关机后将测试标准对应的适配器安装在主机、辅机上，如选择 "TIA Cat 5e Channel" 通道测试标准时，主机安装 "DSP-LIA013 Channel/Traffic Adapter For Cat 6/Classe" 通道适配器，如选择 "TIA Cat 5e Perm. Link" 永久链路测试标准时，主辅机各安装一个 "DSP-LIA101 Permanent Link Adapter" 永久链路适配器，末端加装 PM06 个性化模块。

3）再开机后，将旋钮转至 "AUTO TEST" 档或 "SINGLE TEST"。选择 "AUTO TEST" 是将所选测试标准的参数全部测试一遍后显示结果；"SINGLE TEST" 是针对测试标准中的某个参数测试，将旋钮转至 "SINGLE TEST"，按 "↑↓"，选择某个参数，按 "ENTER" 再按 "TEST" 即进行单个参数测试。

4）将所需测试的产品连接上对应的适配器，按 "TEST" 开始测试，经过一阵后显示测试结果 "PASS" 或 "FAIL"。

261

（6）查看结果及故障检查。测试后，使用"VIEW RESULT"（1号按键）查看参数明细，用"Page Up"（3号按键）、"Page Down"（4号按键）翻页，按"MEMORY"（2号按键）查看内存数据存储情况；测试后，观察"FAIL"的情况，如需检查故障，按"FAULT INFO"键，则可以用图形显示故障位置。

（7）保存测试结果：

1）测试结果选择"SAVE"按键存贮，使用"←→↑↓"键或←（1号按键），DEC（减少，2号按键），INC（增加，3号按键），DELETE（删除，4号按键）来选择你想使用的名字，比如"FAXY001"。按"SAVE"，保存。

2）更换待测产品后重新按"TEST"开始测试新数据，再次按"SAVE"保存数据时，机器自动取名为上个数据加"1"，即"FAXY002"，如同意再按再保存。重复以上操作直至测试完所需测试产品或内存空间不够，需下载数据后再重新开始以上步骤。

3）将旋钮转至"PRINT"档位。在">CUSTOM HEADER"输入报告标题；在">OPERATOR"输入操作员名字；在">SITE"输入测试地点。

（8）数据处理：

1）安装 Linkware 软件。

2）将界面转换为中文界面：运行 Linkware 软件，点击菜单"Options"，选择"Language"中的"Chinese (Simplified)"。

3）连接及通信设置：将主机关机，取出随机的串口线，连接好电脑及主机的串口，再开机。在菜单"选择"中选择"串口"，再根据连接的串口选择"COM1 或 2-4"，再点击"连接测试"，正常表示可以通信；否则再试。

4）从主机内存下载测试数据到电脑：在 Linkware 软件菜单"文件"中点击"从文件导入（选择 DSP4100/4300），可将主机内存储的数据输入电脑。也可取出存储卡直接使用读卡器读取。

5）数据存入电脑后可打印也可存为电子文档备用。数据可转换为"PDF"文件格式；也可转换为"TXT"文件格式。"PDF"文件可用 Acrobat Reader 软件直接阅读、打印。

25.4　实训材料和工具

综合布线工程链路，Fluke DSP-4300 测试仪及组件（图 5-24）。

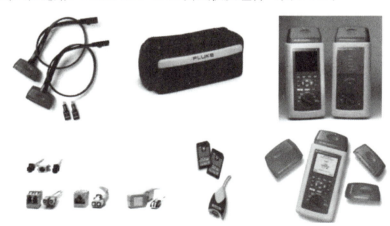

图 5-24　Fluke DSP-4300 测试仪及组件

25.5 任务实施

1. Fluke DSP-4300 测试仪的使用

(1) 现场准备：现场无环境干扰，综合布线测试现场的温度宜在 20～30℃ 左右，湿度宜在 30%～80%，具有防静电措施。将旋钮转至"SET UP"档位，在第一个黑块处按"ENTER"进入测试标准和电缆类型选择（"TIA Cat 5e Perm Link"）自校准。

(2) 连接被测链路，并进行测量设置：选择"TIA Cat 5e Basic Link"。

(3) 其他设置：根据说明书编辑报告标识，图形数据存储，设置自动关闭电源时间，选择打印机类型，设置串口，设置日期时间。选择长度单位：英尺/米，选择数字格式，选择打印/显示语言，选择 50 Hz 电力线滤波器，选择脉冲噪声故障极限，选择精确的频段指示。

测量连接示意和测量设置如图 5-25 和图 5-26 所示。

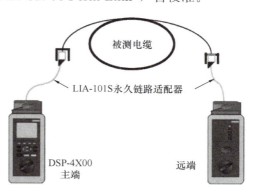

图 5-25　测量连接示意

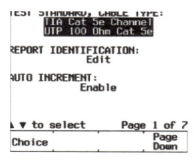
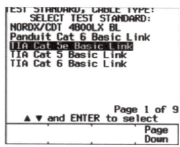
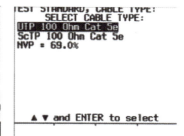

图 5-26　测量设置

(4) 自动测试。按"TEST"进行自动测试，如图 5-27 所示。

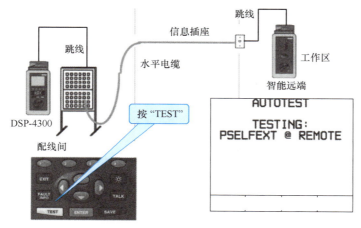

图 5-27　自动测试

（5）结果显示，保存数据（按"SAVE"），如图 5-28 所示。

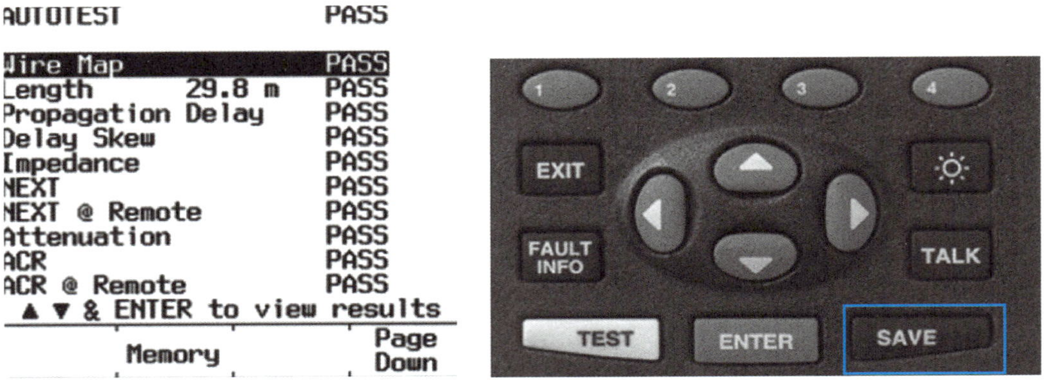

图 5-28　测试结果，保存数据

（6）输入用户和场地名称，如图 5-29 所示。

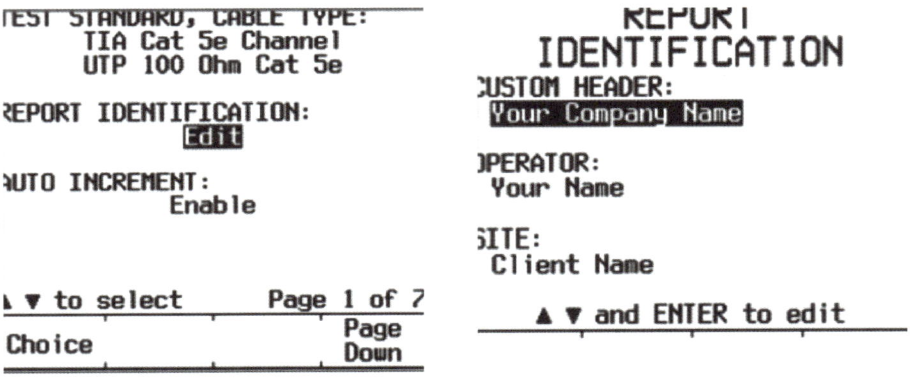

图 5-29　输入用户和场地名称

（7）故障诊断。测试中出现"失败"时，要进行相应的故障诊断测试。按故障诊断键"FAULT INFO"，再从单项测试"SINGLE TEST"中启动 TDR 和 TDX 功能，扫描定位故障。查找故障后，排除故障，重新进行自动测试，直至指标全部通过为止。

（8）结果报送及打印报告：当所有要测的信息点测试完成后，用分离读卡机将移动存储卡上的结果送到安装在计算机上的管理软件 LinkWare 进行管理分析，并通过串口直接由打印机打印报告（图 5-30）。

2. 测试记录。请将测试数据填至线缆测试记录表（表 5-7）中。

线缆测试记录表　　　　　　　　　　　　　　　表 5-7

线对	通断测试（是/否）	回波损耗	综合近端串扰	衰减串扰比	近端串扰

项目 25　常用测试仪的使用

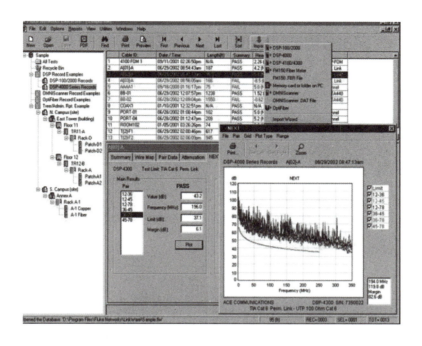

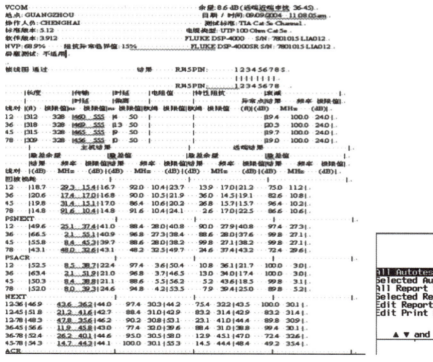

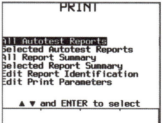

图 5-30　结果报送及打印报告

模块五 综合布线系统工程测试

25.6 实训评价（表5-8）

完成任务后，请根据任务实施情况，完成线缆测试实训评分表（表5-8）及实训报告。

线缆测试实训评分表　　　　　　　　　　表5-8

指标		分值
操作工艺评价 （共60分，每项10分）	完成自校准	
	正确连接被测链路，测量设置准确	
	正确设置自动关闭电源时间、打印机类型、 串口、日期时间及长度单位（m）	
	正确设置打印语言为中文，选择50Hz电力线滤波器、 脉冲噪声故障极限	
	用户和场地名称正确	
	完成结果报送及打印报告	
实训过程评价 （共40分，每项10分）	按时按量完成任务	
	设备、工具完好，耗材使用未超标	
	工位清理干净、设备摆放整齐	
	安全、规范操作	
实训总分		

266

作业及测试

1. 填空题

（1）在综合布线工程中双绞线链路的测试类型有_____、_____。

（2）大对数电缆采用_____测试。

（3）光缆的主要测试方法有_____、_____、_____。

（4）能够满足超 5 类、6 类基本链路、通道链路、永久链路的测试要求的仪表是_____。

2. 选择题

（1）双绞线永久链路测试模型不包括(　　　)。

A. 两端插接件　　　B. 最长 90m 水平电缆　　　C. 转接连接器　　　D. 测试电缆

（2）主干布线大对数电缆中按 4 对对绞线对测试，有一项指标不合格，则(　　　)。

A. 该线对合格　　　　　　　　　　B. 该线对应为不合格

C. 该线部分合格　　　　　　　　　D. 以上都不对

（3）光源的波长为 1310nm，则光功率计的波长设置为(　　　)。

A. 850nm　　　　　B. 960nm　　　　　C. 1310nm　　　　　D. 1300nm

（4）综合布线超五类电缆链路测试时，测量设置应选择(　　　)。

A. TIA Cat 5e Basic Link　　　　　　B. TIA Cat 5e Basic Channel

C. TIA Cat 6 Basic Link　　　　　　D. TIA Cat 6 Basic Channel

3. 简答题

（1）简述双绞线电缆的测试模型。

（2）简述双绞线电缆的测试标准。

（3）简述光纤测试的步骤。

（4）在综合布线工程测试中，经常使用的测试仪器有哪些？

附　　录

任务工单 1

任务名称			小组名称	
学生姓名			班级学号	
同组成员			指导教师	
任务目标				

自学简述	课前预习 （学习内容、搜索资源、查阅资料）		
	拓展学习 （任务以外的相关知识）		

任务研究	步骤	第1步	
		第2步	
		第3步	
		第4步	
		第5步	

任务实施	任务分工	任务分工	完成人	完成时间
	角色扮演			
	岗位职责			
	成果提交			
	问题求助			
	难点解决			
	重点记录 （完成任务过程中，用到的 基本知识、公式、规范、 方法和工具等）			

附　录

实训报告

实训名称					
姓名		学号		班级	
实训时间	年　月　日		实训地点		
总结报告及 心得体会	一、实训内容 二、实训结果 三、实训总结				

269

参 考 文 献

[1]　中华人民共和国住房和城乡建设部.综合布线系统工程设计规范：GB 50311—2016[S].北京：中国计划出版社，2017.

[2]　中华人民共和国住房和城乡建设部.综合布线系统工程验收规范：GB/T 50312—2016[S].北京：中国计划出版社，2017.

[3]　中华人民共和国住房和城乡建设部.住宅区和住宅建筑内光纤到户通信设施工程设计规范：GB 50846—2012[S].北京：中国计划出版社，2013.

[4]　中华人民共和国住房和城乡建设部.通信线路工程设计规范：GB 51158—2015[S].北京：中国计划出版社，2016.

[5]　中华人民共和国住房和城乡建设部.通信线路工程验收规范：GB 51171—2016[S].北京：中国计划出版社，2016.

[6]　中华人民共和国住房和城乡建设部.智能建筑设计标准：GB 50314—2015[S].北京：中国计划出版社，2015.

[7]　中华人民共和国住房和城乡建设部.建筑物电子信息系统防雷技术规范：GB 50343—2012[S].北京：中国建筑工业出版社，2012.

[8]　中华人民共和国住房和城乡建设部.综合布线系统工程设计与施工：02X101-3[S]..北京：中国建筑工业出版社，2022.

[9]　中华人民共和国住房和城乡建设部.建筑防火通用规范：GB 55037—2022[S].北京：中国计划出版社，2023.

[10]　中华人民共和国住房和城乡建设部.电气装置安装工程 电缆线路施工及验收标准：GB 50168—2018[S].北京：中国计划出版社，2018.

[11]　姜大庆　洪学银.综合布线系统设计与施工[M].北京：清华大学出版社，2011.

[12]　董娟.综合布线与通信网络[M].北京：中国建筑工业出版社，2018.

[13]　王公儒.综合布线工程实用技术[M].北京：中国铁道出版社，2022.